이야기가 있는

나무백과 1

이야기가 있는

나무백과

1

임경빈 저
이경준·박상진 편

서울대학교출판문화원

이 책을 펴내며

1970년대 당시 국민들의 소득과 의식 수준은 낮았지만 대한민국 정부는 야심적인 산림녹화 정책을 세워 전국의 민둥산에 많은 나무를 심으면서 숲의 중요성을 홍보했다. 이에 영향을 받아 비로소 국민들 사이에서 숲에 대한 관심이 커지고 있을 때, 서울대학교 임학과 임경빈任慶彬 교수는 1976년 3월부터 8월까지 『조선일보』에 '나무백과'라는 글을 101회에 걸쳐서 실었다. 나무와 숲에 대한 이야기가 최초로 연재되면서 독자들 사이에서 폭발적인 인기를 얻게 되었다. 당시는 해박한 지식을 가진 어떤 생물학자도 나무에 대한 문학적인 글을 시도하지 않았던 시기였다. 임 교수는 이 글을 모아서 1977년 『나무백과』 제1권을 일지사一志社에서 발행했으며, 2002년까지 제6권을 내놓았다. 이 책은 '산림문학'의 효시가 되었으며, 국내에서 새로운 문학 장르를 개척한 획기적인 작품으로서 많은 독자들에게 사랑을 받았다.

『나무백과』는 총 2,023쪽에 116종(중복 게재 제외)의 나무를 대상으로 25년에 걸쳐 집필한 방대한 전집으로 임 교수가 직접 찍은 사진과 손수 그린 세밀화가 수록되어 있다. 임 교수는 한문·일본어·영어·독일어에 능통하여 나무와 숲에 대한 전 세계적인 지식을 총망라하였다. 한문으로 된 고전과 한시, 우리 역사에 기록된 나무들, 국내 천연기념물 노거수, 한국과 중국의 고사, 국내와 국외의 전설, 일본·중국·미국·유럽 및 중동 지역의 유사한 나무와의 비교를 통해 진정한 나무백과의 금자탑을 쌓은 작품이라는 평을 받고 있다.

당대의 최고 작가였던 김동리金東里 선생은 『나무백과』 제1권 서序에서 "임 박사의 나무백과만큼 나에게 나무에 대한 지식과 아울러 흥미를 이끌어준 글도 드물 줄 안다. 박사의 나무에 대한 광범한 연구나 해박한 지식은 두말할 나위도 없거니와, 나무들에 얽힌 이야깃거리 또한 너무나 다양하고 광범해서 흡사 재미난 소설에 끌려들 듯 읽는 이를 매혹시키고 있다"라고 적고 있다.

요즘 전국의 숲이 우거지면서 새로운 산림문화의 르네상스 시대가 열리고 있다. 숲해설가, 숲길등산지도사, 숲길체험지도사, 산림치유지도사, 유아숲지도사, 자연환경해설사 등이 전국에서 활동하면서 나무와 숲에 대한 책을 참고하기 마련인데, 그동안 『나무백과』가 절판되어 아쉬움이 많았다. 편자는 이 책의 부활을 시도하면서 방대한 내용을 간추려 3권으로 압축하였으며, 편집 과정에서 원전을 훼손하지 않도록 유의하였다.

원전에 기술되어 있는 나무 중에서 외국 수종이면서 국내에서 심지 않는 레드우드(세쿼이아), 보리수나무(반얀나무), 아라우카리아, 오수유나무, 올리브, 용혈수, 유럽적송, 유럽참나무, 유칼리, 호양과 국내 희귀 수종인 초령목을 제외했다. 백목련은 목련에서, 왕대는 대나무에서, 찰피나무는 피나무에서 함께 다루었다. 결국 총 102종의 나무를 개편된 나무백과에서 취급하였다.

나무의 일반명과 학명은 학자에 따라서 다른 경우가 많다. 편자는 편집 과정에서 『국가표준식물목록』을 따랐으나, 본문에서는 원전의 나무 이름을 그대로 두었다. 한 가지 아쉬운 것은 원전에 수록된 사진(흑백 인쇄)을 확보할 수 없어 대부분의 사진을 공동 편자인 경북대학교 박상진 명예교수의 사진으로 대체한 점이지만, 이번에는 컬러로 인쇄하여 책의 질을 높였다.

이 책의 출간을 허락하신 임경빈 교수의 장남 성균관대학교 법학전문대학원 임웅 명예교수와 서울대학교 오세정 총장, 원전의 한문과 한시를 하나씩 검증해준 서울대학교출판문화원 편집팀, 일부 유럽 사진을 제공해주신 서울시립대학교 조경학과 이경재 교수에게 깊은 감사의 뜻을 표한다.

2019년 4월

관악산 기슭에서

서울대학교 식물병원 명예교수 이경준

머리말

아름다운 숲이 있고 그 안에 멋있는 길이 있을 때 우리는 그 길을 걸어볼 만하다. 아니 그 길은 우리를 불러들인다. 혼자서 조용히 우거진 숲속 길을 거닐 때 꽃과 열매와 잎과 향기와 맛있는 공기가 그곳에 있고 아름드리 줄기가 우리의 사색을 깊은 곳으로 몰고 간다.

지구에는 숲이 있어서 푸른 별이라 한다. 이 세상에서 가장 아름다운 별에 내가 살고 있다는 것은 기적과 같은 행복이 아닐 수 없다. 태양의 온도를 마시는 별, 태양의 빛을 삼키는 숲, 그것이 나의 고향이라면 자랑이 아닐 수 없다. 지구가 생겨난 이래 얼마나 많은 나무들이 살아왔으며 사라져간 것일까? 상상조차 할 수 없다. 이 같은 나무들이 살고 죽음으로써 지구는 살쪄가고 생기를 더해서 점점 젊어갈 수 있었다.

눈부신 벌판 위에 서 있는 우리는 이제 한량없이 아름다운 숲속으로 들어간다. 이 숲 안에서 많은 나무들을 볼 수 있고 그들에 감겨 있는 사연을 들어볼 수 있겠지만, 이 속에서 볼 수 없는 나무들이 아직 많다.

여기에서 빠진 나무가 소중하지 않아서가 아니고, 사연들이 없어서가 아니고, 다만 어쩌다가 그렇게 된 것뿐이다. 여기서 빠진 나무들이 불만스러운 눈치이지만 나의 붓길은 일단 끝맺고 말았다. 그들로써 다시 다른 하나의 숲을 만들 수도 있다.

나무를 사랑하고 숲을 사랑하는 국민은 잘 살 수 있다고 한다. 더 잘 살기 운동은 우리 국민의 불바다 같은 소원이다. 그렇다면 우리는 나무와 숲을 사랑하고 소중히 해야겠다. 영광스럽고 위대한 국민은 우거진 숲을 후손에 물려준다.

북아프리카의 사막이 지난날에는 밀림이었다. 밀림이 있었던 그때는 그곳이 문명의 중심이 되기도 했다. 지금은 이 사막이 무서운 속도로 성장해가고 있다. 칭기즈칸이 살아 있었던 시대의 몽고는 사막이 아니고 밀림이었다. 똑똑지 못한 인간의 처사에 자연은 너무나도 무자비한 보복으로 나서고 있다.

지구의 생명을 죽이는 방법은 나무와 수풀을 학대하는 것으로부터 시작된다. 사랑하는 우리의 조국은 우리의 손으로 지켜야 한다.

산은 그 국토의 골격이며, 시냇물은 혈관이며, 농토는 근육이며, 도로는 신경이고, 바다는 피부라고 할 수 있다. 국토의 모든 구석이 서로 손을 잡고 고르게 정돈이 되어갈 때 그곳에 사는 국민의 행복이 커갈 수 있다. 지금도 이 순간에 나무들은 커가고 있다. 우리는 이들에 감사의 박수를 보내야 한다.

이 책의 내용은 1976년 3월부터 『조선일보』에 '나무백과'란 제목 아래 연재되었던 것을 보완하여 엮은 것이다. 총총히 바쁜 시간의 흐름 속에서 우선 만들어본 것이다. 연재된 것이기 때문에 이야기의 줄거리가 정돈되지 못하다.

이 책의 씨앗을 뿌려준 조선일보사에, 또 많은 격려를 해주신 임창순任昌淳 님, 그리고 임덕성任德盛 님에게 깊은 감사를 드리고, 또 좋은 책으로 꾸미는 데 아낌없이 도와주신 일지사의 김성재金聖哉 사장님께 감사를 표하며, 끝으로 원고를 보아준 임웅任雄 군의 노고를 잊지 않는다. 여기 수록된 사진들은 필자에 의해서 촬영되었다.

1977년 1월
관악산이 보이는 곳에서
임경빈 씀

* 이 글은 『나무백과 1』(일지사, 1977)의 머리말에서 옮겨온 것임.

序

임경빈 박사의 『나무백과』에 붙여

임경빈 박사의 『나무백과』는 신문지상에 연재될 때부터 내가 애독했던 글이다. 나도 본래 나무를 좋아하여 수목송樹木頌, 송찬松讚 등을 비롯하여 나무에 대한 수필이 많다. 그러니만큼 나무에 대한 글은 눈에 띄는 대로 열심히 눈을 돌리는 편이다.

그런데 이 임 박사의 『나무백과』만큼 나에게 나무에 대한 지식과 아울러 흥미를 이끌어준 글도 드물 줄 안다. 박사의 나무에 대한 광범한 연구나 해박한 지식은 두말할 나위도 없거니와, 나무들에 얽힌 이야깃거리 또한 너무나 다양하고 광범해서 흡사 재미난 소설에 끌려들 듯 읽는 이를 매혹시키고 있다.

나무에 얽힌 전설이나 신화나 일화 따위는 그런대로 산발적이나마 간혹 눈에 띄지 않는 것도 아니지만, 여기서는 저자 자신의 개인적인 사연이 소설처럼 얽힌 경우도 여간 많지 않았다.

나무는 인간에게 이루 헤아릴 수 없는 수만 가지 위로와 은혜를 베풀지만, 인간이 나무에 대해서 정이나 뜻을 베풀 수 없는 것은 필경 동물 아닌 식물이기 때문이리라.

그런데 이 글에서는 인간과 나무 사이에 호흡이 통하고 대화가 이루어지고 생활이 교류되는 듯한 야릇한 분위기를 느끼게 된다.

나는 젊을 때 파브르의 『곤충기』를 흥미 깊게 읽은 적이 있었다. 그런데 이 『나무백과』를 읽고 있으면 왠지 곧장 옛날 읽었던 그 파브르의 『곤충기』가 머리에 떠오르곤 한다.

이것은 결국 그 연구대상이 곤충이든 식물이든 그 대상에 기울어진 작자의 인간성 때문이리라. 한마디로 말해서 이 『나무백과』는 임경빈 박사의 나무에 대한 사랑과 집념의 결정이라고 하겠다.

이 책이 세상에 나오는 것을 계기로 인간의 나무에 대한 애정이 좀 더 보급되기를 빌면서 서序에 대신하고자 한다.

1976년 12월

김동리金東里

* 이 글은 『나무백과 1』(일지사, 1977)의 머리말 뒤에 붙은 서(序)에서 옮겨온 것임.

차례

가시나무 14

가죽나무 20

감나무 27

개오동 34

거제수나무 38

겨우살이 45

계수나무 49

고로쇠나무 59

구상나무 68

굴참나무 77

굴피나무 83

귤(귤나무) 90

꾸지뽕나무 98

나한백 102

낙우송 108

너도밤나무 116

녹나무 120

눈잣나무 128

느릅나무 135

느티나무 146

닥나무 163

단풍나무 180

대나무 195

대추나무 215

독일가문비나무 225

동백나무 236

들메나무 251

등(등나무) 260

떡갈나무 267

리기다소나무 277

마로니에 (가시칠엽수) 284

매화나무(매실나무) 292

메타세쿼이아 307

차례(권외)

2권

모과나무	14
목련	18
목서류	33
무궁화	38
무화과나무	54
무환자나무	60
물참나무	64
미선나무	73
박달나무	78
박태기나무	83
밤나무	91
배롱나무	101
백송	112
백합나무(튤립나무)	118
버드나무	123
버즘나무(플라타너스)	136
벽오동	146
복사나무	157
복자기	169
붉나무	174
비자나무	186
뽕나무	198
사시나무	212
산벚나무	219
산사나무	228
산수유	236
살구나무	246
삼나무	252
상수리나무	261
생강나무	266
소나무1	272
소나무2	284

3권

소나무3	14	주목	157
소나무4	29	진달래	170
솔송나무	39	차나무	179
쉬나무	45	참나무	188
스트로브잣나무	50	참죽나무	199
시로미	55	철쭉	202
시무나무	59	청미래덩굴	210
신나무	64	칡	216
아카시아(아까시나무)	70	팥배나무	223
오동나무	81	팽나무	231
옻나무	89	포플러	240
왕버들	97	피나무	248
위성류	103	해당화	261
은행나무	106	해송(곰솔)	271
음나무	119	향나무	280
잎갈나무	124	호두나무	286
자귀나무	130	호랑가시나무	292
자작나무	136	황벽나무	301
잣나무	144	회화나무	305
전나무	151	히말라야시더(개잎갈나무)	317

가시나무

참나무과, *Quercus myrsinaefolia*
(櫧, Bamboo-leaf oak)

늘푸른나무이면서 도토리가 달리는 남부 지방의 참나무 종류이다.
가시나무의 '가시'는 날카로운 진짜 가시의 뜻이 아니라,
굳고 단단하다는 뜻의 가시이다.

'가시나무' 하면 제주도가 생각날 정도로 제주도에서 많이 난다. 가시나무에도 붉가시나무, 종가시나무, 개가시나무, 참가시나무 등 종류가 적지 않다. 가시나무는 도토리를 맺는다는 점에서는 상수리나무, 떡갈나무, 신갈나무 등과 비슷하다. 이들은 모두 참나무속oak group이다. 단, 참나무속 중 상록성의 것이 가시나무아속亞屬이다. 겨울에도 잎이 떨어지지 않는 이 나무는 우리나라에서는 남쪽 해안 지대와 제주도, 그 외 일본과 중국에 분포한다.

상록성의 가시나무 종류가 낙엽성의 신갈나무 종류와 다른 점은 도토리를 담고 있는 접시皿, 穀斗, cup(종지라고 해도 좋음)의 바깥면外面이 윤층輪層(원형의 띠가 층을 이룸)으로 되어 있다는 데 있다. 가시나무 열매를 보면 짐작이 간다. 가시나무는 목재가 단단하고 강인하며 터지는 일이 거의 없다.

다양한 명칭

접시 안에 있는 도토리(열매)를 중국에서는 '저杼, 모茅, 역두櫟斗, 역강櫟橿' 등으로, 일본에서는 '단율團栗(동구리), 둔율鈍栗'로 표현하고 있다. 영어명은 에이콘acorn이다.

가시나무를 나타내는 한자명에는 '돌가시나무 저櫧' 또는 '상수리나무 력櫟'자를 쓰고 있다. 붉가시나무는 목재가 붉은색을 띤다고 해서 '혈저血櫧'로 표기한다. 예전 사람들이 붙인 한자명은 과학적으로 분명하지 못한 것이 많다. '상수리나무 력櫟'자만 하더라도, 이것은 겨울에 잎이 떨어지는 종류인데 역동부조櫟冬不凋, 즉 역櫟은 겨울에도 잎이 푸르다는 기록도 있어 어떻게 분간해야 할지 난감하다. 일본 사람들은 '견樫'자를 '가시'라고 읽고 있다. 흥미로운 것은 이 글자가 바로 떡갈나무나 북가시나무를 가리킨다는 점이다. 이것을 우연의 일치라고 해야 할까?

가시나무는 '가시목加時木'으로 쓰기도 하는데, 이것을 일본말로 읽어도 '가시'나무가 된다. 이는 두 나라의 나무 이름이 같은 데에서 나온 것이 아닐까? 우리말이 일본으로 건너갔을 가능성도 없지 않다.

조엽수종

일본 사람들은 그들의 문화 그리고 동부아시아의 문화를 일컬어 조엽수림照葉樹林 문화라고 한다. 조엽수종照葉樹種이란 무엇인가? 대표적인 것이 가시나무 종류이다. 물론 녹나무, 동백나무, 후박나무, 차나무 등도 조엽수종에 들어간다. 조엽수종의 잎은 표면이 번쩍이고 짙은 녹색이며, 온대 지방의 낙엽활엽수종에 비하여 대체로 잎이 작다. 여름이 덥고 비가 많이 오며 겨울이 비교적 추운 곳에 이러한 조엽수림이 형성되어 있다.

조엽수종(照葉樹種)
기온이 높고 강수량이 많은 지역에서 자라는 상록활엽수. 겨울의 추위와 건조한 기후를 견디기 위해 잎이 두껍고 표면에 광택이 있다. 대표적인 조엽수종으로는 사철나무, 동백나무 등이 있다.

한편 유럽 지중해 연안과 근동 지방에 나는 올리브를 대표로 하는 숲은 조엽수림과 비슷하지만 경엽수림硬葉樹林이라 해서 구별하고 있다. 그곳은 겨울에 비가 많이 내리고 그다지 춥지 않으며 여름은 매우 건조한 환경이다.

따라서 조엽수림은 겨울의 추위에, 경엽수림은 여름의 건조에 적응하는 것이 관건인 식물이라 할 수 있다. 경엽수종의 잎은 보통 조엽수종에 비해 크기가 훨씬 더 작다.

우리나라의 조엽수림대는 난온대 또는 상록활엽수림 지대로 언급되는 곳인데, 그 면적이 넓지 않다. 우리나라에 억지로 조엽수림 문화를 연결시켜 볼 필요성이 있고 없고는 차치하고 차나무, 대나무, 난초 등을 생각해볼 필요가 있지 않을까 한다. 그럼에도 조엽수종인 차나무와 대나무 그리고 귤 종류와 동백이 우리나라 민속과 문화에 미친 영향은 적지 않다고 본다.

전남 두륜산 대흥사에 일지암一枝庵을 짓고 『동다송東茶頌』, 『다신전茶神傳』을 집필하면서 다문화의 성지聖地를 만든 초의선사草衣禪師의 행적, 또 다茶의 길에 통하였던 실학의 거성 정약용丁若鏞, 흑산도에서 『어보魚譜』를 낸 정약전丁若銓, 보길도에서 고산문학孤山文學을 꽃피게 한 윤선도尹善道, 이들과 교유가 있었던 추사秋史 김정희金正喜, 이들은 모두 조엽수림 지대에 유배되어 광휘光輝에 찬 업적을 남겼다. 우암尤庵 송시열宋時烈도 그러하지만 우슬령牛膝嶺을 넘은 사람들이 만든 유배문화가 가시나무림 지대에서 꽃핀 사실을 우리 민족은 잊지 않고 있다. 대흥사, 송광사, 화엄사, 해인사, 통도사 등 가시나무림대에 위치한 불교문화도

| 가시나무 열매와 잎

다시 한번 삼림생태학적인 시각으로 살펴볼 필요가 있지 않을까?

분포

상록성 참나무 종류와 낙엽성 참나무 종류는 분포상 경계가 있다. 상록성의 가시나무가 북쪽으로 올라가지 못하는 이유는 겨울의 추위에 제한을 받기 때문이고, 북쪽의 수종이 남쪽으로 내려오지 못하는 것은 여름의 더위에 제한을 받기 때문이다. 추위에 적응한 낙엽성 활엽수종을 남쪽으로 가져오면 더운 여름에 에너지 소모가 심해져서 살아갈 수 없게 된다. 그렇다고 해서 제주도에 낙엽성 참나무류가 없지는 않지만, 아마 제주도보다 더 남쪽에 영토가 있었더라면 내려가는 데에 어려움이 있었을 것이다.

제주도의 가시나무 숲은 이 지역의 역사와 밀접하게 관련되어 있을 것으로 보인다. 제주도는 사면이 바다에 둘러싸여 있어 어로행위가 옛날부터 도민의 생계에 중요한 역할을 했다. 이에 필요한 것이 선박인데, 이때 거대한 가시나무 목재는 가장 알맞고 긴요한 자재였을 것이다.

당나라의 거유巨儒 한유韓愈의 글 중에는 탐라耽羅(제주도) 등의 외국 상선이 중국에 와서 폭행을 했다는 기사가 있는데, 이는 조선술과 항해술이 능한 탐라

인들이 통일신라 이후 중국 연안까지 나아갔음을 뜻한다. 이러한 일이 있을 수 있었던 것은 조선재造船材로 적당한 가시나무가 제주도에 많이 자라고 있었기 때문일 것이다.

한편 남해안에 자라고 있던 가시나무는 전선戰船의 재목으로도 쓰여 국난을 방비하는 데 큰 몫을 한 것으로 보인다.

그리스 신화 속 가시나무

겸손하고 예의 바르며 진리를 좋아하는 사람이 가시나무가 되었다는 그리스 신화는 우리에게 많은 것을 알려준다. 제우스가 아들 헤르메스와 함께 필레몬의 집을 찾았을 때, 그 집에 겸손과 예절과 착함이 가득한 것을 보고 남편 필레몬은 가시나무로, 그의 착한 아내 바우키스는 보리수나무로 변신시켜 오래 살 수 있도록 했다고 한다.

그리스에서는 "나는 가시나무를 보면서 말한다"라는 말이 "나는 하늘을 두고 맹세한다"와 같은 뜻이라고 한다. 행세行世를 잘못한 사람은 가시나무를 볼 때마다 자신이 천한 사람이란 것을 깨닫게 된다. 유럽에서 사자는 백수百獸의 왕이고, 독수리는 백금百禽의 왕이며, 가시나무는 숲의 왕이라는 말이 있다. 가시나무에 가장 신령스러운 영혼이 잠재해 있는 것으로 믿었던 것이다.

가시나무는 또한 굳세면서도 오래가는 사랑을 상징한다.

| 경남 진주 반성수목원의 가시나무

가죽나무

소태나무과, *Ailanthus altissima*
(樗, Tree of heaven)

채식하는 스님들이 나물로 먹는 참죽나무의 새순과 달리 먹을 수 없다 하여 '가짜 중나무'에서 가죽나무가 되었다. 아래쪽 톱니에 붙은 사마귀에서 약간 역한 냄새가 난다.

가죽나무는 흔히 볼 수 있는 나무로 우리나라 어디에서나 잘 자란다. 도시에서도 볼 수 있고 시골 길가에서도 볼 수 있다. 예전에는 서울 시내에 가로수로 가죽나무를 심은 적도 있었다. 우산을 펴든 것 같은 모양이라든지, 열대를 연상시키는 정열을 내뿜고 있는 잎이라든지, 겨울에 보여주는 예술적인 생김새의 가지 배치로 보아, 가죽나무는 가로수종으로서도 훌륭한 자격을 갖추고 있다.

가죽나무 잎에서는 고약한 냄새가 나는데 이 냄새의 발생지가 바로 맨 아래 톱니에 있는 사마귀이다. 사마귀가 있고 없고는 가죽나무를 구별하는 데 결정적인 특징이 된다.

다양한 명칭

가죽나무의 한자명은 가승목假僧木(가짜 중나무)이다. 가죽나무와 닮은 참죽나무를 진승목眞僧木(진짜 중나무)이라 하는데, 서로 좋은 대조를 이루고 있다.

가죽나무는 한자로 '저수樗樹'라고도 쓰는데, '저樗'라는 글자는 '나쁜 나무 저' 또는 '개똥나무 저'라고 읽는다. 흔히 '개'라는 것은 좋지 않은 것을 뜻하곤 하여, 사람을 보고 황소 같다든지 곰 같다든지 하면 그대로 듣고 있지만 개 같다고 하면 듣기 싫어한다. 개옻나무, 개비자나무, 개살구나무, 개오동나무, 개두릅나무, 개머루, 개다래나무 등은 '개'가 붙지 않는 나무보다 뭔가 뒤떨어진 느낌을 준다. 그런데 가죽나무가 '개똥나무 저'라는 글자로 표현될 만큼 나쁜 나무란 말인가?

가죽나무는 원래 우리나라에는 없던 나무로 옛날에 중국에서 들어온 것으로 알려져 있다. 말하자면 수입 수종으로 우리나라에 들어와 귀화歸化한 것이다. 일본에도 원래는 가죽나무가 없었다. 가죽나무의 조국祖國인 중국의 예전 기록을 보면 역시 가죽나무가 좋은 나무로는 나와 있지 않다. 이 나무가 참죽나무와 닮았기 때문에 항상 참죽나무와 비교하여 그보다는 좋지 못한 것으로 취급되었다. 그러나 가죽나무가 '개'나 '개똥'으로 불릴 정도의 나

참죽나무

남부 지방 인가 주변에 몇 그루씩 심던 나무로, 봄에 새싹이 나오자마자 꺾어서 데치거나 튀겨 먹고 나중에는 장아찌로도 만들어 먹는다. '향춘(香椿)'이라는 중국 이름처럼 새싹이 향긋한 봄 향기로 미각을 자극한다.

무로는 생각되지 않는다.

가죽나무를 '산춘山椿'이라고도 한다. 산에 나는 참죽나무라는 뜻이다. 참죽나무는 더 낮은 땅에 나며 '호목수虎目樹'(호랑이눈 나무)라고도 부른다. 가을이 되어 잎이 떨어지면 잎이 붙어 있던 자국(흔적)이 호랑이 눈과 같다고 해서 이런 이름을 얻었다. 그래서 '호안虎眼'이라고도 부른다.

가죽나무를 '저樗'로 쓰는 이유를 다음과 같이 설명한 책도 있다. 중국에서 쓰이는 도박 도구 중에 저포자樗蒲子라는 것이 있는데, 이것은 골패나 마작 비슷한 것으로 위는 검고 아래는 희다. 가죽나무 잎이 떨어지면 가지에 남는 흔적이 꼭 저포자의 아랫면과 닮아 가죽나무의 한자 이름을 여기서 빌려 저樗로 했다는 것이다. 『시경詩經』을 보면 산에 가죽나무가 있다山有栲는 내용이 나오는데, 여기서의 '고栲'도 '저樗'와 같은 나무를 뜻한다.

가죽나무를 뜻할 때에는 '樗'자를 '가죽나무 화'로 읽는다. 그러나 좋지 못한 나무 또는 별로 쓸모가 없는 나무를 뜻할 때에는 '개똥나무 저'로 읽는다. 가죽나무를 나쁜 나무라는 것과 관련시키지 않으려는 의도이다. 이같이 '樗'자를 '화'로 읽는 것은 좋은 뜻으로 생각된다.

가죽나무처럼 좋다 나쁘다를 두고 입에 오르내린 나무도 없을 것이다. 항상 참죽나무와 비교되면서 피해를 보았으니, 생김새가 참죽나무를 닮지 않았더라면 좋았을 것을, 생김새에 있어서 큰 실수를 저지르고 말았다. 사람 사는 일에 있어서도 대단치 않을 바에야 더 훌륭한 사람을 닮을 필요도 없고, 또 그러한 사람과 비교할 수 없는 곳에서 사는 것이 마음 편할 것이라 생각된다.

가죽나무를 독일에서 괴테르바움Götterbaumm, 天國나무이라고 하고, 영국에서는 하늘나무Tree of heaven, 天木라고 한다. 이와 같이 서양에서 가죽나무에 훌륭한 이름을 붙인 유래는 다음과 같다.

가죽나무의 이름을 처음 학술적으로 붙인 사람은 데퐁텐Desfontaines(1750~1833)이다. 그는 이 나무가 높게 자라는 것에 큰 인상을 받아 이를 표현할 말을 찾아보았다. 인도네시아 몰루카Molucca의 원주민 말 중에 '아일란토Ailanto'가 있는데, 이는 하늘까지 올라가는 큰 나무라는 뜻이다. 그래서 그는 이 말을 가지고 나무 이름을 '아일란투스Ailanthus'로 지었다. 지금도 서양 사람들에게는 가죽나무가 아일란투스로 통한다. 서양 사람들은 이 나무를 모두 '높은 나무'라는 뜻으로 지칭한 것을 알 수 있다.

문헌 속 가죽나무

『마태복음』 7장 17절 이하를 보면, "좋은 나무는 아름다운 열매를 맺고 못된 나무는 나쁜 열매를 맺는다. 좋은 열매를 맺지 못하는 나무는 모두 잘려 불 속으로 던져진다"라고 되어 있다. 여기서 좋은 나무나 아름다운 열매는 모두 비유에 해당하는 것으로 생각되지만, 못 쓸 나무는 불 속에 들어가서 고생스러운 운명에 빠지게 된다는 뜻으로 보인다.

『마태복음』의 내용에 관련시킬 수는 없지만, 당나라 때 백낙천白樂天의 다음 시도 음미할 만하다.

香檀文杏苦雕鐫
生理何能得自全
知有無材老樗否
一枝不損盡天年

흑단香壇이나 은행나무文杏처럼 좋은 나무는 일찍이 잘려
목재나 조각재雕鐫로 이용되는 고초를 받게 된다.
그러한 나무는 주어진 자연의 생리를 그대로 보전할 수 없다.
그런데 쓸모없는 늙은 가죽나무가 있음을 알고 있는가?
이 나무는 가지 하나 상처받지 않고 주어진 수명을 다하며
오래오래 살 수 있다.

때로는 잘난 채로, 또 때로는 못난 채로, 이 세상은 예나 지금이나 살기 힘든 것 같다.

특성

가죽나무는 암나무와 수나무가 따로 있다. 수나무가 어느 때나 세력이 더 강하지만, 꽃 냄새가 좋지 않고 또 꽃가루가 콧속이나 목구멍 속에 들어가면 알레르기를 일으킨다. 그러니 암나무를 심는 것이 좋을 성싶다. 가을이 되면 암나무는 수나무보다 잎이 더 빨리 떨어진다.

| 경북대 구내의 가죽나무

| 가죽나무 열매

옛 책에 "가죽나무는 꽃이 피면 열매가 없고 꽃이 없으면 열매를 맺는다"고 한 것은 수꽃이 눈에 더 잘 띄어 나온 말이라고 생각된다. 가죽나무는 열매를 얼마든지 얻을 수 있고 묘목을 기르기도 쉽다. 열매가 봄까지 가지에 달려 있다. 뿌리를 끊어서 땅에 묻어도 묘목이 되며 자람이 매우 빠르다.

가죽나무의 잎과 뿌리를 삶아서 그 물로 씻으면 옴과 피부병 등이 낫는다고 하고, 뿌리껍질은 이질과 여자들의 하혈에 좋다고 한다. 목재도 쓸모가 있다. 학교, 공원, 공장 등에 녹음수로 심을 만하다.

가죽나무는 가로수로도 적당하다. 외국에서도 가죽나무 식재가 늘고 있는데, 이 나무는 오염된 공기에 강하고 병충해가 거의 없으며 좋은 녹음을 만들어준다. 생활력이 왕성하고 전정剪定(가지치기)을 할 수도 있다. 잎은 얼핏 보기에 옻나무 잎과 많이 닮았다.

| 민속박물관 서문 옆의 가죽나무 고목

감나무

감나무과, *Diospyros kaki*

(柿, Persimmon, Kaki)

감은 과일이면서 설사를 멈추게 하는 등 약으로도 쓰인다. 홍시·곶감 등 여러 형태로 식용하며, 검은 줄무늬가 들어간 먹감나무는 전통가구를 만드는 목재로 널리 쓰인다.

감나무의 추억

나는 감나무가 많은 마을에서 자랐다. 그것도 큰 감나무들이 많았다. 서리감, 고종시감, 납작감, 산감, 빼로지감, 도우감 등 그 품종이 다양했다. 이 중 도우감나무가 제일 많았고, 결실량은 적지만 고종시감의 품질이 가장 뛰어났다. 나는 학교에 들어가기 전부터 친구들과 감나무 아래에서 놀기를 좋아했다. "가자가자 감나무, 오자오자 옻나무" 하고 외치면서 감나무 아래서 뛰어놀았다.

감나무와 내 어린 시절은 떼려야 뗄 수 없는 관계이다. 학교에 들어가기 전에 나는 서당에 가서 『천자문』과 『동몽선습童文先習』이라는 한문책을 공부했고, 때로는 당시唐詩도 배웠다. 여름에 감나무 아래 멍석을 펴면 그곳이 글방이 되었다. 우리 집 앞 서리감나무 아래가 으레 노천 교실이 되었던 것이다. 글방 선생님은 우리 집 사랑방에 거처했다.

늦여름이 되면 감 열매가 상당한 크기가 된다. 감은 밤중에 잘 떨어지는데, 떨어진 감은 전부 먹음직한 것들이었다. 아침이 되면 바구니를 들고 떨어진 감을 주우러 나갔다. 누구보다도 먼저 일어나야 많이 주울 수 있다. 어둠이 가시자마자 나가야 한다. 다른 사람이 지나간 후 감나무 밑을 뒤져봐야 헛일이다.

| 경북 상주 소은리의 감나무 단풍 풍경

그래서 나는 어릴 때부터 새벽 일찍 일어나는 습관이 붙었다. 이와 같이 나에게 최고의 덕목德目을 가르쳐준 감나무를 나는 고맙게 생각한다.

감을 너무 많이 먹으면 변비가 된다. 감은 떫은 맛이 많고 설사를 막아준다. 나는 어릴 때 변비가 심했다. 변비 때문에 괴로워 울고 뛰면 어머니는 으레 머리에 꽂은 은비녀를 빼서 나를 화장실로 끌고 가 처치해 주시곤 하였다. 그러면 일단 고통스러운 변비에서 벗어날 수 있었다.

| 경남 의령 백곡리의 감나무(천연기념물 제497호)

까치들은 감나무에 집 짓기를 좋아하지 않는다. 가지와 줄기의 배열은 까치가 집을 짓기에 안성맞춤이지만, 사람들이 감을 따기 위해서 감나무에 자주 올라가기 때문에 까치들은 불안할 수밖에 없다. 감나무처럼 사람들이 많이 올라다니는 나무도 없을 것이다. 그래도 감나무 주인이 인정 많은 사람이면 까치가 집을 지을 결단을 내리기도 한다.

특성

감나무는 일본·중국 등 아시아에 있고 유럽이나 미국 등지에는 없다. 동양적인 나무라 할 수 있다. 감나무 종류는 약 190종에 이른다고 한다. 키가 높이 자라는 것, 낮게 자라는 것, 겨울에 잎이 지는 것, 상록성의 것 등 여러 가지이다. 감나무 종류는 대부분 열대나 아열대에 많고, 온대 지방에는 비교적 적다. 우리나라와 같은 온대 지방에는 감나무와 고욤나무 두 가지가 있다.

감나무는 남쪽 지방에서 잘 자란다. 따뜻한 해류 관계로 동해안에서는 양양과 강릉까지 감나무가 자란다.

감나무 중에는 단감나무가 있다. 열매가 단단하면서도 단맛이 나는 품종이다. 여름이 끝날 무렵부터 떫은맛을 가진 세포(tannin 세포)가 굳어지면서 주근깨같이 갈색 반점으로 변한다. 이와 같은 갈색 반점이 많이 생기면 그 감은 단맛이 나게 된다. 이 갈색 반점의 발생은 감 안에 생기는 씨의 수와 관계있다. 씨가 3개 이상 생기면 그 감은 완전히 단감이 되고, 씨가 하나만 생겼다면 씨 있는 부근만 단맛이 난다.

서양에서는 감나무가 '어두움'을 나타낸다. 목재의 색깔이 검은 데에서 온 것이 아닌가 추측된다.

문헌 속 감나무

감나무는 열매(감)를 먹기 위해서 심지만, 가을에 드는 단풍도 아름답다. 감나무는 예전부터 많은 사람들로부터 칭찬을 받아왔는데, 당나라 때 『유양잡조酉陽雜俎』에 감나무는 다음과 같이 일곱 가지 훌륭한 점이 있다고 했다. 첫째로 오래 살고, 둘째로 좋은 그늘을 만들고, 셋째로 새가 집을 짓지 않으며, 넷째는 벌레가 없고, 다섯째는 단풍이 아름답고, 여섯째는 열매가 먹음직하고, 일곱째는 잎이 큼직하여 글씨를 쓸 수 있다一壽 二多蔭 三無鳥巢 四無蟲蠹 五霜葉可玩 六佳實可啖 七落葉肥大可以臨書. 이것을 감나무의 칠절七絶이라고 한다.

이와 같은 칭찬은 약간 과장된 느낌이 없지 않다. 즉 새가 집을 짓기도 하고 벌레가 있을 수도 있다. 그러나 '일곱'이란 수는 행복한 수인 까닭에 이왕이면 일곱 가지 좋은 점을 무리하게나마 만들 만하고, 또 이것을 믿어보고자 힘쓸 만하다. 알고도 속는다는 것이 때로는 좋은 맛을 준다.

감나무는 문인文人들이 즐긴 나무로 보인다. '시엽제시柿葉題詩'란 말이 있다. 땅에 떨어진 단풍 든 감나무 잎에 시를 쓴다는 것으로, 그 풍류가 이루 말할 수 없다. 당나라 때 한유韓愈는 감나무를 시로 읊었는데, 특히 감나무 단풍의 아름다움을 표현하기를 "활활 타는 불의 신火神이 불양산을 펴서 들고 있는 것 같고, 구름도 붉게 타고 나무도 타는데 굵은 감 열매가 나무를 덮었다赤赫炎官張火繖 然雲燒樹大實駢"고 했다.

재배

| 감나무 꽃

감나무 재배 시에 가장 큰 문제는 열매가 익기 전에 떨어지는 것이다. 열매가 일찍 떨어지는 원인에는 여러 가지가 있다. 비가 많이 온다든가, 땅속에 물기가 많다든가, 꽃가루받이가 잘 안 되어 씨가 적게 생긴다든가, 또는 나무가 늙었는데 열매가 너무 많이 달릴 때에 이와 같은 현상이 나타난다.

감나무는 접을 붙여야 한다. 종자를 뿌려서 묘목을 만들면 못쓸 감이 달린다. 감 씨나 고욤나무 씨를 뿌려서 접붙이는 대목臺木으로 삼는다. 봄에 접을 붙이는데, 접붙인 나무는 뿌리의 발달이 좋지 못한 편이고 옮겨 심을 때 잘 죽기 때문에 조심할 필요가 있다. 심을 구덩이를 깊고 넓게 판 후, 밑쪽에 잘 썩은 퇴비를 20kg가량 넣고 좋은 흙과 혼합한다. 이러한 작업은 미리 해두는데, 비가 와서 이것이 잠자게 되면 다시 흙을 넣고 그 위에 묘목을 심는다. 뿌리 사이에 가는 흙이 들어가게 하고 접붙인 자리가 땅 위로 약간 올라오도록 얕게 심어준다. 그 뒤 지주목을 세워서 바람이 불어도 줄기가 흔들리지 않게 한다. 뿌리에 잔털이 많은 것이 좋고, 건조해지는 일이 없도록 주의한다.

감의 효능

감은 여러 가지 병을 치료하는 데 속방俗方으로 쓰이고 있다. 술을 마시고 난 뒤에 홍시紅柿를 먹으면 술이 빨리 깬다고 한다. 그래서 진짜 술꾼은 술자리에선 감을 싫어한다.

| 생감과 곶감

감꼭지는 딸꾹질을 멈추게 하는 약으로 쓰인다. 언젠가 신문에서 몇 해 동안 계속 딸꾹질을 하는 환자가 있다는 기사를 본 적이 있다. 이렇게 되면 딸꾹질도 큰 병이다. 딸꾹질은 횡격막의 경련으로 생긴다고 하는데, 깜짝 놀라게 하거나 종이를 손으로 비벼 만든 심지로 콧속을 간질여 재채기를 하면 딸꾹질이 멎을 수 있다. 이러한 정도로는 치료가 되지 않을 경우에는 감꼭지를 달여서 마신다. 물 100cc에 감꼭지 5g과 감초 1g을 넣어서 달여 마시면 대개는 멈춘다고 한다. 곶감에 붙어 있는 감꼭지도 좋다.

치질의 출혈에도 감이 쓰인다. 떫은 감을 갈아서 즙액을 내고, 여기에 소량의 명반을 넣어 약물을 만든 다음, 이것을 탈지면에 적셔 피가 나는 환부에 바른다. 또 감나무 잎이 고혈압에 좋다고 해서 물에 달여서 마시기도 한다. 감나무 잎에는 비타민 C가 많다. 효과야 어떻든 감나무 잎차를 마실 만도 하다.

잘 익은 감을 금의옥액金衣玉液이라 한다. 황금빛 나는 껍질 안에 신선이 마시는 달콤한 물液이 들어 있다는 것이다. 이 말은 "색깔은 금빛 나는 옷보다 더 아름답고, 맛은 맑은 옥액에 단맛을 더한 것 같다色勝金衣美 甘分玉液清"라는 옛 시에서 유래되었다.

곶감은 생감의 껍질을 벗겨 햇볕에 말린 것으로, 겉에 서리처럼 흰 가루가 생긴 것을 백시白柿라 하고 그 가루를 시상柿霜이라고 부른다. 곶감은 성질이 냉하며, 생감은 더욱더 냉한 것으로 취급된다. 가을에 단단한 생감을 따서 저장해

두면 색깔이 붉어지고 단맛이 나며 물렁물렁해지는데, 이를 홍시라 한다. 감은 무릇 냉한 것이므로 역시 냉한 것으로 알려져 있는 게와 함께 먹어서는 안 된다는 말이 있다.

| 경북 상주 소은리의 750년 된 '하늘 아래 첫 감나무'

개오동

능소화과, *Catalpa ovata*

(木角豆·梓·白皮, Chinese catalpa, Yellow catalpa)

오동나무와 비슷하다고 하여 개오동이다.
그러나 둘은 과科가 다를 만큼 유연관계가 멀다.
연필 굵기의 가늘고 긴 열매는 약으로 쓴다.

개오동은 열매가 노끈처럼 가늘고 길게 늘어져 노끈나무라고도 불린다. 열매가 좀 지나치게 길다. 잎은 오동나무를 닮아서 큼직하게 생겼고 잎자루도 길다. 꽃도 오동나무와 매우 닮았다. 능소화 꽃과도 닮았는데, 사실 개오동은 능소화과에 속한다.

개오동은 한문으로는 '목각두木角豆' 또는 '재梓'로 쓴다. 영어로는 '카탈파Catalpa'라고 하고, 때로는 '인디언 콩Indian-bean'으로도 불린다. 나뭇가지가 굵고 그 수가 적기 때문에 짜임새가 없는 편이지만, 나무가 크고 멋진 녹음을 만들며 잎이 큼직큼직해서 보기 좋다.

오동나무

우리나라에는 오동나무와 참오동 2종이 있는데, 오동나무는 참오동과는 달리 잎 뒷면에 갈색 털이 있고 꽃잎에 자줏빛의 선이 없다. 키가 15m에 달하고, 원형 또는 오각형의 잎은 길이가 25cm 정도이며 뒷면에 별 모양의 갈색 털이 있다. 자주색 꽃이 5~6월 가지 끝에 핀다.

능소화

능소화과의 식물 또는 그 꽃을 의미한다. 담쟁이덩굴과 같이 줄기의 마디에 생기는 흡착 뿌리(흡반)로 건물 벽 등을 타고 오르며 자란다. 가지 끝에서 나팔처럼 벌어진 주황색 꽃이 한번 피기 시작하면 초가을까지 계속 피고 지고 한다.

도입 유래

개오동이 우리나라에 들어온 것은 1904년이라 한다. 그 뒤 1913년경 다시 미국에서 종자를 구입해 서울에 있는 임업시험장에서 양묘했고, 이것을 각처에 3만 그루 정도 심었다는 기록이 있다. 그때에는 신문·잡지에 개오동나무에 대해 크게 선전하였다. 수입된 개오동나무가 황금수黃金樹라느니 영목靈木이라느니 했다. 개오동나무만 심어놓으면 10여 년 뒤에 값비싼 철도용 침목을 얻을 수 있어 큰 수입이 된다고 마구 선전했다. 그러나 당시 심은 개오동은 하늘소와 바람에 심한 피해를 입어 식재의 성과는 거의 실패로 돌아갔다.

경복궁 뜰에도 여러 그루가 있었는데 키도 상당히 컸다. 누구의 뜻으로 그곳에 심었는지 모르지만 볼만한 나무라고 생각된다.

특성

한여름에 꽃이 피는 개오동은 모양이 나팔과 닮았고, 속에서 꿀이 많이 흐르기 때문에 밀원蜜源으로서도 가치가 있다. 긴 열매는 겨울 내내 나무에 붙어 있다가 봄이 되면 봄바람을 맞아 나뭇가지에 이리저리 부딪쳐 깨지면서 속에 들어

| 개오동의 꽃 모양, 종자와 잎·열매

있던 종자가 떨어진다. 쌀쌀한 봄바람은 개오동나무에게 꼭 필요하다. 나뭇가지에 잎이 달릴 때에는 한곳에서 2개의 잎이 마주나기도 하고, 돌아가면서 3개의 잎이 모여서 마주나기도 한다. 잎이 떨어져도 그곳에 자국이 남기 때문에 3개 잎이 모인 흔적으로 그 나무가 개오동나무임을 겨울에도 알아볼 수 있다.

서양에서는 묘지 부근에 개오동을 잘 심는다고 한다. 일본에서도 절간 또는 신사神社 부근에 이 나무를 심는다. 이 나무가 영혼과 어떤 관계가 있는지 궁금해진다. 일본에서는 이 나무가 벼락을 막아준다고 해서 그런 곳에 심었다고 하며, 따라서 '뇌전목雷電木'이라고도 불렸다.

개오동은 빨리 자라면서도 목재가 단단하여 예전에는 활을 만드는 데 이용했다. 미국에서는 철도의 침목으로도 사용하였다. 잘 썩지 않고 오래가기 때문에 구목久木으로도 쓴다. 우리나라에서는 예전에 나막신을 만드는 데 이 나무의 목재를 이용했다고 한다.

개오동의 열매는 이뇨약으로 효과가 있어 민간에서는 신장염, 습성 복막염, 요독증尿毒症 또는 수종성 각기에 이용되었고, 부증浮症에도 특효가 있다고 한다. 현재도 의약품 원료로 사용되고 있다.

약으로 쓰자면 열매가 완전히 익기 전에 미리 따서 그늘에서 말려야 한다. 너무 빨리 말리면 껍질이 갈라지므로 길이 약 30cm, 지름 약 5mm 되는 것을 따서 천천히 건조시킨다. 건조시킨 열매가 바로 목각두木角豆이다. 나무껍질도 약으로 이용된다.

개오동은 양묘가 쉽다. 종자를 뿌리면 싹이 잘 트기 때문이다. 정원수, 공원수, 또는 가로수로 심는다. 땅 힘이 좋은 곳에 심으면 더욱 좋다.

| 경북 청송 홍원리의 개오동나무(천연기념물 제401호)

거제수나무

자작나무과, *Betula costata*

(黃檀木 · 黃樺樹, Korean birch)

'거제수去災水'란 이름에는 재앙을 쫓아낸다는 뜻이 들어 있다. 중남부 지방의 높은 산에 자란다. 곡우 때 수액을 뽑아 건강 음료로 마시는 나무이다.

거제수나무는 줄기가 굵고 높게 자라는 나무로 겨울에는 잎이 떨어진다. 야생적인 나무로서 깊은 산속 자연림을 구성하고 있다. 이 나무의 묘목을 키워서 숲을 만든다든가, 풍치를 위해서 심는다든가 하는 일은 거의 없었던 것으로 보인다.

거제수나무는 일부 지방에서는 잘 알려져 있지만, 높은 산을 먼 곳에 두고 살아온 사람들에게는 이 나무의 이름이 좀 생소할지도 모른다. 이 나무에 가장 가까운 것은 박달나무와 자작나무이다. 이들은 모두 자작나무 종류Birch이다.

| 거제수나무 줄기

잎의 모양

자작나무류 나무의 잎은 모든 나뭇잎의 대표라고 할 만큼 잎다운 잎이고 잎의 표준이라고까지 느껴진다. 잎에 무슨 대표나 표준을 내세울 수는 없는 노릇이지만, 나뭇잎을 그려보라고 하면 대개가 거제수나무 잎과 닮은 것을 그리게 된다.

거제수나무의 잎은 매우 조직적인 구도를 이루고 있다. 잎자루葉柄와 잎몸葉身이 접촉하는 부분을 엽저葉底라고 하는데, 우리는 흔히 엽저의 모양으로 잎의 특징을 내세운다. 예를 들어, 피나무류의 잎은 엽저가 심장형(하트형)으로 오므라들고 있고, 반면 능수버들 같은 것은 잎이 잎자루를 따라 아래로 흐르는 형태이다.

그런데 거제수나무의 엽저는 흐르지도 않고 오므라들지도 않는 그 중간, 말하자면 표준형이다. 잎자루는 잎 전체 길이에 맞게 적절한 균형을 보여준다. 길지도 짧지도 않은 조화는 잎다운 매무새를 만드는 데 도움이 된다. 사시나무 잎은 누가 보아도 잎자루가 너무 길어, 전체가 안정되지 못하고 항상 흔들리고 있는 불안정 상태이다. 그런가 하면 떡갈나무 같은 것은 잎자루가 거의 없어서 소견머리가 없어 보이고 답답하기 그지없다. 꽉 물어서 단단한 느낌은 있지만, 융통성이 없고 지혜롭지 못해 보인다. 고집불통이란 것은 무서운 병과 같아서 고치기 어렵고 일에 능률을 올리지 못하는 어리석은 것이다.

거제수나무의 잎자루가 가진 알맞은 길이는 중용中庸이라든가 중정中正을 떠오르게 해서 우리는 이 나무에 호감을 갖게 된다. 이 나무의 잎은 하반신이 넓고 상반신이 좁은데, 그 변화 과정이 흐르는 물결과 같아서 무리가 없고 원만하다.

거제수나무 잎의 톱니는 날카로우면서도 크고 작은 톱니가 율동적으로 배분되어 큰 일 작은 일을 함께할 수 있을 듯한 능력을 보여준다. 아마 나뭇잎 중에서 가장 섬세하고 치밀하며 실수 없는 톱니 구조일 것이다. 톱니라는 것은 원래 어떤 물건을 절단하기 위한 장치인데, 거제수나무의 톱니는 가장 능률적인 절단력을 가진 모양으로 되어 있다. 인간이 좋은 톱을 만들자면 거제수나무의 잎에서 배울 바가 크다고 할 수 있다.

또한 이 나무의 잎은 맥脈다운 맥을 가지고 있다. 어떤 나뭇잎은 측맥側脈이 가다가 도중에서 소멸하기도 하고, 또 어떤 것은 가다가 갈라지는가 하면, 활처럼 휘영청 굽은 것도 있다. 그런데 거제수나무의 엽맥은 처음부터 끝까지 그 선명도를 잃지 않고, 가다가 변심해서 딴전 부리는 일이 없다. 즉 태도가 분명하고 확실하며 책임을 질 줄 아는 측맥의 구도를 지니고 있다.

잎의 끝이 날카롭게 빠져나간 것은 이 나무의 무서운 지조를 말해준다. 흐리멍덩한 것이 아니라, 무엇이든지 끊을 것은 끊고 맺을 것은 맺어버리겠다는 굳은 의지가 담겨 있다. 잎 끝이 가다가 굽지 않고 직선로 되어 있는 것은 불의와 타협할 수 없다는 기질의 표현이다. 이런 점들을 모아본다면 거제수나무는

| 거제수나무 숲

진리를 추구하고 불의를 싫어하는 덕목을 몸에 담고 있다고 할 수 있다. 사邪를 물리치려는 의지가 강렬하다.

명칭의 유래

거제수나무. 칭찬받아야 할 거제수나무. 대체 그 이름은 어디에서 왔을까? 아마도 거재수去災水에서 왔을 것이다. '재災'라는 것은 우리의 행복을 빼앗아가는 재앙이다. '災'라는 글자를 보면 위에는 물, 아래는 불, 즉 물과 불의 재앙이 함께하고 있다. 한재旱災, 병재病災, 천재지변天災地變, 이재민罹災民 등 '재'자가 들어가서 좋을 것 하나 없다. 삼재팔난三災八難은 가장 고통스러운 것을 모은 말이다.

이러한 재앙을 쫓아내는 힘을 가진 물樹液을 소유한 나무, 이것이 거제수나무인 것이다. 과연 거제수나무가 이러한 신통한 힘을 가지고 있는지는 의문스럽지만, 나무의 생김새로 볼 때 충분히 해낼 만하게 느껴진다. 몸집이 크면 대체로 미련하고 우둔하지만, 거제수나무는 그러하지 않다.

지역에 따라서 거제수나무를 '물자작나무'로 부르기도 한다. 그만큼 자작나무와 닮았다. 자작나무류를 라틴어로는 '베툴라Betula'라고 하는데, 이 단어는 나무를 뜻하는 켈트어 '베투betu'를 어원으로 하고 있다. 나무 중의 나무이며 쓸모가 많은 나무임을 말해준다.

거제수나무는 한반도뿐만 아니라 만주, 그리고 러시아의 아무르 지방에도 자라고 있다. 나는 몇 해 전 아무르 지방의 자연림과 인공숲을 두루 볼 기회가 있었다. 그곳은 자작나무와 거제수나무가 주를 이루고 있는 것으로 알고 있다.

우리나라에서는 깊은 산에 거제수나무가 많이 자라므로 이것을 되도록 보호해서 큰 나무로 키우는 것이 바람직하다. 목재도 쓸모 있고 아름다운 숲의 경관도 만드는 야생적인 나무로서 거제수나무는 자연의 냄새를 물씬 풍겨주는 데 인색함이 없다.

수액 채취

늦겨울 또는 초봄, 아직 거제수나무의 잎이 움트기 전 경칩 때가 되면 땅속의 벌레도 따뜻한 기운에 놀라 일어나는데, 이쯤 되면 나무의 뿌리는 땅속의 물을 빨아올리기 시작한다. 곡우 때가 되면 나무의 줄기 안을 지나가는 수량水量도 많아지는데, 이때쯤 줄기에 칼로 자극을 넣어주면 수액이 줄줄이 흘러나온다. 곡우에 거제수나무 줄기에서 물을 받아 마시면 재앙을 물리칠 수 있다는 이야기가 전해지고 있다. 수액의 주성분은 포도당과 과당이며, 이는 고로쇠나무의

| 강원도 정선 두위봉의 가을 거제수나무 숲

설탕과 비교된다.

거제수나무는 우리나라 깊은 산 어디에나 자라고 있다. 나는 화엄사華嚴寺 쪽, 그리고 선암사仙巖寺 쪽 산중에서 큰 거제수나무가 서 있는 숲을 보았는데, 봄이 되면 사람들이 산으로 몰려와서 거제수나무의 물을 빨아먹곤 한다.

1984년 가을, 나는 전남 순천 승주에 있는 선암사에서 하룻밤을 지내고, 뒤에 있는 조계산曹溪山을 넘어 송광사松廣寺로 내려간 적이 있다. 이때 선암사 쪽 산 허리에 굵은 거제수나무가 많이 자라고 있었는데, 사람들이 해마다 물을 얻기 위해 낸 상처로 줄기가 울퉁불퉁했다. 칼집을 받아 상처투성이라는 것은 이 나무의 몸속에 귀중한 것이 많음을 말해준다. 옛말에 몸속에 좋은 것을 지니고 있으면 칼을 받는다고 했는데, 거제수나무가 바로 이에 해당한다. 좋은 것을 많이 담고 있으면 상처받을 것을 각오해야 한다.

거제수나무 명산

이야기를 선암사 뒷산으로 옮겨보자. 조계산은 대단한 산악이다. 산이 높다든가 경치가 뛰어나다든가 해서 대단한 것이 아니라, 나무를 굵게 그리고 높게 키울 수 있는 힘을 가졌고 그 결과 거대한 에너지를 간직하고 있는 것이 대단하다는 것이다.

조계산은 낙타 등처럼 선암사 쪽에 한 봉우리, 그리고 송광사 쪽에 또 한 봉우리가 있어서 2개의 봉으로 되어 있다. 조계산 꼭대기에는 넓은 벌판이 있고 그 중간에 개울이 있는데 상당한 양의 물이 흐른다. 산 정수리에 흐르는 물과 평지가 있다는 것은 이 산에 큰 나무를 자라게 할 힘이 있음을 보여준다.

우리나라에서 가장 좋은 임상林相을 보여주는 곳이 승주인데, 이곳에서도 선암사 부근의 조계산이 그 핵심을 이룬다. 다른 곳에서는 생각도 할 수 없는 나무의 모습을 이곳에서 볼 수 있다. 거제수나무의 크기에 놀랄 수 있는 곳도 이곳이다. 워낙 거제수나무가 많아서 봄이 되면 그 수액을 모아 상품으로 출하하고 있다.

겨우살이

겨우살이과, *Viscum album* var. *coloratum*
(寄生木·冬青, Korean mistletoe)

까치집 모양을 하고 다른 나무에 붙어사는 기생식물이다.
겨우겨우 간신히 살아간다 하여 겨우살이, 또는
겨울에도 푸르러서 붙은 이름 '겨울살이'가 변해
겨우살이로 되었다고도 한다.

겨우살이는 다른 나무의 살아 있는 가지로부터 먹을 것을 얻는 기생목이다. '기생목寄生木'은 겨우살이의 한자명이기도 하며, 겨울에도 푸르다는 뜻의 '동청冬靑'이란 이름을 쓰기도 한다. 주로 배나무, 단풍나무, 참나무, 버드나무, 팽나무 등에 기생한다.

특성

겨우살이는 가을이 되면 노란색에 가까운 열매가 익는데, 모양은 콩처럼 둥글다. 이것을 까치나 비둘기 등 산새가 먹은 후 나뭇가지 위에 배설한 똥 안에서 싹이 트게 된다. 뿌리는 나무껍질을 뚫고 가지 속으로 들어가 단물을 빨아먹는다. 놀면서 잘 사는 나무라 할 수 있다. 더러운 흙에 손과 발을 댈 필요가 없다. 높고 깨끗한 가지 위에서 시원한 공기를 호흡하고 아름다운 수풀을 구경하면 그만이다. 그러나 나무의 입장에서는 정말 분통이 터질 노릇이다. 고생해서 만들어놓은 양식을 겨우살이에 빼앗기고 마는 까닭이다. 그래서 나무를 키우는

| 참나무에 기생하는 겨울날의 겨우살이

사람의 편에서는 겨우살이가 해로운 것으로 취급된다.

겨우살이는 가지가 두 갈래로 계속 갈라지고 끝 쪽에 2개의 잎이 마주난다. 잎에 앞뒤陰陽가 없으며, 선인장처럼 물기가 있고 두터우며 연해서 잘 부러진다. 그러나 가지는 탄력이 있어서 강한 바람에도 견디며 꺾어지지 않는다. 겨우살이는 먼 곳에서 보면 까치집처럼 보이기도 한다.

문헌 속 겨우살이

『본초강목本草綱目』에서는 겨우살이를 나뭇가지 위에 새가 앉아 있는 것 같다고 표현하고 있다. 이 책에는 겨우살이가 더부살이하는 나무이기에 '우목寓木', 또는 붙어서 사는 나무이기에 '조목蔦木'이라고도 하고 있다. 특히 뽕나무에 나는 겨우살이는 '상상기생桑上寄生'이라 해서 약으로 더욱 좋다고 한다.

뽕나무 겨우살이는 음력 3월 3일에 채집하여 그늘에 말려서 약으로 쓴다. 열매의 즙액이 끈끈할수록 약효가 더 있다고 한다. 뽕나무 겨우살이가 매우 드물기 때문에 느티나무나 다른 나무에 나는 것도 뽕나무의 것으로 취급하곤 한다. 약효는 여러 가지인 듯하다. 눈을 밝게 하고 몸을 가볍게 하며 머리털과 치아를 단단하게 할 뿐만 아니라 산모에게도 좋다고 한다.

| 말린 뽕나무 겨우살이

『본초강목』은 가장 오래된 식물도감 중 하나라고도 할 수 있는데, 이 도감의 그림은 대체로 매우 과학적이지만 상기생桑寄生(뽕나무 겨우살이)의 그림만은 그 정곡正鵠에서 크게 벗어나 있다. 큰 겨우살이는 높이가 두세 자(약 60~90cm)는 된다.

유럽의 겨우살이

유럽이나 미국 등지에서는 겨우살이가 경사의 상징이다. 크리스마스 축하 파티장 문간 위에는 으레 주인이 겨우살이를 달아둔다. 손님이 그 아래를 지나가면 좋은 일이 생긴다는 것이다. 그뿐만 아니라 겨우살이 아래를 지날 때에는 어느 여성에게나 키스를 해도 상관이 없다는데, 어쨌든 우리나라 사람들에게는 좀 어려운 일이 아닌가 한다. 왜 이때 겨우살이를 달아서 크리스마스 분위기를 절정으로 몰아가는지 나로서는 알 수 없다. 겨우살이가 신기한 것이기 때문에 신기한 일을 해보자는 일인지도 모르겠다. 또는 추운 날에도 겨우살이가 싱싱한 푸름을 지니고 있는 까닭에, 사람이 한 살 더 나이를 먹더라도 겨우살이처럼 굳세게 살아나가자는 뜻인지도 모르겠다.

예전 유럽 북쪽 지방에 존재한 드루이드교는 겨우살이를 매우 존경했다고 한다. 이 종교는 참나무를 신이 깃들어 사는 신의 집神居으로 숭배했다. 그래서 참나무 숲은 곧 그들의 예배당이었고, 참나무에 나 있는 겨우살이는 매우 신성한 것으로 생각하였다. 가을이 되어 잎이 떨어지면 참나무에 살고 있던 신은 그 나무에 붙어 있는 겨우살이로 옮겨가고, 봄이 오면 다시 참나무로 옮겨온다고 믿었다. 섣달이 되면 드루이드교 승려들은 겨우살이를 채집하는 의식儀式을 올렸다. 참나무에 황소 두 마리를 묶고, 흰옷을 입은 승려가 나무에 올라 황금으로 된 칼로 이 겨우살이를 끊어낸 뒤 기도를 하고 축복을 하였다. 이때 겨우살이를 담근 물은 모든 병을 치료할 수 있다고 믿었고, 그래서 이 물에 옴니아 사난스Omnia sanans라는 이름을 붙여주었다. '옴니아'는 모든 것이라는 뜻이고, '사난스'는 치료한다는 의미이다.

드루이드(Druid)
고대 로마시대 이전에 갈리아 및 브리튼(Britain)에서 형성된 켈트족의 한 종교. 기독교로 개종하기 전 고대 켈트족의 성직자, 재판관, 시인, 요술사 등을 포함한 드루이드교도를 뜻하기도 한다.

한편 홀슈타인 지방에서는 겨우살이를 '귀신의 지팡이'라 부르면서 그 지팡이를 가지고 있으면 눈으로 유령을 볼 수 있다고까지 했다. 겨우살이가 워낙 이상한 나무라 이에 이상한 해석들이 주어지고 있는 것이 아닐까 생각한다.

계수나무

계수나무과, *Cercidiphyllum japonicum*
(桂, Katsura tree)

하트 모양의 잎은 노란 단풍이 들고 달콤한 냄새가 나므로 정원수로 흔히 심는다. 일본에서 들여온 나무이며, 전설 속의 달나라 계수나무와는 다르다.

어릴 때 계수나무는 달 속에서 자라고 있는 꿈의 나무로 짐작하고 있었다. 그러다가 실제로 우리 주변에 계수나무가 있다는 것을 알고 무언가 꿈의 신비가 깨지는 느낌이 들었으나, 계수나무가 훌륭한 나무란 것을 알고 다행히도 그 꿈에 흠이 가지는 않았다.

인간에게 꿈이 있다는 것은, 그리고 상상의 날개를 펼쳐 신비한 세계로 날아갈 수 있다는 것은 한없이 아름다운 특권이라 할 수 있다. 한단邯鄲의 꿈을 꾼 노생盧生이라든가, 해와 달이 된 해님 달님 이야기라든가, 혹부리 영감의 이야기라든가 하는 것들이 없었더라면 우리 어린 시절은 얼마나 삭막했을까? 이러한 꿈이 바탕이 되어 인류의 문명이 발달할 수 있었던 것이 아니었을까?

이태백이 지은 달明月의 노래를 들어보자.

少時不識月　우리 어릴 때에는 달을 몰랐지
呼作白玉盤　흰 쟁반이라 불렀다
仙人垂兩足　선인이 두 다리를 드리우고 있는 곳
桂樹何團團　계수나무는 또 얼마나 무성할까

달 속의 계수나무를 잘라서 초가삼간을 지어 부모를 봉양하겠다는 효심의 노래는 언제 불러도 넘치지 않는다. 그러나 옥도끼일망정 달 속의 나무를 끊어낸다는 것은 달에 상처를 주는 것 같다는 생각도 든다.

계수나무는 달과 떼려야 뗄 수 없는 인연을 맺은 나무이다. 옛 책을 보면 달에 있는 계수나무는 높이가 오백 장丈이나 되고, 그 나무 아래에 한 남자가 있어 항상 이 나무를 베어내고 있으나, 나무의 상처가 금방 아무는 까닭에 베어도 베어도 끝이 없다고 한다. 이 남자의 이름은 오강吳剛인데, 신선술을 배우고 있

| 달 속의 계수나무와 선녀 상아(湘娥)

던 중 죄를 지어 그 벌로 달의 계수나무 베는 일을 하게 되었다고 한다. 말하자면 중노동의 형벌을 받게 된 것이다. 그러나 저 달에 죄인이 있다는 사실은 순결하고 평화스러운 달에 무언가 마땅치 않은 맛을 남긴다. 달을 쳐다보면 검게 보이는 부분이 있는데, 이것이 바로 계수나무로서 '계백桂魄'이라고 불린다. 계백은 달의 별칭이기도 하다.

나무 형태

계수나무는 높이가 30m, 줄기의 지름이 2m까지 이르는 큰 나무로 겨울에는 잎이 떨어진다. 나무의 모양이 단정해서 기품이 있고 정결한 느낌을 주며, 줄기가 바로 서고 가지도 위를 쳐다보면서 자란다.

한자로는 연향수連香樹, 오군수五君樹, 산백과山白果, 파초향청芭蕉香淸 등으로 쓰고, 그 열매는 어린아이의 경련을 다스리는 약재로 사용한다고 한다.

잎은 둥글고, 잎 아래쪽은 심장형에 가까운 것이 많으며, 잎 가장자리에는 물결치는 듯한 톱니鋸齒가 있고, 톱니 하나하나의 끝 쪽에 선점腺點이 있다. 계수나무 잎의 둥그스름한 모양은 독특한 느낌을 준다. 보름달의 둥그스름함이 완벽함과 평화를, 피나무 잎의 둥그스름함은 풍만을, 앵두 열매는 앳됨을, 사과는 예술적인 맛을 상징하고, 수박은 소란하고, 감은 고요하며, 박은 여성적이고, 호박은 남성적인 둥근 맛을 지니고 있다면, 계수나무의 잎은 가히 사랑스러운 윤곽을 보여준다고 할 수 있다.

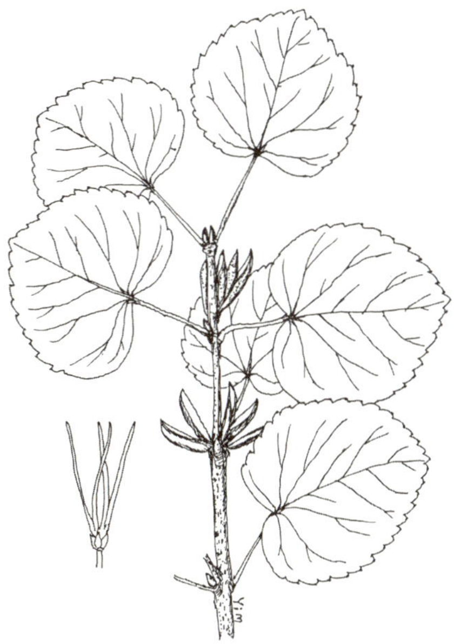

| 계수나무 암꽃, 열매, 잎

계수나무는 암나무와 수나무가 따로 되어 있는 자웅이주雌雄異株이다. 초봄, 잎이 피기 전에 붉은빛을 띤 꽃이 한량없이 달리기 때문에 하늘에 분홍색의 구름이 떠 있는 것처럼 보인다. 경기도 광릉 임업시험장(현재 국립수목원)에

는 큰 계수나무 여러 그루가 줄지어 자라고 있는데, 초봄 꽃이 필 때면 장관이다. 이 꽃은 꽃조각花片과 꽃받침萼이 없다. 다시 말해서 암꽃과 수꽃은 각각 암술과 수술로만 되어 있다.

계수나무과科에는 계수나무속屬 하나만이 있고, 그 가운데서도 두 종은 일본에 있고 변종 하나가 중국 대륙에 있을 뿐이며, 지구상 다른 곳에는 이 나무가 없다. 말하자면 일화구계日華區系의 특산 수종으로 볼 수 있다.

명칭

우리가 주의해야 할 것으로 '계수나무 계桂'로 표현하는 나무가 계수나무만 뜻하지는 않는다는 점이다. 말하자면 계桂는 서로 다른 나무의 이름에 적용되고 있다. 먼저 일본에 난다는 계수나무는 일본 이름이 '가쓰라カツラ'인데, 서양에서도 이 나무를 일본 이름 그대로 부르고 있다.

다음으로 계桂는 목서木犀를 뜻하기도 한다. 이 나무도 우리나라에는 원래 없었던 것으로 얼핏 보기에 호랑가시나무의 잎과 닮았는데, 이것도 일본에서 들어와서 남쪽 지방의 정원수로 심고 있다. 목서는 흰 꽃이 가을에 피고 향기가 있다.

마지막으로 계桂자는 녹나무과의 계피나무인 육계肉桂를 지칭하는 경우가 있는데, 이를 모계牡桂, 자계紫桂, 대계大桂, 계피桂皮, 옥계玉桂, 강계糠桂, 날계辣桂 등으로 부르기도 한다. 이 나무는 상록성으로 초여름에 꽃이 피며 가을에 수피를 채집하는데, 맛이 달고 매우며 우리나라 시장에서 흔히 볼 수 있다. 껍질이 둘둘 말려 있으며, 겨울철 김장을 할 때 이것을 양념으로 이용하기도 하는 것으로 알고 있다. 그중에서도 5~6년생 어린 나무에서 채집한 것을 관계官桂라 하고, 10년생쯤 된 나무에서 딴 것을 기변계企邊桂라 하며, 늙은 나무에서 얻은 것을 판계板桂라 하는데, 관계는 또한 통계筒桂나 조계條桂라고도 하고 원통형이다. 좋은 계피란 입으로 씹어서 입속에 찌꺼기가 적게 남고 향기와 감미가 강하고 매운 것이다.

이처럼 '계桂'는 낙엽성인 계수나무와 상록성이고 가을에 꽃이 피는 목서,

| 경복궁 고궁박물관 앞뜰의 계수나무

그리고 시장에서 흔히 볼 수 있는 녹나무과의 계피나무 세 가지를 뜻하므로 '계桂'자의 해석에 주의를 해야 한다.

진화 과정에서의 위치

계수나무는 피자식물被子植物로서는 매우 원시적인 것으로 간주된다. 암술이 여러 개 있으면서 서로 떨어져 있는 것을 다심피류多心皮類라고 하는데, 목련류와 동백나무류, 그리고 계수나무가 이에 속한다.

계수나무는 화석으로서 가장 옛것으로 알려져 있고 백악기에는 북반구 각처에 존재했다는 보고가 있다. 백악기라 하면 중생대 끝부분이고 지금으로부터 약 1억 4천만 년 전에 해당한다. 백악기는 근생대의 제3기로 이어지는데, 제3기에는 계수나무가 북반구에 더 넓게 퍼져 있었고 그 종류도 많았던 것으로 추측된다. 그런데 이것이 제3기 끝 무렵부터 쇠퇴하기 시작했고, 그다음 제4기에 들어와서는 아메리카 대륙과 유럽 대륙에서 자취를 감추었다. 현재는 아시아 동쪽 온대 지방에 약간 남아 있을 뿐이다. 말하자면 계수나무는 시간의 흐름에 따라 그 세력이 위축되어가고 있는데, 앞으로 어떻게 될지 예상할 수 없다. 다만 은행나무처럼 인간의 보호를 받아 인류와 함께할 것으로 보인다.

한시 속의 계수나무

계수나무는 달과 인연이 있다. 달에는 신선이 살고 있다는 전설이 있어 계수나무를 선仙에 결부시킨 것이 아닌가 하는 생각도 든다. '계수나무 계桂'자가 한시와 문장에 많이 등장하는데, 그럴 때마다 이것을 무엇으로 해석해야 할지 망설여지곤 한다.

굴원屈原이 쓴 「산귀山鬼」라는 시에 계수나무가 나오는데, 이때도 그 수종을 가려내기가 힘들다. 무산巫山에 사는 아름다운 여신이 남신에게 실연을 당하고 한탄하는 노래이다. 그 시 한 토막에 다음과 같이 잃어버린 사랑에 한숨을 쉬는 장면이 있다.

붉은 표범을 타고
얼룩 살쾡이를 거느리고
목련으로 만든 수레에 계수나무를 묶어 깃발로 세우고
석란을 입고
향기 높은 풀을 허리에 두르고
또한 향초를 꺾어
사모하는 당신에게 보내고자 하노니
나 살고 있는 곳은 깊은 대나무 숲속
하늘이 보이지 않아 때를 가늠할 수 없어
험한 길 넘어 올라가니
만나자는 약속 시간에 늦었노라

이때 계수나무로 깃발을 만들었다고 하는데, 이것이 목서 종류인지 녹나무 종류의 것인지 아니면 온대 지방에 나는 낙엽성 계수나무인지 분별이 되지 않는다. 다만 좋은 나무일 것이라고 생각하면 그만이 아니겠는가?

다음 전당시全唐詩의 대목들도 음미해볼 만하다.

相思春樹綠　너를 생각하는 동안에 봄나무 푸르고
千里亦依依　천리 멀리 떨어져 그리워하노라
鄠杜月頻滿　호현과 두양현의 달은 자주 차는데
瀟湘人未歸　소상으로 간 사람은 아직 돌아오지 않고
桂花風半落　계화는 바람에 반쯤 떨어졌다
煙草蝶雙飛　노을진 풀밭에 나비 쌍쌍이 날고
一別無消息　한번 헤어진 뒤 소식 없어라

'소상으로 간 사람'이라면 요순시대의 순임금이 아니겠는가? 요임금이 그의 두 딸을 순임금에 시집보냈고, 그 뒤 순임금은 남쪽 지방의 민정을 살피던

중 창오蒼梧의 들판에서 죽었다. 이 죽음을 슬퍼한 순임금의 비 아황娥皇과 여영女英 자매는 상강湘江에 몸을 던져서 이 세상을 하직하고 말았다. 그 영혼을 위로하는 사당이 동정호洞庭湖 가운데 있는 군산君山에 자리 잡고 있다. 애처로운 영혼들이다.

이태백도 읊기를 "해 떨어진 장사長沙에 가을 색이 짙은데, 소상강 여신女神의 영혼을 위로하고자 해도 그곳을 몰라라" 했고, 가지賈至도 "흰 구름 맑은 달밤에 상아湘娥의 혼을 달래고자 한다"라고 했다. 죽어간 이유에 무한한 동정이 가기 때문이다.

계수나무는 그 본상本相이 무엇이든 간에 고귀한 나무로 여겨져왔다. 조선 중기의 학자 이수광李睟光은 다음과 같이 쓰고 있다.

봉황은 귀한 새이고 솔개는 그렇지 않으며
기린은 귀한 짐승이고 개는 그렇지 않으며
계수나무는 희귀하나 가시덤불은 흔하다
귀한 초목은 약하고 쓸모없는 잡풀은 강하다
이 세상에 순수하고 밝은 사람은 적고 화를 잘 입게 되나
악한 자는 많고 그 힘이 무성하여 날뛴다

계수나무는 올바른 일을 무척 좋아하고 잘못된 일은 몹시 싫어하는 나무임을 알 수 있다. 이는 착한 사람이 아니면 계수나무를 가까이 하기 어렵다는 것을 암시해준다. 그리고 계수나무 잎은 아름다움의 상징이다. 전통적으로 아름다운 눈썹을 아미蛾眉 또는 유엽柳葉(버드나무 잎) 등으로 표현하는데, 여자의 아름다운 눈썹을 계수나무 잎에 견주고 있는 옛 시도 있다.

桂葉雙眉久不描　　계수나무 잎 같은 쌍눈썹을 오래도록 그리지 않았는데
殘粧和淚濕紅綃　　남은 화장이 눈물에 섞여서 붉은 비단옷을 적신다

소동파의 찬가

소동파의 『적벽부赤壁賦』에도 계桂가 나온다. 이를 목서나무로 해석하는 사람이 있는가 하면, 다만 관념적으로 귀한 나무로만 막연하게 풀이한 사람도 있다. "계도혜 난장桂櫂兮 蘭槳, 격공명혜 소유광擊空明兮 泝流光"이라는 대목에 계수나무로 만든 상앗대에 목란木蘭으로 만든 노가 등장하는데, 이때 난蘭을 주목朱木으로 해석한 한문학자도 있다. 주목 역시 훌륭한 나무이고 향기가 좋은 것이고 보면 그러한 풀이에 어색함은 없을 것이다.

좋은 삿대와 노로써 배를 저어 가면서 어슴푸레한 공명을 치고 달빛 무늬 찬란한 물 위를 거슬러 올라간다는, 신선들이 능히 할 만한 행장行狀을 마음속에 그려볼 수 있다. 여기에 계수나무 노가 등장해 더욱 빛나고 고양된 분위기를 만들어내고 있다.

나의 부친은 이 『적벽부』를 무척 좋아하셔서 자주 애송하셨는데, 가을 하늘에 밝은 달이 떠오르면 아직 철이 들기 전 아들을 옆에 두고 흥겨워서 군데군데 해석을 해주시곤 했다. 그중 기억에 남는 하나는 "달이 동산 위에 떠올라 두 별 사이에서 어슬렁거린다"는 표현에 무척 감탄하셨던 것이다. 남두성南斗星과 견우성牽牛星 사이에서 달이 배회한다는 것은 달을 의인화擬人化한 절묘한 연상이다.

"늦게 계토(달)가 나타나 뭇별을 거느리고 서쪽 나라로 잘도 간다夜深桂兎出衆星隨西傾"는 표현은 달의 궤도적軌道的 움직임을 나타낸 것이지만, 적벽부는 달을 왔다 갔다 하며 동작하는, 즉 하늘이라는 공간을 즐기며 행동하는 생물적 물체로 표현한 것이다. 이때 계토桂兎(계수나무와 토끼)는 달의 별명이다. 달에는 계수나무와 토끼가 있어서 주고받는 생태계가 형성되어 있으며, 그들이 끝없이 번창해가리라 믿게 된다.

시인 굴원도 "계도란예桂櫂蘭枻"라는 말을 썼다고 하는데, 그는 계桂와 난蘭의 향기 높은 식물을 매우 즐겼다고 한다.

고로쇠나무

단풍나무과, *Acer pictum* subsp. *mono*
(山槭樹, Mono maple, Yellow-paint maple)

뼈에 좋다는 골리수骨利樹에서 고로쇠나무가 되었다.
이른 봄날 수액을 받아 마시는 나무로 유명하다.
이름에 단풍이 들어 있지 않지만 단풍나무의 한 종류이다.

| 고로쇠나무의 잎과 열매

고로쇠나무는 '고로쇠단풍나무'라 해도 좋을 것 같다. 나무에 대해서 잘 알지 못하는 사람들에게 이 나무가 단풍나무의 일종임을 알려줄 더 구체적인 이름이라고 할 수 있다.

보통 '단풍나무' 하면 잎이 여덟·아홉 또는 그 이상으로 깊게 갈라진 것을 생각하게 된다. 단풍나무는 그 종류가 많고 잎의 생김새도 다양하다. 고로쇠나무 계통의 잎은 대체로 다섯 갈래로 갈라지는데, 깊게 갈라지지 않고 비교적 얕다. 잎의 모양이 흔히 그림으로 그리는 별 모양 같으며, 잎에 거치가 없어서 무척 단순한 느낌을 준다. 이에 비해 다른 단풍나무는 그 구도가 다소 복잡한 느낌이다.

고로쇠나무는 우리나라에 나는 단풍나무류 중 가장 높게 그리고 굵게 자라는 수종이다. 큰 나무는 높이가 20m, 줄기 지름은 50~60cm에 이른다. 이 나무는 우리나라 각지뿐 아니라 일본, 만주, 중국의 온대 지방, 아무르 지방, 사할린 등 넓은 면적에 걸쳐 자라고 있다.

고로쇠나무는 비옥하고 깊은 땅을 좋아하고, 골짜기 또는 그 근처 산허리 부분에서 잘 보이며, 자라는 속도가 빠르다. 햇볕을 좋아하는 양수陽樹이며, 외관이 아름다워 관상용으로 심기도 한다. 어린 잎은 먹기도 하고 차의 원료로 쓰기도 한다. 수액은 약으로 쓰이는데, 단풍나무과에 속하는 수종으로는 사탕단풍나무 다음으로 높은 당분을 함유하고 있다. 목재는 가구재, 기구재, 건축재 등으로 사용되는 대표적인 단풍나무 목재이다. 변재邊材(겉 부분)는 담갈색이고 심재心材(중심 부분)는 분홍색을 띤 담갈색인데, 목리木理(나뭇결)가 치밀하고 질기다.

고로쇠나무에는 몇 가지 변종이 있다. 잎 뒤에 갈색 털이 나 있는 것을 '털고로쇠'라 하고, 시과翅果의 벌어지는 각도가 넓어 수평에 가깝고 잎이 대체로 일곱 내지 아홉 갈래로 갈라지는 것을 '왕고로쇠'라고 한다. 털고로쇠나무는 열매의 잎 뒤에도 갈색 털이 나 있다. 일본에서는 고로쇠나무의 변종 또는 품종으로 18가지가 보고되어 있다.

고로쇠나무는 결실량이 비교적 풍부하고 종자 발아율도 낮지 않은 반면, 발아에 많은 시일이 소요된다. 자연림 중에서 고로쇠나무의 어린 나무는 찾기 힘들고, 있다 하더라도 그 수가 매우 적은데, 이 점은 고로쇠나무 숲의 갱신을 생각할 때 앞으로 연구되어야 할 과제이다.

선암사 주변 고로쇠나무가 있는 숲의 상태를 보면, 지피식생地被植生으로 조릿대가 밀생하고 있어 고로쇠나무 갱신에 큰 지장을 주고 있다. 고로쇠 수액 생산과 그 문화를 유지한다는 뜻에서, 고로쇠나무의 큰 묘목을 심고 경쟁관계에 있는 조릿대를 억제해주는 작업이 필요해 보인다.

명칭

단풍나무를 한자로는 '단풍나무 풍楓' 또는 '단풍나무 척槭'으로 나타내는데, 사전에 보면 이 두 가지는 같은 종류이나 그 모양이 다르다고 했다. 모양이 어떻게 다른지는 설명이 없어서 알 도리가 없으나, '楓'자는 열매가 바람을 타고 멀리 날아가는 모습을 표현한 것이라고 한다. 단풍나무 종류는 열매에 날개가 붙어 있어서 바람을 타도록 되어 있으니 수긍이 간다.

중국에서는 풍향楓香나무의 수지樹脂를 백교향白膠香 또는 풍향지楓香脂라 해서 귀중한 약재로 쓰고 있는데, 이때 풍향나무란 '스위트검Sweet gum'을 말하는 것으로 우리나라에서도 요즘 간혹 심고 있으며 '중국풍나무'라고 부른다. 미국의 일반수종 스위트검은 학술적으로는 리퀴담바*Liquidambar*라고 하는데 귀중한 목재 자원이다. 이 수종은 우리나라에 들어와서 매우 좋은 자람을 보여주어 주목되는데, '미국단풍나무'가 바로 그것이다. 이들 나무 이름에 '풍'자가 들어가고 그것이 한자로 '楓'인지 잘 알 수 없으나, '楓'자가 거의 틀림없을 것으로 생각된다.

『훈몽자회訓蒙字會』를 보면 '신나무 풍楓'이라 했고 일본어를 풀이한 『왜어유해倭語類解』에도 신나무 풍楓과 단풍丹楓을 '모미지'로 나타내고 있으니, 단풍나무에 '楓'자를 적용하더라도 무방할 것 같다. 신나무는 아름다운 단풍을 만들지만 유독 잎이 세 갈래로 갈라지는 신나무가 '楓'자의 대상이 된 것에 대해서는 생각해볼 만하다.

정약용은 『아언각비雅言覺非』에서 '楓'이 단풍인지 아닌지 잘 모르겠다 했고, 또 "『본초本草』와 『화경花鏡』 등 여러 책을 살펴보았더니 향기가 나는 나무이고 그 열매는 크기가 오리알만 하다. 이 열매를 태워서 향을 만드는데 그 기름을 백교향白膠香이라 한다"라고 했다. 이는 '楓'자가 분명히 '스위트검'임을 말해준다. 그는 "우리나라의 단풍나무楓는 키가 낮고 기름도 간직하지 않는다. 다만 강진康津에 귀양살이할 때 어떤 산장에서 몇 그루의 단풍나무를 보니, 높이와 크기가 구름에 닿아 가히 기둥이나 들보를 만들 만한 것이었다"라고 기록하고 있는데, 이것은 생각컨대 고로쇠나무라고 추측된다. 요컨대 '楓'자는 단풍나무를 뜻하기도 하고 스위트검을 뜻하기도 하므로 우리는 조심해서 그간의 뜻을 살펴서 해석해야겠다.

한편 단풍나무에 '뉴杻'자를 쓰기도 한다. 껍질이 질겨서 우근자牛斳子라고도 하는 뉴杻가 단풍나무를 뜻한다는 기록이 있다. 이와 같이 우리나라와 중국에서는 오래전부터 단풍나무를 나타내는 한자가 혼동되게 사용되고 있으므로 주의할 필요가 있다.

일본 사람들은 단풍나무 종류를 '가에데蛙手, 楓'와 '모미지紅葉, 槭'로 구별하고 있다. 하지만 식물학적으로 나눈 것이 아니라 잎의 모양으로 나눈 것이라 이 또한 주의해야 한다. '가에데'는 잎이 얕게 갈라지는 고로쇠나무 등에 적용되는 이름으로, 잎의 모양이 개구리손과 닮아 있다고 해서 이와 같은 이름을 붙였다. 가에데는 '개구리손'을 뜻하는 일본말이다. 따라서 고로쇠나무에는 가에데를 뜻하는 '楓'자가 적용될 수 있다. '모미지'라는 것은 가을에 드는 단풍이 아름답고 잎이 여러 갈래로 깊게 갈라지는 나무를 말한다. 흔히 공원이나 뜰에 심은 것들이 모미지 종류인데, 이에는 '척槭'자가 적용되고 있다. 그들은 홍엽紅葉을 그대로 단풍나무라는 뜻의 '모미지'라 읽는다. 따라서 가에데는 모미지만큼 가을 단풍이 아름답지 못하다는 뜻이 은근히 담겨 있다.

수액 채취

고로쇠나무의 수액 채취는 경칩 전후로 약 일주일이 가장 좋고, 그사이에 얻어진 것이 약효가 가장 뛰어나다고 한다. 그래서 과거에는 이 기간 동안에만 수액을 채취했으나, 지금은 2월 20일쯤부터 3월 15일까지 약 1개월에 걸쳐 채취하고 있다. 그러나 이 기간 중이라도 날마다 수액이 나오는 것이 아니라, 기후 조건에 따라 수액 유출이 안 되는 날이 많고 실제로 수액이 나오는 날은 불과 5~6일에 지나지 않는다고 한다.

고로쇠나무 수액을 약수藥水 또는 골리수骨理水, 骨利水라고도 부르는데, 특히 골격을 튼튼하게 하는 효험이 있어서 이러한 이름을 얻었다고 한다. 허약 체질, 신경통, 수술한 뒤, 위장병, 치질 등에도 좋고, 말하자면 만병통치의 효과가 있다는 것이다. 구름이 많이 낀 날, 눈 또는 비가 오는 날, 바람이 부는 날, 낮기온이 영하로 떨어지거나 영상이라 하더라도 1~2℃쯤 되는 날에는 약수가 흘러나오지 않는다고 한다. 수액이 흘러내리기 알맞은 조건은 밤기온이 -2~-5℃, 낮기온이 5~8℃쯤 되며 바람이 없고 청명한 날씨이다.

| 고로쇠나무의 꽃과 수액 채취

수액을 마실 수 있는 나무

고로쇠나무, 거제수나무, 자작나무, 단풍나무, 삼나무, 대나무, 박달나무, 층층나무, 헛개나무, 노각나무, 서어나무, 피나무, 머루덩굴, 다래덩굴, 으름덩굴 등

수액이 흘러내리는 이유는 고로쇠나무 줄기 안의 압력樹幹壓 변화 때문이다. 밤중에 기온이 내려가면 수체樹體 안쪽에 수축이 일어나 마이너스 압력이 생기고, 나무뿌리는 땅속에 있는 수분을 흡수해서 줄기 안으로 보내려고 하는 힘을 받게 된다. 밤중에 물을 빨아 줄기 속을 채우고, 그 뒤 낮이 되어 기온이 올라가고 나무줄기가 햇볕을 받아 나무의 체온이 올라가면, 수체 안에 있는 수분과 공기(이산화탄소)가 팽창해서 밖으로 나가고자 하는 압력을 만들게 된다. 이때 수피에 상처를 받으면 상처를 통해서 수액이 흘러나오는 것이다.

나무줄기의 직경이 30cm만 넘으면 채액의 대상이 되는데, 한 나무에서 약 7리터의 수액을 얻을 수 있다. 하지만 나무에 따라 그 차이가 심하다. 수액은 색깔이 거의 없고 맛이 담담하지만, 주성분이 설탕(1~1.5%)이므로 미약한 감미가 있고 약간의 향기를 지니고 있다. 산도 7 정도의 알칼리성 음료인 수액에 만병통치의 효험이 있다는 말에 사람들이 다투어 구입해 마시게 되면서 요즘은 이를 구하기가 어렵게 되었다.

한시 속의 단풍나무

단풍나무 잎은 가을 서리를 맞고 아름다워진다. 그래서 서리 맞은 잎이라는 뜻의 상엽霜葉은 곧 단풍을 가리킨다. "설악산 가는 길에 개골산 중을 만나 중에게 묻는 말이 풍악이 어떻더니, 이 사이 연하여 서리 칠 때 맞았다 하더라" 하는 시에서도 서리를 맞은 잎이 강조되고 있다. 상엽이 봄꽃보다도 더 붉더라는 한시의 구절도 그러하다. 또 "서리 맞은 단풍을 한없이 바라보고飽看霜後楓"라든가, "붉은 단풍잎이 진달래와 같더라紅葉如躑躅" 하는 시도 단풍의 아름다움을 잘 표현한 것으로 생각된다.

서리 맞은 단풍에 길 가는 나그네의 수심을 담아 부른 시로는 장계張繼가 쓴 「풍교야박楓橋夜泊」이 유명하다.

月落烏啼霜滿天	달이 지고 까마귀 울어 서리는 온 천지에 가득한데
江楓漁火對愁眠	강가의 단풍과 고기잡이배의 불에 나그네 수심이 더해진다
姑蘇城外寒山寺	고소성 밖에 있는 한산사의
夜半鍾聲到客船	밤중 종소리가 나그네의 배에 이르는구나

서리가 천지를 메운 가운데 단풍이 아름답다는 이 시처럼, 서리와 단풍은 시와 노래에 함께 나타나곤 한다. 이곳에서 말하는 '풍楓'자가 꼭 단풍나무겠는가 하는 의문도 있다. 중국 풍향수Sweet gum도 서리를 맞으면 아름다운 단풍을 만들기 때문이다.

단풍은 가을의 상징이다. 그 화려한 아름다움 속에는 흘러가는 계절에 따른 쓸쓸함도 간직되어 있음을 부정할 수 없다.

欲拂柴門迎遠客	사립문을 열고 뜰을 쓸어서 먼 곳에서 오는 손님을 맞이하려는데
靑苔黃葉滿貧家	푸른 이끼와 단풍잎이 가난한 집에 가득하다

단풍을 가난한 선비의 아름다운 동반자로 보아 낙엽이 뜰을 채웠는데 그 붉음을 쓸어내지 않는다는 백거이白居易의 시 「낙엽만계홍불소落葉滿階紅不掃」는 자연을 몹시 사랑하는 품위 있는 인간의 심정을 나타낸 것이다. 그의 또 다른 시 「비파행琵琶行」에서 "한밤 숲이 서리를 맞아 잎이 모조리 단풍으로 변한다一夜林霜葉盡紅" 하고는 이어서 황홀한 거문고의 음률을 묘사한 것은 인간의 심정을 울리고도 남는다. 이처럼 단풍은 인간의 아름다운 심성을 길러주었다.

| 새잎이 피는 봄날의
고로쇠나무

구상나무

소나무과, *Abies koreana*

(濟州白檜, Korean fir)

한라산을 비롯한 남부 지방의 높은 산에 자라는 우리나라 특산의 바늘잎나무이다. 기후 온난화로 차츰 사라져가고 있는 대표적인 보호식물이다.

구상나무는 우리나라에만 있는 나무이다. 그것도 한라산 꼭대기와 지리산의 노고단 임걸령 등 고산 지대에서만 자라고 있다. 이와 같이 구상나무는 극히 일부 지역에서만 볼 수 있어 이 나무에 대해서 알고 있는 사람이 비교적 적다. 나도 나무를 공부하고 있지만 구상나무에 대한 지식은 비교적 새로운 편이다.

구상나무는 침엽수종의 하나로 전나무류에 속한다. 우리나라의 높은 산지에는 전나무가 자라는데, 특히 북한의 높은 지대에 많이 있다. 일본에는 일본전나무가 있고 홋카이도에 많다. 미국과 캐나다에도 전나무 종류가 자라고 있으나, 유럽에는 흔하지 않은 편이다.

솔방울의 특성

전나무류에 속해 있는 나무들은 구과毬果가 하늘을 쳐다보면서 위로 서는 성질이 있다. 아래로 처져 있는 일은 없고 높은 곳을 향해 나아가고자 하는 힘이 있는 기상이다. 태양을 보고서 전진하는 모습이다. 이러한 모습이 전나무를 굳세어 보이게 한다.

구과(毬果)
구과 식물인 낙우송과·측백나무과·소나무과 등의 열매로, 목질(木質)의 비늘 조각이 여러 겹으로 포개어져 둥글거나 원뿔형이며, 미숙할 때는 밀착되어 있으나 성숙함에 따라 벌어져 열린다. 솔방울, 잣송이 따위이다.

그런데 이러한 전나무나 구상나무의 구과는 떨어지면서 산산조각이 된다. 나무에 달려 있을 동안은 힘차고 굳은 의지를 보이며 아름답지만, 나무에서의 생애가 끝나고 새로운 길을 택하는 순간 그들은 장한 산화散華의 길을 택한다. 죽은 뒤에는 그 모습을 남기지 않는다. 산산조각이 나고 빨리 썩어 공기가 되고 만다. 이 세상을 하직하고 난 뒤의 일에 관심을 갖지 않고 미련을 품지 않는 철저한 신앙을 가지고 있는 나무가 구상나무요, 전나무들이다. 자기의 의무가 끝나면 깨끗한 죽음을 택하여 가는 이들 나무 열매의 마지막 길은 장하다고 보아야 할까?

전나무 종류와 닮은 것으로 가문비나무 종류가 있다. 전나무 종류가 자라는 곳에 흔히 가문비나무 종류도 함께 자란다. 전나무나 가문비나무는 모두 추운 곳을 좋아한다. 가문비나무류의 구과는 전나무류와는 반대로 아래를 보고 처지는 성질을 가지고 있다. 가문비나무 열매는 힘이 덜해 보이고 유연한 느낌

| 구상나무 열매

을 풍긴다. 수줍고 겸손하며 말이 적어보이는 모습이다. 가문비나무 열매는 익어서 떨어질 때 그 모습을 그대로 유지한다.

전나무나 구상나무처럼 박살이 나서 가루가 되기는 하지만, 가문비나무처럼 유연하고 약한 것들은 지난날에 대한 미련을 그대로 가지고 있다. 떨어진 가문비나무 열매는 다람쥐가 물고 가 겨울 양식을 삼기도 하고, 각종 새들의 식량이 되기도 한다. 찢어지고 쪼이고 해서 앙상한 뼈를 남기는 비참한 최후를 가문비나무류의 구과에서 찾아볼 수 있다.

아름다운 외관

우리나라의 구상나무는 아름다운 외관으로 세계 첫째 자리를 차지하고 있다고 할 수 있다. 그래서 우리나라에서 88올림픽이 열렸을 때 선수들에게 구상나무 Korean fir 묘목 한 그루씩을 선물하자는 의견이 있었다고 한다. 물론 이러한 의견은 식물 방역상 뿌리에 흙이 붙으면 국가 간 이동이 어렵고, 나근묘裸根苗로서 이식했을 때 뿌리를 잘 내리지 않는다는 단점이 있어 실행되지는 못하였다. 구상나무의 뿌리는 균근菌根을 형성해서 살아가는데, 뿌리의 흙을 털어 없애면 뿌리의 기능이 쉽게 약화되기 때문이다.

하여튼 구상나무는 아름답기 짝이 없다. 몸에 먼지 하나 묻히지 않고 한라산 정상에 서서 고결함을 보인다. 고도상으로도 우리나라에서 가장 높은 곳에 자리 잡고 있다. 지리산에도 있으나 구상나무로 보기에는 변절한 것으로 여겨진다. 아래 가지를 넓게 확장해서 땅을 덮고 있는 것은 구상나무의 안정을 상징하며, 수관이 원추형이고 줄기가 초살梢殺로 된 것은 한라산의 바람을 의식한 탓이다. 한라산 분화구 안으로 들어가면 그 키는 더욱 작아져서 저목성低木性을 띤다. 바람으로 낮아졌다고 하지만, 줄기의 굴곡이 적은 것은 이 나무의 꼿꼿한 절조를 말하는 것이리라. 사람들은 이것을 크룸홀츠Krummholz, 즉 기형旗型을 띠었다고 한다. 특히 분화구 내 백록담 주변의 구상나무는 외곽 지대보다 더 키가 작고 줄기의 굴곡이 더 심하다.

초살(梢殺)
위쪽으로 올라가면서 수간이 가늘게 된 모양

크룸홀츠의 전형적인 모습은 설악산 대청봉과 중청봉의 사이 말안장 지형 완사지에 분포해 있는 눈잣나무에서 볼 수 있다. 줄기가 굽고 땅을 기어가는 형태는 확실히 정상적인 것은 못 된다. 오대산 비로봉 북편에 자라고 있는 전나무만 하더라도 바람으로 인해 곁가지는 한쪽으로만 남아 있어 기형旗型을 이루는데, 이것도 크룸홀츠의 하나라고 생각된다.

구상나무는 그 유전자원이 우리나라 남쪽에 먼저 뿌려진 것으로 보인다. 지난날 제주도와 우리나라 본토는 육지로 이어져서 해협이 없었다고 하는데, 그때 구상나무 집단이 본토와 제주도 낮은 곳까지 점령하고 있었던 것으로 추측된다. 그러던 것이 해협이 생기고 기온이 따뜻해지면서 구상나무들은 세력을 잃어갔을 것이다. 기온의 상승은 구상나무를 한랭한 산꼭대기로 몰아붙였다. 살 만하던 옛 고향을 버리고 한랭한 산정으로 쫓겨갔다. 가다가 더 올라갈 곳을 찾지 못하던 구상나무는 절멸하고 말았다. 기온이 더 상승해간다면 한라산의 구상나무도 끝내는 하늘밖에 갈 곳이 없게 될 것이다.

구상나무는 미의 극치에 이른 아름다운 나무이다. 고요하고, 잡스러운 이

웃을 멀리하고, 가난한 생활자원을 걱정하지 않으며, 주어진 환경이 황량하더라도 그곳에서 찬란한 아름다움을 전개한다. 고전을 펴고 독서에 몰두하고 있는 선비 같기도 하다. 한라산의 구상나무는 하늘나라의 선녀들과 교유를 했다는데, 그쯤은 있을 수 있는 일이다. 한라산은 신비의 산이고, 그 신비의 생물적 주인이 구상나무이기 때문이다.

유럽에서는 구상나무를 많이 양성하여 귀중한 조경수목(크리스마스 트리 등)으로 홍보하고 있다. 그 가치가 국제적으로도 알려지고 있어 다행이다.

한라산의 구상나무 숲은 북사면에서는 해발 1,290m에서부터 남사면은 1,410m, 서사면은 1,430m, 그리고 동사면은 1,300m부터 나타나며, 정상까지 단속적斷續的으로 대상帶狀 또는 반점상으로 분포한다. 일부 조사에서는 한라산의 구상나무 밭을 구상나무 군락, 구상나무·제주조릿대 군락, 구상나무·신갈나무 군락으로 나누고 있다.

한라산의 구상나무 숲이 얼마나 자연스럽게 후계後繼의 숲을 만들어나가는지 궁금하다. 소위 천연 갱신更新이 잘 되는 편은 아니라고 생각한다. 구상나무는 전나무속의 다른 수종, 즉 전나무나 분비나무처럼 어릴 때 응달을 좋아하는 강한 음수이다. 따라서 어린 나무의 아래 가지는 큰 나무 아래에서도 그대로 살아남아 광합성을 한다. 이것은 전나무속 수목의 공통된 성질이다. 큰 나무 그늘 아래에 자라고 있는 구상나무(혹은 분비나무)는 어릴 때 자람이 늦어서 그 상목上木을 뚫고 위로 올라간다는 것은 생각할 수 없다. 그래서 그러한 응달 공간에서 오래오래 기다릴 수밖에 없다. 그 뒤 어쩌다가 위에 있던 큰 나무가 죽게 되어 공간이 생기면, 이들은 좋아라 하면서 왕성한 성장을 시작해서 그 공간을 메우게 된다.

패잔병 구상나무

구상나무에도 꽃이 피는데, 이 나무의 역사는 비교적 오래되었다. 지구 표면이 아직 한랭하던 옛적에는 낮은 곳에도 구상나무가 많이 자라고 있었다. 빙하가 지구 표면을 엄습해 남쪽으로 내려올 때 지구를 둘러싼 공기의 온도가 매우 낮았는데, 이러한 때 기를 펴고 산 나무가 구상나무였다.

빙하가 북극으로 물러나고 태양빛으로 기온이 올라가자, 낮은 곳에 자라던 구상나무들은 더위를 이겨내지 못해 한랭한 산꼭대기로 밀려 올라갔다. 이러한 사실이 한라산 위쪽에만 구상나무 숲이 있는 이유를 설명하고 있다. 사람들은 이 나무를 보고 옛날의 유물이라고 하는데, 사실 그것은 유물과 진배없다.

나는 몇 번인가 한라산을 등반했고 그때마다 남아 있는 구상나무들을 보아왔다. 이제 간신히 그 명맥을 유지하고 있는 구상나무 숲은 처량해 보인다. 씩씩하고 위세 당당했던 백만 대군이 궤멸당하고 이제 얼마 남지 않은 패잔병들이, 그것도 저 황량한 극단 환경으로 쫓겨나 녹슨 창과 칼을 손질할 기백마저 잃어 운명을 기다리고 있는 구상나무 집단을 보았다. 북극에서 산더미 같은 얼음이 천천히 남쪽을 향해 내려오는 지질 시대가 오지 않는 한 그들의 앞날은 막막하기만 하다.

| 한라산의 구상나무

구상나무림의 위기

한라산에 남아 있는 구상나무들은 그 자손을 남기는 데 어려움을 겪고 있다고 한다. 말하자면 자손들이 번성하지 못하고 있다. 그 이유는 몇 가지가 있지만, 무엇보다 그러한 곳에서 살 만한 힘을 갖지 못하였기 때문이다. 구상나무 중 춥고 황량한 곳에서도 살아남을 수 있는 소질이 있는 것도 있었지만, 그러한 것들은 우연한 기회에 모두 없어져버렸고 지금은 적응하기 어려운 것들만 그곳에 남게 되었다.

현재 구상나무는 면적으로 보나 수로 보나 매우 작은 규모의 군락을 이루고 있다. 작은 집단이란 뜻이다. 이러한 소집단은 살아가는 동안 생존에 도움이 되지 않는다. 얼마 남지 않은 구상나무 숲이, 그것도 그 환경을 이겨내기 어렵다는 것은 무언가 비애를 품은 느낌이다.

지난날 한라산을 오르는 사람들은 흔히 산꼭대기에서 하루 저녁을 묵으면서 밥을 지어 먹었는데, 그럴 때마다 구상나무 가지를 꺾어 불을 지폈다. 구상나무 잎은 기름을 많이 함유하고 있어 안개와 빗물에 젖은 잎과 가지도 잘 탄다. 물론 밥을 지어 먹는 것은 지금은 불가능한 일이 되었다. 그러나 지리산 쪽의 구상나무 숲은 한라산의 것에 비해 볼 때 더 건강하고 아직은 활기에 차 있다.

한라산 산정에는 백록담이란 분화구가 있다. 이 백록담 부근에는 아름다운 선녀가 살고 있었다고 한다. 선녀는 구름보다 더 희고 부드러운 치마를 벗어 구상나무 가지에 걸어놓고 백록담의 깨끗한 물에 몸을 씻었다. 선녀의 옷이 그 가지에 걸릴 때마다 구상나무는 큰 즐거움에 젖었고, 나무 아래서 주고받는 선녀들의 대화에서 기품 있는 교양을 흡수할 수 있었다. 하늘나라 사람들과 오래 사귀어온 구상나무는 하계下界의 잡스러운 나무들과 다르다는 것을 그들 스스로 느끼고 있었다. 이곳 선녀들은 바닷가에 사는 홍안의 미소년 사냥꾼을 불러 즐거움을 함께했다고 한다. 선녀들이 흰 사슴으로 변신해서 사냥꾼을 만났다는데, 백록白鹿(흰 사슴)이 놀던 백록담에 아직 그 발자취가 남아 있는 듯하다. 구상나무는 백록담 신화와 함께 신화의 나무가 된 성싶다.

세계의 학자들이 우리나라의 구상나무에 관심을 보이고 있다. 지리산 임걸령의 구상나무는 한라산의 구상나무와 크게 달라, 줄기가 높고 곁가지가 비교적 가늘고 짧으며 얼핏 보기에는 전나무와 많이 닮아 있다. 같은 구상나무이면서 지역에 따라 모양이 다르다. 앞으로 구상나무를 잘 보호해서 우리 사회가 더 발전되고 건강하게 되기를 간절히 바라는 바이다.

구상나무와 분비나무

구상나무와 분비나무는 서로 많이 닮았다. 잎 끝이 약간 갈라진 특성이 서로 같다. 전나무의 잎 끝은 뾰족하고 날카롭다. 구과의 포린苞鱗(또는 포편) 끝이 뒤로 젖혀지는 것은 구상나무이고, 그렇지 않은 것은 분비나무이다.

분비나무와 구상나무는 잎의 횡단면에 나타나는 수지도樹指導의 위치에 차이가 있다. 구상나무의 수지도는 잎의 중심부부터 멀리 떨어져 있는데 이를 외위

포린(苞鱗)/포편(苞片)
소나무 같은 겉씨식물의 암꽃 밑씨를 받치고 있는 비늘 모양의 작은 돌기

수지도(樹脂導)
수지(나뭇진)를 함유한 세포들이 주위를 둘러싸고 수지를 분비하는 작은 통로

| 아름다운 원추형 모양을 가진 구상나무(경기도 수원시 옛 임목육종연구소)

外位라고 한다. 반면 분비나무는 중심부에 가까운 중위中位에 있다. 이는 소나무와 해송의 잎 횡단면에 나타나는 수지도 위치의 차이와 비슷하다.

소나무는 수지도가 하표피下表皮에 붙어 있는 외위이며, 해송의 수지도는 하표피와 내피內皮의 중간쯤에 있어 그 위치를 중위라고 한다. 순수한 종의 소나무라면 수지도는 모조리 외위이다. 그런데 한 나무에 있어서도 침엽에 따라 몇 개는 외위가 아니고 중위에 있기도 한다. 이것은 그 나무가 순수한 소나무가 아니기 때문이다. 이렇게 형질로서 소나무와 해송을 식별하려는 것은 매우 과학적인 시도라고 할 수 있다.

구상나무의 경우 수지도 형질로서는 분비나무와 확연하게 선을 그어서 식별하기 어렵다. 이러한 경우에는 확률의 개념을 도입해야 한다고 생각한다. 마치 소나무와 해송처럼 말이다. 아리송한 부분이 남기는 하지만, 그래도 소나무와 해송을 식별할 수 있는 것처럼 구상나무나 분비나무에 대해서도 같은 논리로 양자를 구별할 수 있다고 믿는다. 통계적 수법으로 말이다.

구상나무는 여러모로 우리의 자랑거리다. 그 고결하고 항상 안주安住하는 수격樹格을 바라보게 된다. 이처럼 아름다운 나무가 어디에 또 있겠는가?

굴참나무

참나무과, *Quercus variabilis*

(靑剛柳, Oriental cork oak)

아름드리로 자라는 줄기에 코르크가 두껍게 발달하여 쓰임이 많은 나무다. 이 코르크 껍질은 보온이 잘되고 방수성이 뛰어나 옛 굴피 집의 지붕으로 썼다.

도토리나무, 참나무, 꿀밤나무 등으로 불리는 나무가 우리나라 산에 많다. 잎은 흡사 밤나무 잎 같다. 이와 같이 잎이 비교적 좁고 긴 도토리나무에는 두 가지가 있는데, 하나는 상수리나무橡이고, 다른 하나는 굴참나무靑剛柳이다. 도토리가 열리는 나무에는 이 밖에도 여러 가지가 있다. 제주도 같은 곳에 가면 겨울에도 잎이 푸르게 달린 가시나무 종류가 있는데, 이들도 도토리가 달린다. 도토리 한 개가 종지穀頭, cup 안에 담겨 있다.

남쪽에 있는 상록의 가시나무 종지에는 수평 방향으로 금이 나 있다. 우리나라 온대 지방에 나는 낙엽성 참나무 종류(도토리나무 종류)는 종지에 이와 같은 금이 없고 털 같은 비늘이 발달해 있다. 표준국어대사전을 보면 상수리는 상수리나무의 열매를, 도토리는 갈참나무·졸참나무·물참나무·떡갈나무 등의 열매를 통틀어 이른다고 풀이하고 있으나, 일반적으로는 참나무 종류의 열매를 도토리라고 부른다. 굴참나무의 도토리로 만든 묵은 상수리나무의 도토리로 만든 묵과 다를 바 없다.

굴참나무는 낙엽성의 참나무 종류라 우리나라 산 어디를 가도 많다. 굴참나무와 상수리나무는 상당히 닮았다. 단, 굴참나무 잎 뒤에는 흰 털이 빽빽하게 나 있어서 잎 뒤가 희게 보이는 반면, 상수리나무에는 이러한 털이 없다.

굴참나무는 산에 모여서 잘 자란다. 5월의 훈풍이 산허리를 쓰다듬어 올리면 그 많은 굴참나무들은 자랑 삼아 모든 잎을 뒤집어 보인다. 푸르던 산허리에 금방 흰 구름이 날아간다. 황홀한 굴참나무의 잎구름이다. 바람이 불 때 굴참나무들은 장관을 이룬다. 누구든지 먼 곳에서 이를 알아차릴 수 있다. 지난번 청계사에 다녀오던 길에 아름다운 굴참나무의 율동에 놀랐다. 내가 살아 있기 때문에 이러한 풍경을 볼 수도 있구나 하는 생각까지 들었다.

두꺼운 껍질과 코르크

굴참나무는 유별나게 줄기의 껍질이 두껍게 발달한다. 오래된 나무일수록 껍질이 두껍고 부드러워서 손가락으로 누르면 물렁물렁하게 들어가는 느낌이 든다. 굴참나무의 껍질은 벗겨서 코르크로 만든다. 예로부터 우리 조상들은 너와

| 강릉 신계리의 굴참나무(천연기념물 제461호)

지붕의 재료로 굴참나무 껍질을 사용했다. 코르크는 병마개로 쓰거나 판으로 만들어 벽이나 천장에 붙이기도 한다. 또한 냉장고, 선박 등에도 이용되고 패킹 packing 등으로 사용되는 등 용도가 다양하다. 최근에는 천연산 코르크를 대신하는 대용품이 만들어졌지만, 역시 천연 코르크가 품위가 있고 좋아 보인다.

코르크를 생산할 수 있는 나무로 가장 유명한 것은 스페인, 포르투갈, 이탈리아, 모로코 등 지중해 해안에 나는 코르크참나무*Quercus suber*이다. 이 참나무의 수명은 100~500년인데, 10년마다 껍질을 벗길 수 있으며 한 나무에서 20~250kg의 코르크가 나온다. 코르크참나무는 가장 좋은 질의 코르크를 생산한다. 1×1×2.5cm 부피의 코르크는 약 7억 개의 세포로 이루어진다. 이 세포

| 굴참나무의 코르크

안에는 공기가 있고 세포의 벽은 방수막으로 되어 있어 물속에 있어도 뜨게 된다. 이는 불에 잘 타지 않는 고무공을 쌓아올린 것과 같아 방수·방음·방열 기능을 가진다. 굴참나무의 껍질도 코르크참나무의 껍질과 비슷한 조직을 가지고 있으나, 더 무겁고 탄력성이 떨어진다. 같은 부피라면 굴참나무의 코르크가 30%가량 더 무겁다.

일본에서는 코르크참나무를 번식시키고자 애를 썼지만 성공하지 못한 상태이다. 코르크 생산을 생각할 때 우리나라에서 가장 좋은 나무는 굴참나무이고, 이 밖에 개살구나무와 황벽나무가 있다. 황벽나무의 코르크는 굴참나무의 코르크보다 질이 더 좋지만, 생산량은 굴참나무만 못하다.

굴참나무도 나무에 따라서 코르크질이 잘 발달한 것이 있는가 하면, 그렇지 못한 것도 있다. 잎 뒤에 털이 빽빽하게 많이 나 있는 것일수록 코르크 껍질이 더 잘 생긴다. 굴참나무 잎 뒤에는 이러한 털의 변이가 많다. 그래서 좋은 나무를 골라내는 것은 장래의 코르크 생산을 위해서 매우 중요한 일이다.

일제 강점기에 부산에 코르크 회사가 있었는데, 당시 일본 해군의 군수 물자를 충당하는 데 큰 역할을 했다. 그 당시 우리나라의 굴참나무 껍질 연간 사용량은 약 300만kg에 이르렀다. 이 회사는 굴참나무 자원의 발굴에 혈안이 되었고, 각지에서 사람을 모아 굴참나무 껍질 벗기기 강습회까지 열곤 했다. 이러한 강습회에서는 굴참나무 숲의 조성 방법과 그 관리 등에 대해 가르쳤다.

요즘은 굴참나무 자원이 거의 고갈된 것 같다. 또한 굴참나무 자원 조성에도 무관심해 보인다. 여러 가지 이유야 있겠지만, 미래를 위해서 좋은 굴참나무 숲을 보존해두는 것은 우리가 마땅히 해야 할 일로 생각된다.

과거의 기록을 보면, 경북 청도군 운문면 신원리나 경기도 양평군 단월면 명성리 같은 곳에 비교적 좋은 굴참나무 숲이 있었던 것으로 보인다.

| 강원도 삼척 중마읍리의 굴참나무 보호수

미국에서는 유럽의 코르크참나무를 캘리포니아 지방에 식재하는 데 성공하였다. 양털을 깎아도 양에게는 별 지장이 없듯이, 나무에서 껍질을 자주 벗겨주어도 별 문제가 없다.

굴참나무는 열매를 땅에 뿌려서 묘목을 키워낸다. 묘목 양성은 어렵지 않지만 뿌리의 발달이 좋지 않아 산에 옮겨 심을 때 잘 죽는다. 굵은 뿌리는 잘 자라지만 가는 곁뿌리가 생기지 않아서 항상 문제가 된다. 이랑을 높게 해서 묘목을 양성하면 가는 곁뿌리가 더 생긴다. 조선 숙종 때 홍만선이 쓴 『산림경제山林經濟』를 보면, 열매를 땅에 뿌릴 때에는 깨진 기왓장을 묻고 그 위에 열매를 놓고서 다시 그 위에 흙을 덮으라고 했다. 뿌리가 기왓장 때문에 굽어서 자라고, 이 때문에 곁뿌리가 더 생기게 된다는 것이다. 옛 사람들은 매우 흥미로운 생각들을 했던 것 같다.

굴참나무는 어릴 때에는 껍질이 두껍지 않다가, 15년가량 되면 코르크 껍질의 두께가 약 1cm만큼 자라 이용할 수 있게 된다. 한여름 나무줄기에 물이 많이 올랐을 때 손도끼로 껍질을 벗겨낸다. 나무줄기가 높으면 사다리 같은 것을 이용하여 높은 곳까지 껍질을 벗긴다. 껍질을 벗겨내면 그 뒤 다시 코르크 껍질이 생겨나며, 그 뒤 8~9년 지나 다시 코르크 껍질을 벗겨내면 된다. 나무의 나이가 40년가량 될 때까지는 이를 되풀이하면서 껍질을 벗겨낸다. 코르크를 생것으로 쓰고자 할 때에는 첫 물이 좋지만, 그 밖의 목적으로 쓸 때에는 두 번째 또는 세 번째 것이 더 좋다.

| 경북 울진 수산리의 굴참나무
(천연기념물 제96호)

굴피나무

가래나무과, *Platycarya strobilacea*

(必栗香·化香樹, Cone-fruit platycarya)

중남부 지방의 숲 가장자리에서 가끔 만날 수 있는 흔치 않은 나무다.
넓은잎나무이면서 솔방울처럼 생긴 열매가 특징이다.
안 껍질은 질겨서 어망을 만들기도 했다.

굴피나무. 이 나무의 이름을 들어본 사람은 많지 않을 것이다. 이 나무가 그만큼 흔하지 않다는 뜻이다. 옛날에야 더 많았을 테지만, 길가나 산기슭에 버려져 사람들 기억 속에서 멀어지고 있는 이 나무의 이름을 내가 구태여 들추어내는 이유에는 그 열매의 기이함과 잎의 특이한 짜임새뿐 아니라, 북반구나 동양에만 있고 서양이나 남반구에는 없다는 것도 있다.

굴피나무. 겨우 몇 사람에게만 기억되고 있고, 잘못하면 영영 없어져버릴 것 같은 그 이름 때문에 내 마음이 서글퍼진다. 굴피나무야말로 이름을 높이 날리는 양명揚名의 재주도 없고, 이름을 세상에 드높이는 현명顯名의 필요도 느끼지 않으며, 고명高名하게 될 뜻도 아예 없는 듯 그저 서 있다.

자기가 명가名家 출신이란 것은 잘 알고 있지만, 그러한 이름과 값어치의 명가名價를 내세울 이유를 알려고도 하지 않고 내세우기를 원하지도 않는다. 그 때문에 나는 더 이 나무의 이름—굴피나무를 되새겨보고자 하는 갈증 같은 것마저 느끼게 된다.

굴피나무. 살고 싶기야 하지만 구태여 어렵게 몸부림치면서까지 집안 살림을 넉넉하게 만들어봐야겠다는 정열은 잃어버린 듯한, 어떻게 보면 고고하기도 한 마음가짐과 자세에 고개가 숙여진다. 될 대로 되라는 듯 그의 생애는 피로에 지친 듯도 하고, 굳이 그렇게 해석할 필요조차 없어 보이기도 한다.

나무 혈통

굴피나무, 호두나무, 가래나무. 이 세 나무가 모여서 호두나무과라는 한 족보를 이루고 있는데, 그것은 매우 얇고 몇천 년이 지나도록 개보改譜의 필요조차 없이 단순히 그 혈통만을 유지하는 것으로 만족해온 그런 족보였다.

굴피나무는 호두나무의 파보派譜를 대단스럽게 여기지 않는다. 무엇 때문에 고소하고 먹음직한 살을 열매 속에 담아 장사꾼의 속셈으로 세상을 행세하느냐는 것이다. 옛날 사농공상士農工商 시대의 선비를 자처하는 굴피나무가 장사꾼 호두나무를 눈 아래로 보는 데에는 충분한 이유가 있다. 사람의 손에 넘어가 품종 개량이라는 부정不貞한 교배 수단에 몸을 맡기는, 그런 치사한 족보의 일부분을 아예 갈아치워버리자는 생각으로 사는 것이 바로 굴피나무이다.

가래나무야 열매 속에 살을 가지고 있다 해도 장사꾼 노릇 할 주제가 못되므로 굴피나무와는 더 좋은 우정을 나누고 있다. 가래나무는 시베리아와 만주, 우리나라 북쪽에 터전을 잡아 그 후손이 자못 번성하였다. 그런데 굴피나무는 따뜻한 남쪽을 택해서 한반도 남쪽을 차지하고자 했지만, 워낙 거세고 생활력이 강한 나무들이 많아서 이제는 체념 속에서 세월을 보내고 있는 고고한 선비 같은 나무, 은둔하는 선비인 것이다. 거의 거동을 하지 않고 두문불출하는 기개氣槪로 살고 있다.

| 울산 울주군 전읍리의 굴피나무 보호수

꽃들의 별명

손님으로 잘 돌아다니면서 이름을 떨치는 것들이 많다. 작약은 흔히 문 앞에 심기 때문에 근객近客이요, 모란은 귀한 상을 가져서 귀객貴客이요, 국화는 가을 서리를 맞아도 견디는 까닭에 수객壽客이요, 매화는 향기가 맑아서 청객淸客이요, 난초는 향기가 그윽하여서 유객幽客이요, 서향은 반갑고도 사랑하는 사람의 몸내음을 가져서 가객佳客이요, 정향丁香나무는 내음이 담담하여 소객素客이요, 연꽃은 움직이지 않는 향기를 가져서 정객靜客이요, 장미는 가시를 달고 향기가 야성적이라서 야객野客이요, 재스민은 먼 나라에서 온 향기의 나무이기 때문에 원객遠客이요, 계수나무는 신선들과 어울리기 때문에 선객仙客이다.

이러한 식물들은 나들이를 잘하기 때문에 그 이름이 세상에 알려져 있다. 이렇게 사교성이 좋은 것들에게 굴피나무는 아랑곳없다. 굴피나무의 자랑은 여기에 있다. 향기를 가진다는 것은 그만큼 관심을 끌자는 것이요, 관심을 모으고자 하는 것은 이름을 높이자는 속셈이 있기 때문에, 굴피나무의 성미에는 도무지 맞지 않는다.

독특한 솔방울형 열매

굴피나무의 훈장은 그 열매이다. 굵은 도토리만 한 열매는 그 모양이 솔방울과 닮았으나 훨씬 잘생겼다. 까슬까슬하면서도 부드럽고, 꽃 같으면서도 열매의 본분을 잃지 않고 있다. 열매이지만 꽃으로 보는 것이 더 옳다.

가을이 되어서 온갖 나무의 잎들이 떨어진 뒤에도 이 나무의 까까중머리 같은 열매는 그대로 달려 있다. 이듬해 봄까지도, 아니 여름까지도 달려서 고향을 등지지 않겠다는 생각을 버리지 않는다.

이야기가 나왔으니 말이지, 제주도에 나는 나무로 중대가리나무僧頭木라는 것이 있다. 겨울에 잎이 떨어지는 작은 나무인데, 열매와 꽃의 모양이 까까중머리 같아서 '중대가리나무'라는 이름을 얻었다. 이 나무의 열매는 얼핏 굴피나무 열매의 모양을 생각나게 할 정도로 닮았다.

'중머리나무'라고 했어도 좀 이름이 고상할 터인데 '대가리'로 표현한 것

| 굴피나무 열매

은 무언가 상스런 생각이 들어서 나로서는 못마땅하다. 그러나 어린 중의 머리는 애교로서 '대가리'라고 해도 용서받을 수 있지 않을까? 곁들여서 말하지만, 제주도의 중대가리나무는 흔한 것이 아니므로 우리는 그것을 잘 보호해서 기괴하게 생긴 그 열매를 오래오래 볼 수 있어야 할 것이다.

중대가리나무는 현재 '구슬꽃나무'라고 그 이름이 바뀌었다.

나무 크기에 따라 다르기는 하지만 굴피나무의 열매는 한 나무에 수천 개씩 달린다. 몇백 개씩이 아니다. 그들은 모조리 하늘을 쳐다보면서 한량없이 달린다. 봄, 여름, 가을이 지나고 모든 나무가 꽃을 잃어버린 황량한 겨울날에 담갈색의 아름다운 꽃을 지천으로 피우는데, 이것이 굴피나무의 성숙한 꽃들이다. 장관이고도 남음이 있다. 하늘로 곧추섰다는 뜻은 고고한 선비의 마음으로 살고 있다는 증거이다.

눈이 오나 비가 오나 그 모든 것을 열매 안에 담아보겠다는 뜻이 갸륵하다. 까슬까슬한 열매의 비늘 사이에 하얀 눈을 담뿍 담을 때, 이 나무는 순식간에 흰 꽃을 단 매화가 되어 버린다. 신발 신을 사이도 없이 단숨에 나무 아래로 뛰어가게 만들어버리는 나무가 바로 굴피나무이다. 맑게 갠 추운 겨울 하늘을 바라보고, 온갖 잡동사니로 가득 찬 땅의 세상에 한눈팔지 않는 굴피나무의 열매에 우리는 끝없는 박수를 보내도 아깝지 않다.

| 굴피나무 잎과 줄기

요즈음 어떤 이들은 열매가 달린 굴피나무의 가지를 꺾어 꽃꽂이 재료로 쓰고 있다. 백자 수반에 물을 담아 그 안에 있는 납으로 된 침판에 굴피나무 가지를 꽂는다. 이것을 꽂는 데에 여러 가지 이론도 내세우고 유의流儀도 있다고 설명하지만, 굴피나무는 어떤 응접실의 모퉁이에 장미꽃과 나란히 진열될 성질의 것이 아니다. 밝은 전등불 아래에서 텔레비전 화면과 함께 어울릴 것이 못된다. 오히려 꺾인 채 산속 풀 사이에서 썩는 것이 격에 맞다.

굴피나무 열매는 영리하고 재치 있는 비늘을 가지고 있어 단단하다. 이 비늘같이 보이는 것을 포苞라고 하는데, 열매자루가 하도 단단해서 아무리 바람이 불어도 꼼짝하지 않는다. 이것은 굴피나무의 굳은 지조를 상징한다. 꺾이는 경우는 있어도 굽혀지는 일은 없다. 말라서 빳빳한 굴피나무의 겨울꽃은 이 세상에 둘도 없는 이색적인 것이기에, 우리는 이 나무를 볼 때마다 눈을 더 크게 뜨게 된다.

굴피나무 잎은 가래나무나 호두나무와 닮았지만, 큰 잎을 만들고 있는 소엽小葉의 수가 많고 소엽의 모습이 더 날씬하다. 이왕 열매가 먹음직한 것이 못될 바에야 외관이라도 잘생길 필요가 있다. 그래서 그들은 스스로 만족감을 느끼고 있다.

어떤 책에서는 이 나무가 높이 4m 정도 되는 작은 나무라 하는가 하면, 일본 책에는 10m가량 되는 큰 나무라고 적혀 있다. 또 굴피나무는 남쪽 따뜻한 곳을 더 좋아한다는 설명도 있다. 남쪽으로 가면 이 나무가 더 왕성하게 자라고 더 큰 나무가 되는 까닭에 누군가가 심었을지도 모른다. 하지만 나로서는 자연생으로 짐작하고 있다. 우리나라에서는 희귀한 나무라 할 수 있으므로 보호되기를 간절히 바라는 바이다.

굴피나무 열매는 검은색 물감을 얻는 데 이용된다. 옛날에는 이것을 천연 염료로 이용했다. 그리고 그 굴피나무 껍질에는 독이 있어서 잎과 가지를 찧어서 시냇물에 넣으면 물고기들이 죽게 된다고 한다.

일본에도 굴피나무가 있어 그들은 이 나무를 '돌호두나무'라고 부르고, 가래나무는 '귀신호두나무'라 부른다. 돌호두나무라고 부르는 것은 이들이 모두 호두나무과에 속한다는 것을 그대로 나타내는 과학적인 이름이라고 할 수 있다.

굴피나무는 종자로도 번식이 어렵지 않다. 공원이나 넓은 뜰이 있으면 원시적인 이 나무를 꼭 몇 그루쯤 심고 싶다.

귤(귤나무)

운향과, *Citrus unshiu*

(柑子木·蜜柑·橘, Unshiu orange, Mandarin orange, Cold-hardy mandarin orange)

제주도에만 나는 특별한 과일 나무이다. 임금님께 진상될 때를 맞춰 황감시黃柑試라는 특별 과거시험을 보기도 했다. 지금 우리가 먹는 귤은 일본에서 개량한 온주밀감이 대부분이다.

가면 갈수록 더 좋아지는 제주도. 아침 햇살을 눈부시게 받고 보랏빛 노을에 낮의 장막을 내리는 거대한 한라산. 흰 꿈은 백록白鹿의 심연에 녹아 현무암 틈새로 흘러 바닷가 절벽에서 가루가 되어버리는 체온體溫의 물줄기. 봄꿈은 귤꽃으로 깨어나고 가을 꿈은 황금빛으로 여물어가는 방울방울 구슬구슬의 열매들. 천년이고 만년이고 외줄기 생각에 다반사茶飯事를 생략해버리는 해탈에 살아온 한라산. 저 아래쪽 바닷가에서 태어나고 죽어가며 노래하고 울어대는 인간들의 속사俗事에는 아랑곳없이 한라의 치맛자락을 주실朱實(귤)로 수놓으면서 자연을 구가하는 데 만족해온 영주瀛州의 봉우리. 귤꽃이 피고 귤이 익어가는 정감에 제주도는 더욱 값지다.

제주도의 귤 역사

제주도의 귤은 옛날부터 유명했다. 기록에 제주도에서는 동지 때가 되면 귤을 임금에게 진상했다고 한다. 나라에서는 진상을 받으면 이것을 먼저 왕에게 올리고, 감사의 뜻으로 시신侍臣과 제주(星州라 부름)목사에 포백布帛 등을 하사하였다. 지금은 귤을 많이 생산하여 신기한 과일로 생각하지 않지만 옛날에는 귀한 것으로 여겨 나라에서는 진상받은 감귤甘橘을 성균관과 사학四學(동학·서학·남학·중학의 네 교육기관)의 유생들에게 하사하고 이를 계기로 해서 임시 과거를 보아 관리를 뽑았는데, 이 제도를 황감제黃柑製라고 했다. 황감제의 과거가 대단한 것으로 생각되지는 않았지만, 아무튼 제주의 감귤은 조정과 그 주변에 경사로운 일을 만들어내는 역할까지 했다.

제주도에서 감귤과 그 밖의 각종 임산물林産物을 진상한 사실은 역사적으로 잘 알려져 있는데, 『경국대전經國大典』에도 "비자나무·녹나무櫨木·조록나무山柚子木·이년목二年木 등은 인근 주민들을 간수인으로 정해서 해마다 연말에는 그 수량을 보고하도록 한다"라는 기록이 있고, 이어서 "경상도·전라도의 해변에 가까운 고을에 매년 가을에 관찰사가 차사원差使員을 보내 감柑·귤橘·유자나무柚木를 지키도록 하고 그 수량을 보고토록 한다"라고 되어 있어 제주도 임산물로서 귤의 중요성을 짐작할 수 있다.

이때 노목櫨木을 녹나무로, 또 산유자목山柚子木을 조록나무로 풀이했는데, 이년목二年木, 二連木이 무엇을 뜻하는지는 알 수 없다. 이를 2년생 나무로 풀이한 것이 있으나 이는 잘못된 것으로 생각된다. 『예종실록』 원년조와 『성종실록』 3년조의 내용을 보면 '이련목二連木'은 어떤 특정한 나무를 지칭하는 것이지 2년생 나무를 뜻하는 것은 아니다.

감귤은 옛날부터 제주의 특산물이었고 권세가나 지위 높은 자가 아니면 그것을 얻기가 매우 힘들었다. 1421년 제주도의 감귤 수백 그루를 전남 순천 등의 해안에 시험 식재한 일이 있고, 1428년에는 강화도에 심기도 했다. 정약용에 의하면 "전남 해남부터 순천 사이에서 감귤이 생산된다"고 했으니, 남쪽 해안 지대의 식재는 어느 정도 성과를 거둔 것으로 생각된다.

한편 세조는 "감귤에는 변종이 잘 나타나며, 추운 곳을 피해 양지 바른 곳에 과원을 개설하되, 미숙한 종자로 묘목을 양성하면 나쁜 품종이 생겨나므로 주의할 것이며, 우량한 모목母木을 선발해서 그것으로 접목모를 생산하도록 하고, 껍질이 두터운 종류는 저장이 더 잘 되는 점에도 아울러 유의해야 할 것이다"라고 하여 감귤원 설치에 큰 관심을 보였다. 감귤원은 주위에 돌담을 쌓아서 보호했다고 한다.

감귤 진상 시 관리들의 행패

제주에서 감귤을 진상할 당시 관리들의 행패가 컸던 것으로 기록되어 있다. 『귤사橘史』에 다음과 같은 내용이 전해진다.

> 남쪽 해안가 고을에 귤과 유자가 생산되는데, 처음에는 나무가 많더니 지금은 귀족 집에만 한 그루쯤 있을 뿐이다. 그 이유는 다음과 같다. 가을이 되면 관리가 장부를 가지고 와서 나무의 수와 나무에 맺은 열매의 수를 세고 갔다가 열매가 익을 때 찾아와서 그 수효대로 수확할 것을 강요한다. 그동안 바람 때문에 떨어진 것도 있을 것이나 이런 것은 불문에 붙인다. 만일 처음 수효대로 진상을 하지 못하면 돈으로 쳐서 그 값을 징수한다. 물론 생산된 감귤에 대해

서는 아무런 보상이 없다. 이때 동네에서는 관리를 대접하느라 닭 잡고 돼지 잡고 해서 온통 잔치 분위기가 되지만, 이 비용은 모조리 감귤나무 소유자에게 떠맡긴다. 따라서 감귤나무를 소유한다는 것은 온 집안이 망하게 되는 것을 뜻하는 것이므로, 백성들은 귤나무 싹이 돋아나면 바로 이것을 뽑아버리고 또 살아 있는 감귤나무 줄기에 구멍을 뚫어 그 속에 후추胡椒가루를 집어넣어 그 나무가 저절로 말라죽도록 했다. 그러면 이 나무는 관리 대장에서 빠지게 된다. 관리의 간섭이 심할수록 백성의 고통이 더 심해지니, 누가 심고 가꾸기를 좋아하겠는가?

한편 제주도의 과원 개설에 관해서는 제주도 찰방사察訪使의 상계上啟가 있었는데, 그 내용은 다음과 같다.

백성이 과목을 재배하는 것은 그 과목으로써 이익을 얻고자 하는 것이며, 또 민간 소유의 과목에서 열매를 따서는 안 된다는 것이 이미 법으로 정한 바 있는데도 이곳 관리들은 민간이 가지고 있는 감귤에 대해서 진상한다는 명목을 내걸고 나무의 수를 대장에 올리고 열매가 미숙할 때 그 수효를 적고 그 뒤 이것이 줄어들면 절도죄로 몰아 백성의 원망이 대단하므로, 이후로는 관官에서 직접 귤과원을 만들 것이며, 민간 소유의 나무에서 진상용 열매를 딸 때에는 충분한 값을 치르도록 해야 합니다.

제주도에는 국가에서 개설한 귤과원도 상당수 있었다. 하여간 관리들의 행패와 부패는 나라의 발전을 크게 저해하는 것이라고 유형원, 이익 등 여러 사람들이 지적한 바 있다.

이와 같이 귤을 왕에게 공물로 바치는 일은 우리나라뿐만 아니라 중국에서도 있었다. 하夏나라의 시조라고 전해지는 우왕禹王은 중국 남쪽 지방으로부터 귤과 유자를 진상받았다고 한다.

청귤

나는 1978년 11월 초 어떤 분의 권유로 제주에 있는 청귤나무를 보러 갔다. 제주도에서 자라는 감귤의 종류에 대해서는 아직 밝혀지지 않은 부분이 많다고 하며, 이곳의 청귤나무도 재래종으로서 그 수가 극히 적고 조사가 더 필요한 것으로 보인다. 청귤나무는 다른 감귤과는 달리 12월까지도 껍질이 푸르고 2~3월에 가서야 등색으로 익는다. 열매의 지름은 4cm 정도이다. 내가 11월 초에 보았을 때에는 껍질 표면이 우글쭈글했다. 두 그루의 청귤나무가 있었는데, 나무 높이는 모두 7m가 넘었고 그 옆에는 재래종 감나무가 아름다운 열매를 지천으로 달고 있었다.

청귤 한 그루의 갈라진 줄기 사이에 돌이 박혀 있었는데, 이것은 열매를 많이 맺도록 시집보내는 것稼樹으로 생각되었다. 과일나무는 보통 갈라진 줄기 사이에 돌을 끼워서 시집을 보낸다. 나무의 줄기껍질은 회적색灰赤色으로 미끈한 편이고, 가지는 모두 굽어서 복잡하게 갈라져 있었다. 청귤도 옛날에는 진상품목이었고, 따라서 일반 서민들은 대부분 감귤 열매를 맛보기 어려웠다. 이 나무는 현재 지방 기념물로 지정되어 보호를 받고 있었다.

『동국여지승람東國輿地勝覽』의 「제주목濟州牧」을 보면, 감柑에는 황감黃柑, 유감遊柑 등 몇 종이 있고, 귤橘에는 금귤金橘, 산귤山橘, 동정귤洞庭橘, 왜귤倭橘, 청귤

| 제주 관덕정 취과양주귤만거(醉過楊州橘滿車) 모사

靑橘의 5종이 있다 했으며, 청귤은 봄이 되어서 익는다고 쓰여 있다. 그리고 산유자山柚子도 제주에 나는 것으로 되어 있다. 산유자목을 조록나무로 풀이한 책도 있으나, 이 경우 산유자나무는 조록나무를 지칭하는 것은 아닐 것이다. 단지 귤나무라 하면 밀감나무를 말한다.

『세종지리지世宗地理志』의 「토공土貢」 항목에 "제주에는 비자·감귤류·이년목·비자목이, 정의旌義(제주도 동부)에는 감귤·비나가, 대정大靜(제주도 서부)에는 비자·감귤"이라고 기록된 것을 보면 감귤은 제주도 전체에서 생산된 듯하다.

탱자나무와 금귤

귤 종류와 닮은 것이 탱자나무인데, 탱자 열매의 표면에는 털이 나 있어 귤과 구별이 되고, 또 탱자나무는 3개의 작은 잎小葉이 모여 나지만 귤 종류는 단엽單葉인 것이 다르다. 한편 귤나무를 북쪽에 옮겨 심으면 탱자나무가 된다는 이야기가 있는데 사실이 아니다.

『열자列子』에 "오吳나라와 월越나라 사이에 유수柚樹라는 나무가 있는데, 잎은 푸르고 겨울에도 떨어지지 않으며 그 열매의 맛은 달면서도 시다. 그런데 이것을 회수淮水 이북 지방에 옮겨 재배하면 탱자나무가 된다渡淮北化爲枳"라고 적혀 있다. 회수는 양자강과 황하 사이를 흐르는, 중국에서 세 번째로 큰 강이다. 이 글의 내용이 옮겨 심은 귤나무가 탱자나무枳가 된다는 것인지, 혹은 그 열매가 먹을 만한 것이 못 된다는 뜻인지 알 수 없으나, 우리나라에도 전에는 이와 비슷한 말이 있었다.

『주례周禮』와 『회남자淮南子』에도 비슷한 내용이 실려 있다. 즉 "제주도에 금귤金橘이 있는데, 이것은 금감金柑 또는 하귤下橘이라 해서 열매가 매우 작고 둥근 것"이고, "열매는 탄알처럼 작고 황금빛을 띠는데 이것을 금귤이라 부른다實小如彈黃如金謂之金橘"라고 했다. 그러나 이것이 제주도 원산이라고는 보기 어렵다. 흔히 일본 말 그대로 '낑깡'으로 부르기도 한다.

한편 "목천자가 곤륜산 요지瑤池에서 왕모王母를 만나 금귤을 먹었다穆天子會王母於瑤池食金橘"는 기록이 있는데, 이는 가공의 이야기이지만 귤이 신선과 같이 훌륭한 존재가 맛보는 과일로서 그 품격이 매우 높다는 것을 말해준다. 또한 '귤중지락橘中之樂'이라 해서 귤 열매를 쪼개었더니 그 안에 두 노인이 바둑을 두면서 즐기고 있더라는 고사가 있다. 요컨대 귤은 훌륭한 사람과 관계있는 과일로 알려져 있다. 그래서 위선자僞善者 같은 사람은 원래 귤 먹기를 꺼렸으나 지금은 그들도 먹는다고 하였다. 또한 중국에는 "별이 떨어져 귤이 되었다星散爲橘"는 전설이 있는데, 하여튼 아름다운 것이 변해서 이 나무가 되었다는 점은 서로 통하고 있다.

귤 열매는 아름다움의 상징이다. 귤 껍질을 말린 것은 약재로 쓰이며 오래 묵은 것일수록 약효가 있다고 한다. 그래서 진피陳皮(오래된 껍질)라는 이름을 얻고 있다.

귤나무를 생각하면 빼놓을 수 없는 것이 중국 전국시대 시인 굴원屈原의 「귤송橘頌」이다. 이는 비교적 긴 노래로 귤나무를 찬양하고 있는데, 그 일부를 추려보면 다음과 같다. 이러한 시를 읽노라면 귤을 선불리 먹기가 어려워진다.

이 세상의 아름다운 나무
하늘의 명을 받아 우리 땅에 내려왔다
타고난 성품은 바뀌지 않아
남쪽 나라에 터를 잡았다
깊고 단단한 뿌리 옮겨 심기 어려워
한결같은 마음씨를 지녔음이라
아름다운 열매 속살 희게 가져
그 뜻 고고함이여
그 모습 너그러워
허욕 멀리하고 자유분방 살아가나
잡되지 아니하다
이 나무 심어 내 스승으로 모시리라

| 재래종 귤 품종의 하나인 병귤

꾸지뽕나무

뽕나무과, *Cudrania tricuspidata*
(柘木, Silkworm thorn)

잎으로 누에를 칠 수 있으나 주로 활을 만드는 데 이용되어 '활뽕나무'라고도 한다. 어릴 때는 험상궂은 가시를 내민다. 덩어리로 모여 익는 붉은 열매는 먹을 수 있고 약으로 쓴다.

내가 살던 고향 집 앞에 한 그루의 꾸지뽕나무가 있었다. 그 꾸지뽕나무에는 가시가 있었다. 그때 우리 동네에는 딱 한 그루밖에 없었다. 왜 한 그루만 있을 수 있었는지 이상한 일이다.

ㅣ 익은 꾸지뽕나무 열매

꾸지뽕나무는 암나무, 수나무가 따로 있다. 그때 나는 이러한 사실을 모르는 어린 나이였는데, 그 나무에서 열매를 볼 수 없었던 것으로 미루어 수나무였던 것으로 생각된다.

꾸지뽕나무는 우리나라와 중국에만 있고 일본에는 없는 것으로 보인다. 보통은 잎이 둥글지만 세 갈래로 갈라지는 경향도 있다. 잎이 비교적 두텁고, 잎 뒤에 털이 있어서 약간 흰빛을 띠고 있다. 6월경에 꽃이 피고 가을에는 지름 2.5cm가량의 둥근 열매가 붉게 익는데, 열매를 사람이 먹을 수 있고 새들도 즐겨 먹는다.

명칭과 용도

꾸지뽕나무의 한자명은 '자목柘木'인데 한자 사전에는 '산뽕나무 자柘'라고 되어 있다. 뽕나무과에 속하지만 뽕나무 종류와는 거리가 좀 있다. 꾸지뽕나무의 잎은 단단하지만 누에도 칠 수 있다고 하는데, 나는 이 나무의 잎으로 누에를 치는 것을 본 적이 없다. 뽕잎 대용이라고도 한다.

황해도 지방에서는 이 나무를 '활뽕나무'라고 부른다는데, 이는 이 나무가 활弓의 재료가 되기 때문이다. 뽕나무도 활의 재료가 된다고 했지만 실제로는 꾸지뽕나무가 활의 재료로 더 뛰어났다. 꾸지뽕나무의 목재는 이와 같이 활을 만드는 재료 외에도 노란색 염료를 얻는 데에도 이용되었으나, 무엇보다 활 재료로 뛰어나서 꾸지뽕나무를 '궁간목弓幹木'이라고도 했다. 세조 13년(1467) 10월 조에 "활 만드는 사람 한계지 등을 경기도 양평과 가평, 강원도 춘천 등

| 충북 음성 임곡리의 꾸지뽕나무 보호수와 험상궂은 가시

지로 보내 궁간목을 채집했다遣弓人韓繼之等 于京畿楊根加平江原道春川等邑取弓幹木"는 기록이 있다.

『세종실록』의 부록으로 볼 수 있는 『세종지리지世宗地理志』에 보면 경기도·충청도·황해도가 궁간목의 생산지라고 되어 있다. 예전에 전쟁에서 활과 칼, 창을 주요 무기로 사용한 것을 생각하면 꾸지뽕나무가 많이 사용되었을 것으로 보인다. 열매는 식용 가능하여 과실주의 재료로도 이용되었다.

한편 『사기史記』에 "상자桑柘는 나무가 강인하여 활로 만들어졌다. 까마귀가 꾸지뽕나무 가지 위에 앉아 있다가 날아가면 이 나무의 가지가 너무 연해서 휘어졌다. 그리고 탄력 있는 가지의 반동으로 까마귀가 놀라고 날아갈 수 없어 호호 소리치면서 몸을 가누지 못했다. 그래서 꾸지뽕나무를 일명 오호烏號(까마귀의 울음)라고도 부른다野柘枝勁 烏集之將飛 柘樹反起彈烏 烏乃驚號 伐敢爲弓 故稱烏號弓"라고 적혀 있다.

예전 사람들은 양잠에 쓰는 것을 상桑으로, 또 활로 쓰는 것을 자柘로 지칭한 것 같다. '오호烏號'를 산뽕나무로 해석할 수도 있지만, 그 당시 뽕나무가 일반적으로 양잠에 쓰였고 또 '상桑'자가 있었으니 '오호烏號'는 '자柘'를 뜻했던 것으로 생각된다烏號弓以柘枝爲也.

| 꾸지뽕나무 잎

약 2,500년 전 노魯나라의 주공周公이 쓴 『이아爾雅』라는 책의 제14권은 '석목釋木'이라 해서 99종의 나무를 해설하고 있다. 이 책에서는 뽕나무의 종류를 여상女桑, 산상山桑 등 여러 가지로 나누고 있다.

『본초本草』와 또 다른 책에는 꾸지뽕나무로 양잠을 할 수 있으며, 나무에서 황적색의 염료를 얻을 수 있는데 이것을 자황柘黃이라 부르고, 나무에는 가시가 있다고 했다. 이 나무로 기른 누에고치에서 얻은 명주실로 거문고 줄을 만들면 그 소리가 맑고 어느 실보다도 뛰어나며, 또 그 뿌리로 술을 만들어 마시면 이명耳鳴에 효과가 있다고도 하였다.

꾸지뽕나무의 일본 이름은 하리구와針桑(가시가 있는 뽕나무라는 뜻)이다. 현재 꾸지뽕나무는 수형이 아름다운 편은 못 되어 세상 사람들의 관심 밖에 있는 나무인 것 같다. 예전 사람들은 이 나무에 대하여 많은 기록을 남겼는데, 현대인으로부터는 소외당하고 있는 느낌이다.

예전처럼 전쟁에 활과 창이 등장하는 그러한 세상이 다시 오게 되면 꾸지뽕나무와 대나무는 서로 짝이 되어서 활개를 칠 것이다. 전쟁이 일어나서는 안 되겠지만, 그래도 일어난다면 활과 창만 사용해야 한다는 조약이 맺어졌으면 좋겠다. 그렇게 되면 꾸지뽕나무를 더 흔하게 볼 수 있고 그 열매를 먹고 사는 새들도 많아져 우리 생활 주변이 더 풍요로워질 것으로 믿는다. 정말 그런 세상이 왔으면 좋겠다.

나한백

측백나무과, *Thujopsis dolabrata*

(羅漢柏, Hiba arborvitae, False arborviatae)

일본에서 들여온 바늘잎나무이다. 모양새가 아름다워 가사를 걸친 나한羅漢처럼 보인다고 나한백이다. 잎은 수탉의 억센 다리에 붙어 있는 비늘 같은 특별한 모습이다.

우리나라에는 이상한 나무들이 더러 자라고 있다. 그중에는 외국에서 들여온 것도 있고, 때로는 우리나라 토착 나무이면서 이상한 것들도 있다. 나한백羅漢柏이란 일본 혼슈本州 북부 지방에 자라는 나무로, 우리나라에도 들어와 있으나 그 수는 극히 적은 편이다.

나한백은 잎의 생김새가 이상해서 사람들의 주목을 끈다. 대체로 일본에서 목재를 취하는 침엽수종으로 먼저 삼나무와 편백을 들 수 있고, 그다음으로 낙엽송·소나무·해송 그리고 나한백을 들 수 있다. 나한백은 경제적 가치가 매우 높지만 우리나라에서는 희소한 나무라 사람들에게는 잘 알려지지 않았다. 우리나라에는 전남 광양시 옥룡면 추산에 수십 그루가 있는데, 그 자람새가 비교적 좋은 편이다.

생물학적 특성

나한백은 상록의 침엽수종으로, 잎은 편백과 닮았다고 할 수 있으나 크기가 더 크고 얼핏 보기에는 수탉의 억센 다리에 붙은 비늘같이 보이기 때문에 '닭다리나무'라고 하는 사람도 있다. 나한백이라 부르기보다는 '닭다리나무'라 말하는 것이 더 옳을지도 모른다.

나한羅漢이라 하면 도道를 닦는 수행자로서 공덕을 쌓은 학자나 성자聖者를 말한다. 잎이 닭다리와 같아 처음 이 나무의 잎을 보는 사람은 흉한 벌레를 보는 것처럼 징그럽게 생각한다. 그러나 이 나무는 전체적으로 모양이 우아하고 색깔이 진해 장식재의 재료로 쓰이고, 목재는 춘재春材와 추재秋材의 경계가 뚜렷하지 않아 가구재 등으로 쓸모가 많으며 향기가 있다. 또한 물속에 들어가면 견디는 힘이 더 강해지는 성질이 있어 그러한 곳에 이용하면 좋다.

이 나무가 나한백이란 이름을 얻게 된 것은 잎의 대담한 짜임새와 몸집의 장엄함, 풍채가 당당하고 안정을 이룬 점이 영향을 끼친 것으로 보인다. 아래 가지가 끝까지 살아 있어서 초기에는 나무 모양이 A자형을 이룬다. 아래 가지는 히말라야시더처럼 거의 땅에 닿는다. 그러나 나이를 먹고 오래되면 아래 가지가 죽게 되고, 줄기는 30m 또는 그 이상, 줄기의 굵기는 아름드리가 된다. 이 나무는 20~30년까지는 거의 자라지 않고 있다가 백 년이 지나고 나면 빠른 속도로 자라 대기만성大器晩成의 경지를 보여준다. 이것은 나한의 기질일 수도 있다.

원산지의 나한백

본고장인 일본에서는 이 나무를 '아스나로アスナロ' 또는 '히바ヒバ'라고 부른다. 전하는 이야기에 따르면 '아스나로'는 "내일이면 나도 너같이 될 거야"라는 뜻이라고 한다. 말인즉, 편백나무가 목재의 질이 좋아서 사람들의 사랑을 받자 편백나무 잎과 닮은 잎을 가지고 있는 나한백이 시샘이 나서 "나도 내일이면 편백나무 너처럼 될 것이다"라고 했다는 것이다.

이것은 물론 사람들이 붙인 것이지 '아스나로' 자체가 원한 이름은 아니다. 나한의 경지에까지 이른 나한백이, 베어지고 사람의 기호를 충족시켜 겨우 사랑을 받는 편백나무를 시샘해서 "나도 너같이 되고 싶다"고 할 이유는 조금도 없을 것이다. 당당함을 자랑스레 생각하고 있는 이 나무에 사람들이 그와 같은 이름을 붙인 것은 나한백의 입장에서는 오히려 일종의 명예훼손일 것이다.

수만 년을 살아온 이 나무는 예전부터 지구상에 나타나서 온갖 것을 보고 지내왔지만, 지금은 사람들이 잘 보호해주지 않으면 안 될 상황에 놓여 있다.

아무리 보아도 굳센 나한백에는 무언가 우리가 배울 것이 있다고 생각한다. 1982년 여름 일본 북부 아오모리 지방의 깊은 산중을 지날 때, 아름다운 나한백 숲에 평생 그 숲을 잘 가꾼 사람이 쓴 시가 돌에 새겨져 있는 것을 보았다. 나는 잠시 걸음을 멈추고 지금은 세상을 떠났지만 나한백의 숲과 평생을 같이한 그 사람의 생애를 회상하면서 시를 적어보았다. 우리말로 번역해서 그 느낌을 그대로 표현할 수 없지만 이곳에 옮겨본다.

무쓰陸奧의 산속
도라지꽃 피는 길목에서
이 숲의 영광을
나는 기도하노라

무쓰란 그 지역의 이름이다. 나한백 수풀의 영구무진한 영광을 비는 산사람의 소원을 그 시에서 잘 읽을 수 있었다.

나한백의 생태

이 나무의 특징 중 하나는 나무의 아래 가지가 땅에 닿아 자연적으로 뿌리내려서 새로운 나무를 만든다는 것이다. 나한백이 어릴 때에는 아래 가지가 축 늘어져 땅에 닿을락말락한데, 겨울에 눈이 1~2m로 쌓이면 눈 힘에 눌려서 가지가 땅에 닿게 되고 눈은 봄 늦게까지 녹지 않아 땅에 닿은 가지에서 뿌리가 내리게 된다. 이렇게 불어난 어린 나무들이 끝내는 새로운 숲을 만들게 되는 것이다. 특히 이 나무가 자라고 있는 일본 지방에는 눈이 많이 오기 때문에 이러한 일이 가능하다.

나한백은 나무껍질이 세로로 길게 잘 벗겨지는데, 이것은 편백나무의 성질과 많이 닮았다. 그리고 이 나무는 물기 있는 곳과 음지를 좋아한다. 말하자면 음수陰樹인 것이다. 그렇기 때문에 큰 나무로 우거진 나한백 밀림 아래에서 햇볕을 거의 보지 못하면서도 어린 나무들이 구김살 없이 잘 자라게 된다.

우리나라에서는 남쪽 따뜻한 지방, 땅에 습기가 있고 땅 힘이 비교적 좋은 곳이라면 이 나무를 심어서 그 아름다움을 감상할 수 있을 것으로 보인다. 전남 광양에서 이 나무의 자람 성과가 비교적 좋기 때문에 이렇게 말할 수 있다.

침엽수라 하면 종자가 싹이 터서 나올 때 떡잎의 수가 많은 법인데, 이 나무는 활엽수종처럼 떡잎子葉이 2개뿐인 것이 이상하다. 그린란드 제3기의 화석이 발견되어, 이 나무와 유사한 나무가 예전에는 세계 다른 곳에도 있었던 것으로 추측할 수 있다.

나한백은 줄기의 굵기가 1m에 이르고 높이가 30m를 넘는데도 뿌리는 50cm 이하를 뚫고 들어가지 못한다. 물론 그 뿌리 가운데에는 땅속으로 깊게 들어가는 소위 말뚝뿌리主根 또는 支持根라는 것도 있지만, 그 뿌리마저도 1m 이상을 더 파고 들어가지 못한다. 이 나무의 뿌리가 땅속 깊은 곳에서는 공기가 부족해서 숨을 쉴 수 없기 때문이다. 깊은 곳에서는 질식해 죽기 때문에 자연

ㄴ제주 한라수목원의 나한백

땅속 얕은 곳에만 뿌리를 내리게 된다.

한편 이 나무는 모여서 무리를 이루어야지 혼자서는 자라나기 어렵다. 이는 바람에 대한 저항력과 관계있다. 여러 나무가 모여 있으면 집단의 힘으로 바람에 이겨낼 수 있지만, 나무 하나만 서 있으면 뿌리가 얕아 넘어지기 쉽다. 나한백 숲을 경영할 때는 이러한 점을 고려해야 한다.

우리나라에 나한백을 처음 심은 것은 내 기억으로는 50년 또는 60년 전(1982년 기준)이다. 수원 서울대 농과대학 구내에 있는 숲에 나한백 한 그루가 있었는데, 기후 때문에 기를 펴지 못하고 생명만 지탱하고 있을 뿐 거의 자라지 못했던 것이 생각난다. 안타까운 일이다.

일본 홋카이도에도 있는데 우리나라 경기도 지방에서는 왜 나한백의 생장이 어려울까? 그 해답은 그리 어렵지 않다. 일본은 눈이 많이 오기 때문에 높이 1~2m의 어린 나무가 겨울에는 항상 눈 속에 묻혀 있어 추위를 이겨낼 수 있기 때문이다.

이와 같이 눈은 겨울 추위의 상징처럼 생각되지만 사실은 이불 같은 것으로, 그 안에 있는 풀과 나무를 찬바람으로부터 막고 보호하는 역할을 한다. 그래서 우리나라에서도 겨울에 눈이 많이 오면 풍년이 든다고 하지 않는가? 푸른 가을보리를 보호하고 또 녹아서 농작물이나 나무에 수분을 주기 때문에 봄날의 가뭄을 이겨낼 수 있는 것이다.

지난날 나무의 유물, 그것이 지구의 한구석에 남아 있다는 것은 신기한 사실이 아닐 수 없다. 그것을 우리가 심고 가꾸어본다는 것, 그것은 사람이 할 수 있는 위대한 일이다. 나한백의 영광이 오래 가기를 빌어본다.

| 나한백 잎

낙우송

낙우송과, *Taxodium distichum*

(落羽松·沼杉·美國水杉, Bald cypress)

새의 깃털 같은 잎이 모양 그대로 낙엽으로 진다고 하여 낙우송落羽松이라고 한다. 물속에 잠겨서도 자랄 수 있으며 독특한 무릎 모양의 기근氣根을 내민다. 미국에서 들여왔다.

낙우송은 깃털처럼 생긴 잎이 가을에 단풍이 들어 뚝뚝 떨어지는 데서 얻어진 이름이다. 한문으로는 미국수삼美國水杉이라고 하는데, 이는 이 나무가 물기 많은 습지를 좋아하는 데서 얻은 이름이다. 낙우송은 송백류松柏類의 낙우송과 낙우송속에 속하는 교목이다. 낙우송과 닮은 것으로는 메타세쿼이아가 있다. 수형이나 잎의 모양이나 생육상 요구되는 환경조건에도 비슷한 점이 많다. 그러나 낙우송의 쪽잎小葉은 어긋나지만 메타세쿼이아의 쪽잎은 마주나는 것이 달라 쉽게 구별할 수 있다. 겨울쯤 되면 나무 아래에 떨어진 낙엽을 가지고서 낙우송이냐 메타세쿼이아냐 감식하는 것이 어렵지 않다.

낙우송은 침엽수로서 미국 본토에서는 보통 나무 높이가 25~30m에 이르고, 가슴높이 줄기 직경은 1.5~2.0m에 이른다. 그중 큰 것은 높이 50m, 가슴높이 줄기 직경이 3m 이상 되는 것도 있다. 이 나무는 수령이 750~3,000년에 이를 정도로 오래 사는 나무로 알려져 있다. 수피는 적갈색으로서 얇게 갈라지고, 내피는 특히 그 색이 진하다. 수형은 어릴 때에는 뾰족한 원추형이지만, 늙어갈수록 수관이 옆으로 퍼져서 불규칙한 우산 모양이 된다. 우리나라에 자라는 낙우송은 젊은 까닭에 아직 이러한 수형을 찾아볼 수 없다.

역사와 생물학적 특성

낙우송은 지난날 지구의 왕자 노릇을 한 적이 있다. 그 증거로 이탈리아, 오스트리아, 스위스, 일본 같은 북반구에서 화석이 많이 나오고 있다. 석탄의 한 종류로 갈탄褐炭이란 것이 있는데, 이 갈탄은 낙우송이 만들어낸 것으로 알려져 있다. 한때 그 세력이 굉장하였던 나무임을 알 수 있다.

이상하게도 낙우송 화석은 북반구에서만 발견되고 남반구에서는 찾아볼 수 없다. 남반구에는 원래 침엽수종이 거의 없는 편이다. 낙우송도 침엽수종이라 남반구에서는 그 화석이 발견되지 않고 있다.

낙우송은 물가에서 잘 자라는 까닭에 수향목水鄕木이라고 한다. 단단하지 못한 땅속에 뿌리를 박고 있기 때문에 바람으로 넘어질 염려가 있다. 이러한 위험에 대비하기 위해서 줄기의 아랫부분이 팽창해 있고, 위로 가면서 가늘어

| 포항 청하 기청산식물원의 낙우송 기근

진다. 이러한 모양을 가지면 오뚜기처럼 넘어질 염려가 적다. 이와 같이 나무는 나무 나름대로 잘 살아갈 궁리를 하고 몸집이 알맞게 적응하며 변화하게 된다.

낙우송은 습한 곳에 잘 나기 때문에 일본 사람들은 소삼沼杉(물에서 자라는 삼나무라는 뜻)이라고도 부른다. 물에서 잘 자라는 만큼 목재도 물기에 오래 견딘다.

미국에서는 이 나무의 줄기를 토막 내고 그것을 다시 갈라서 판자를 만들어 지붕으로 덮기도 하고, 바깥 벽에 붙이기도 한다. 이와 같이 만든 판자를 싱글shingle이라고 하는데, 수명이 몇백 년 갈 수 있다고 한다. 기왓장, 슬레이트 같은 것으로 된 집에 비해서 훨씬 고상한 집으로 보인다.

내가 1945년 초반에 함경북도 백두산록 지대의 원시림 속에 살 때, 한때는 그곳의 이깔나무 널빤지로 지붕을 덮은 집에서 살았다. 그 집에서 신혼생활이 시작되었기 때문에 나는 그 집을 잊을 수 없다.

미국에서는 이 나무의 목재로 흔히 관棺을 만든다고 한다. 땅속에 묻더라도 오랫동안 썩지 않기 때문이다.

대구농림학교의 낙우송

낙우송은 미국에서 자라는 나무로서 우리나라에는 20세기 초반에, 그중에서도 이른 초반에 심은 것으로 알려져 있다. 내가 낙우송을 처음 본 것은 1937년경이 아닌가 짐작된다. 초등학교(당시는 보통학교)를 졸업하고 대구공립농림학교로 진학했다. 특별한 이유를 가지고서 농림학교에 진학한 것이 아니라, 당시 담임 선생님의 권유 때문이었다. 그때 대구농림학교는 농과와 임과로 갈라져 있었는데, 임과를 택하도록 결정한 것도 초등학교 때 담임 선생님의 뜻이었다. 따라서 임학을 공부하게 된 것은 처음에는 완전히 타의에 의한 것이었지 나의 뜻에 의해서 결정된 것은 아니었다.

대구농림학교로 말하면 1910년 3월 우리나라 중등 정도의 농업교육 또는 농림교육 쪽에 가장 먼저 설립된 학교였다. 1910년이라고 하면 대한제국 순종 4년에 해당하고, 그해 8월 29일은 한일합병이 된 부끄러운 역사의 시기였다. 대구공립농림학교가 설치되고 난 뒤 약 다섯 달 후에 한일합병이 된 것이다.

그때 대구농림학교에 뒤이어 농업학교라는 명칭으로 몇몇 학교가 창립된 것으로 알려져 있다. 농업학교는 농업에 관한 기술을 중등교육의 수준으로서 가르친 것이고, 농림학교라 하면 1학년에 일반과목을 듣고 2학년이 되면 조림과 삼림보호를 교육하는 과정이 있었고, 4학년부터는 완전히 임업 전공과목을 교육하여 임산제조라든가 목재이용, 사방공학 등등의 전공학과 교육을 했다. 이에 반해 농업학교에서는 2학년 때 임업대의林業大意(지금으로 말하면 임학개론에 해당) 과목을 교육하고, 임업에 관한 다른 교육은 없었다. 20세기 초반에 농업학교는 많이 설립되었지만, 농림학교는 그 수가 무척 적었다. 공업학교나 상업학교에 비해서 농림 계통의 중학 교육이 강조된 것은 당시 농업이 차지하던 비중을 말해준다.

내가 대구농림학교에 입학했을 때, 면적은 그다지 넓지 않지만 공을 들인 아담한 수목원이 있었다. 2학년 때 수목학을 들었는데, 그때 실습차 선생님과 함께 여러 번 이 수목원을 찾았다. 이 수목원에는 당시 신기한 나무들, 그것도 무척 큰 나무들이 있었다. 그중에 루브라참나무라는 외국 참나무가 자라고 있었는데, 그 당시 나의 눈에는 너무도 크고 오래된 나무로 보였다. 루브라참나무는 위풍당당한 모습으로 거무스레한 빛깔의 줄기로 서 있었고, 그 옆에는 몇 그루의 낙우송이 있었다.

지금 기억으로는 당시 그곳에 5~6그루 정도의 낙우송이 있었는데, 그 나무들 역시 너무나 크고 오래되었으며 아름답게 보였다. 지금 생각해보면 그곳에 있던 낙우송이 우리나라에서 가장 먼저 심은 낙우송이었다고 생각된다. 나무 높이와 가슴높이 직경을 정확하게 말할 수는 없지만, 우리나라 낙우송의 시조였음이 분명하다.

수원에 있는 수원고등농림학교(또는 수원농림전문학교)에도 오래된 낙우송이 있었다. 내 생각으로는 수원에 있는 낙우송과 대구농림학교의 수목원에 있는 낙우송은 그 크기와 나이가 비슷하였던 것으로 보인다. 다시 말해서 초기에 들어온 낙우송 중 몇몇 그루는 수원에, 그리고 몇몇 그루는 대구농림학교 수목원에 심은 것으로 알고 있다. 줄기는 곧았고 곁가지는 고루 사방으로 많이 났지

| 낙엽 진 겨울의 낙우송

| 낙우송의 수형

만, 그 굵기가 그다지 굵지 않았고 부드러운 느낌을 주는 낙우송이었다.

당시 이러한 외국에서 들여온 나무, 그것도 큰 나무를 접할 때 우리는 새로운 학문을 공부하고 있구나, 그리고 나무에 관한 공부를 하고 있구나 하는 어떠한 감격 같은 것을 느끼기도 했다. 대구농림학교 임학과에 진학하게 된 것이 타의였다고는 하지만, 나는 그때 담임 선생님께 감사했고 진학하기를 잘했다고 생각했다.

그러나 6·25전쟁 도중 목조건물이었던 대구농림학교는 화재로 전소하고 말았다. 대구농림학교의 역사는 이때부터 변천을 거듭하게 되어, 지금은 이 수목원이 아파트 단지로 변함에 따라서 낙우송이라든가 루브라참나무라든가 히말라야시더라든가 하는 멋진 모습의 나무들은 개발의 수레바퀴에 깔려서 자취를 감추게 되었다.

우리는 지금 녹화라든가 나무는 생명의 환경이라든가 하는 말들을 많이 하지만, 왜 이 나무들을 남겨두면서 인간이 살아갈 수 있는 터전을 만들어나가지 못했는가 한탄스럽기만 하다. 똑똑하고 현명한 인간이었더라면 이곳의 낙우송을 비롯한 다른 큰 나무들은 남겨두었을 것이다. 우리나라 최초의 낙우송, 그것이 사라진 것은 무엇보다도 안타까운 일이다. 그곳의 낙우송은 내가 본 최초의 낙우송이었고, 또 우리나라에서 가장 초기에 심은 가장 오래된 낙우송이라는 사실에 더욱 안타까움을 금할 수 없다. 그 나무는 이제 사라지고 말았다.

낙우송의 공기뿌리

일본 신주쿠교엔新宿御苑에는 좋은 수목원이 조성되어 있다. 나는 이곳을 몇 번 가보았다. 낙우송은 뿌리가 기근氣根(공기뿌리)을 잘 내는 것으로 유명하다. 낙우송은 습지에서 잘 자라고 때로는 물속에서도 좋은 자람을 보인다. 낙우송이 뿌리의 호흡을 위해 기근을 만들어내는 것은 살아남기 위한 몸가짐의 전략이 된다고 볼 수 있다. 대구의 낙우송이라든가 수원의 낙우송에서는 이를 거의 찾아볼 수 없었지만, 일본 신주쿠교엔의 낙우송은 많은 기근이 발달해 있어 놀라울 뿐이었다.

낙우송의 기근은 그 성상性狀이 독특하다고 한다. 즉 호흡을 할 수 있는 뿌리는 그 생장점의 굴지성屈地性(땅 쪽으로 향하는 성질)이 음성陰性으로 변해 곧추서면서 위로 자란 것이 아니라, 상당한 비대생장肥大生長을 한 뿌리의 중간쯤 되는 부분이 극단적인 비대생장을 하게 되어, 다시 말하면 편심적偏心的인 비대생장을 하여 위쪽의 목질 부분이 커지다가 어느 순간 둥근 모양이 되어 만들어진 것이다. 따라서 수평으로 뻗어나가는 한 개의 뿌리가 서로 밀접한 여러 개의 무릎뿌리(공기뿌리)를 만드는 일도 있다.

신주쿠교엔 낙우송의 공기뿌리 발달상황을 보면 이것을 짐작할 수 있다. 다시 말해서 땅 위로 솟아나온 원주형의 뿌리는 한 개의 뿌리가 땅 위로 솟아나서 만들어진 것이 아니라, 뿌리의 일부분이 위쪽으로 팽창하면서 형성된 것

| 물속에서도 자라는 낙우송의 모습

| 낙우송의 기근(천리포 수목원)

이다. 이것이 낙우송 수분 생리의 전략을 잘 말해준다. 높은 공기뿌리는 1m 이상에 이른다.

너도밤나무

참나무과, *Fagus engleriana*
(山榠欅, Chinese beech, Engler's beech)

우리나라에는 울릉도에서만 자라지만 세계적으로 온대 지방의 대표 나무이며 목재로서 쓰임이 많다. 삼각형의 작은 도토리가 달린다.

너도밤나무가 있는가 하면 나도밤나무도 있다. 모두 사람의 사랑을 받는 밤나무가 되고 싶었던 모양이다. 너도밤나무는 겨울이 되면 잎이 떨어지는데, 종자(열매)가 세모나서 잘 알아볼 수 있다. 수형이 단정하고 단풍이 매우 아름답기 때문에 풍치수風致樹로 높게 평가된다. 너도밤나무에는 여러 가지 품종이 있고, 목재의 쓸모도 넓다.

너도밤나무는 번영과 행운, 또 결혼한 사람을 상징하는 나무이다. 일본과 유럽에는 너도밤나무가 매우 많으며, 경제적으로도 중요한 기능을 한다.

울릉도와 너도밤나무

울릉도 성인봉 꼭대기에는 너도밤나무 원시림이 있어 보호받고 있다. 우리나라 본토에는 이 나무가 없고 울릉도와 일본에 많다는 사실은 생물학자들의 비상한 관심거리가 되었는데, 화석化石으로는 본토에서도 발견되고 있다.

울릉도는 어떻게 해서 만들어졌을까? 예전에는 우리나라와 울릉도, 그리고 일본이 큰 대륙으로 연결되어 있었고, 그 뒤 지각의 변동으로 울릉도만 남겨놓고 그 둘레의 땅이 모조리 함몰해서 동해가 만들어졌다는 학설이 있다. 우리나라 본토에 있었던 너도밤나무는 기후의 이변으로 전멸되고, 울릉도의 것과 일본의 것이 남아 있다는 것이다. 물론 울릉도의 너도밤나무와 일본의 것은 같은 종류는 아니지만, 서로 앞서고 뒤서고 해서 생겨난 친척들이다.

이에 반대되는 학설도 있다. 즉 울릉도에 뱀과 개구리가 없는 것으로 미루어보아 울릉도는 처음부터 화산도火山島였다는 것이다. 과거 대륙으로 연결되어 있었더라면 울릉도에도 뱀과 개구리가 있었을 것이 아니냐는 것이다. 이 경우 현재 울릉도에 있는 여러 나무들은 일본이나 우리나라 본토에서 건너왔다고 본다. 중국 대륙의 벼멸구가 바람에 날려 우리나라에 왔다는 것과 일본 해안에 두었던 통나무가 폭풍우로 울릉도에 표류해온 것을 생각하면, 나무의 종자도 얼마든지 건너올 수 있다는 생각이 든다.

하지만 울릉도의 식물이 원래부터 그곳에 있었던 것이냐陷沒說, 그렇지 않으면 다른 대륙에서 건너간 것이냐火山說 하는 것은 어디까지나 추론에 지나지

| 울릉도의 너도밤나무

않으며, 확증을 가지고 말하기는 어렵다.

귀한 모습의 너도밤나무

한 국가의 삼림을 하나의 대표 수종으로 이름 지어 부를 때가 있다. 예를 들어 우리나라를 참나무 수풀 지역이라고 한다든가, 또 일본을 너도밤나무 지역으로 말하기도 한다.

사람들이 말하기를 참나무는 위세가 당당하고, 느릅나무는 우아하며, 물푸레나무는 한아閑雅하고, 너도밤나무는 귀한 모습을 지니고 있다고 한다. 너도밤나무는 고립목으로서도 훌륭한 아름다움을 보이지만, 여러 개의 나무가 모이면 뛰어난 집단적 아름다움을 나타낸다.

너도밤나무는 가을에 종자를 따서 땅속에 묻어두었다가 초봄에 일찍 뿌리면 싹이 잘 튼다. 우리나라 본토에 이 나무를 더 많이 심어볼 필요를 느낀다.

| 울릉군 서면 태하리에 있는 솔송나무, 섬잣나무, 너도밤나무 군락지와 너도밤나무 숲

녹나무

녹나무과, *Cinnamomum camphora*
(樟·豫樟, Camphor tree)

난대와 아열대에 걸쳐 자라는 늘푸른나무로, 크고 굵게 자라고 오래 사는 나무이다. 목재는 조선재나 가구재로 쓰이고, 장뇌를 추출하여 강심제를 만든다.

우리나라에서 섬이 아닌 내륙에 살고 있는 사람들에게 녹나무라는 이름은 조금 생소하다. 그것은 이 나무가 주로 제주도에서 주로 자라고 있기 때문이다. 중국이나 일본에서도 찾아볼 수 있다.

명칭과 특징

녹나무는 한자로는 '녹나무 장樟'으로 쓰고 이것을 '예장나무 장'으로도 읽는다. 예장은 '豫樟' 또는 '豫章'으로 쓰는데 모두 녹나무를 뜻하는 말이다. 우리나라에서는 녹나무로 부르고 있으며, 예장나무란 명칭은 드물게 쓰는 것으로 보인다. '예장'이란 말은 사실 예전 중국에서 써온 말인데, 그것을 그대로 받아들여 오늘날 우리도 예장으로 나타내기도 한다.

녹나무는 상록수이지만 또한 활엽수이다. 이 나무의 잎은 달걀 모양의 긴 타원형으로, 잎자루가 긴 편이다. 잎에는 한 개의 주맥主脈과 두 개의 측맥側脈이 있는데, 이것을 흔히 3대맥三大脈으로 되어 있다고 표현한다. 주맥과 측맥이 서로 모이는 곳에는 사마귀 같은 작은 혹이 있는데, 이것은 벌레집으로 그 안에 응애가 들어 있다. 응애가 용하게도 이곳을 찾아 벌레집을 만드는 능력에는 감탄할 수밖에 없다.

| 일본의 신사에 자라는 녹나무와 그 굵기

우리는 이럴 때 적소適所라는 말을 쓴다. 살아가는 데 있어서 가장 적당한 곳을 말한다. 적소에는 두 가지 종류가 있는데, 하나는 생태적인 적소이고, 다른 하나는 식이적食餌的 적소이다. 생태적 적소는 햇볕·온도·습도 등 생활환경이 가장 알맞은 상태에 있는 곳을 뜻한다. 파리는 뒷간이 식이적 적소이고, 표고버섯은 햇볕이 많이 쪼이지 않는 습기 있는 참나무의 죽은 줄기가 식이적 적소인 동시에 생태적 적소도 될 수 있다. 큰 나무 줄기에 붙어사는 풍란이라는 난초는 그 줄기가 그들의 생태적 적소이다.

문헌 속의 녹나무

『군방보(群芳譜)』
중국 명대에 왕상진(王象晋)이 편찬한 본초학 서적. 원래 이름은 '이여당군방보(二如堂群芳譜)'로 갖가지 곡물(穀物)·소과(蔬菓)·화훼(花卉) 등의 종류와 재배법, 효능 등을 설명해놓았다. 총 30권이다.

『군방보群芳譜』라는 책에 다음과 같은 기록이 있다.

> 녹나무는 그 높이가 매우 높고, 잎은 매화나무 잎과 닮았으며, 잎의 끝이 뾰족하게 튀어나와 있다. 잎 뒤에는 황적색 털이 나 있다. 사시사철 나뭇잎이 푸르게 달려 있고, 초여름에 작은 꽃을 피운다. 꽃이 지면 작은 열매가 맺는다. 나무의 결은 치밀하고 고와서 조각재로 알맞다. 나무는 진한 향기를 풍기며, 큰 나무의 줄기는 몇 아름이나 될 정도로 굵다. 중국 서남쪽 곳곳의 산골짜기에 나며, 집안 거실의 각종 기물을 만드는 데 쓰인다. 또한 선박을 만드는 재료로 알맞다.

사실 녹나무는 보통 크기가 20m에 이르고, 때로는 40m에 달하는 것도 있다. 제주도 나무로서는 가장 크게 자라는 것으로 보인다. 녹나무의 잎은 가장자리에 톱니가 없고 물결치듯이 크게 몇 굽이 굽어 보인다.

녹나무는 굵게 자라 줄기 지름이 2m에 달하는데, 지금까지의 기록을 보면 가슴높이 줄기의 지름이 8m에 달한 것도 있다. 여간 큰 나무가 아니다.

선박 재료로 이용

『군방보』에서는 녹나무가 또한 배를 만드는 데 알맞다고 기술하고 있다. 조선 시대에 군사용 배를 만들기 위해서 바닷가에 있는 큰 소나무와 녹나무를 보호하고 법으로써 그 벌목을 막은 일이 있었다. 바다에서 쓸 군함을 만들자면 그 무거운 나무를 먼 곳에서 바닷가까지 가져오기 어려웠다. 이러한 이유로 해변가에 있는 큰 나무는 매우 소중했다. 따라서 제주도의 녹나무가 군용 목적으로 얼마만큼 큰 가치가 있었을지는 충분히 짐작이 된다.

예전에 경남에 사는 분이 나에게 편지를 보냈는데, 그 사연은 다음과 같았다.

> 임진왜란 당시 이순신 장군이 거북선을 이끌고 일본의 많은 배를 격침시켜 혁혁한 전과를 올린 것은 이미 잘 알려진 바이지만, 어떻게 해서 이길 수 있었을까요? … 승전에 관한 주요한 사실은, 배와 배가 부딪칠 때 일본 배는 쉽게 산산조각 났지만, 우리나라의 배는 그것을 만든 목재의 성질이 강하고 단단해서 좀처럼 깨지지 않았다는 것입니다.

나는 이러한 것을 연구한 적이 없기 때문에 답장을 보내지 못했지만, 이 배의 재료로 사용된 나무도 녹나무와 소나무가 아닌가 싶기도 하다. 『군방보』에서도 녹나무에 대해 그리 말했으니 말이다.

배를 만드는 데에는 길고 굵은 나무가 좋다. 중국 고대 문헌인 『신이경神異經』에 "동쪽에 예장나무가 있는데 그 높이가 지독히 높다東方有豫章 樹高千丈"라는 설명이 있다. 좀 과장된 느낌이 있지만, 이때 동방이란 우리나라 제주도를 두고 말하는 것이 아닐까?

나무의 가치

녹나무 잎에는 장뇌樟腦라는 향기 나는 기름이 다량 포함되어 있고, 목재 안에도 장뇌가 많이 들어 있다. 이것을 보통 캠퍼camphor라고 하는데, 강심제를 만드

| 경남 남해 도마리의 녹나무 고목

는 원료가 된다.

녹나무는 깊은 산골짜기에서 조무래기 같은 나무들이 올망졸망 모여 있는 가운데 유독 장엄한 기품을 지니고서 태연하게 몸매를 드러내고, 더욱이 몸에서는 이루 말할 수 없는 좋은 향기를 내뿜는 까닭에 귀한 사람이나 어진 사람에 비유된다. 다음과 같은 기록은 음미할 만하다.

新語曰	신어에 말하기를
賢者之處世	어진 사람이 처세하는 모습이란 것은
猶金石生于沙中	모래밭 가운데 나는 금덩어리와 같기도 하고
豫章産於幽谷	깊은 산중에 나는 녹나무와도 같다

산에 나는 녹나무를 모래 속의 금덩어리로 비유하고 또 어진 사람의 모습에 비유한 것은 녹나무의 가치를 잘 나타내준다.

『군방보』에도 있었지만 녹나무는 중국 본토에 많이 난다고 기록되어 있다. 그래서 중국의 시인들은 녹나무를 시제詩題로 꼽기도 했다. 두보杜甫의 시에서도 "예장나무는 바람에 펄럭이며 대낮의 해를 움직이고豫章翻風白日動"라고 했으니, 녹나무가 시인의 눈에 한량없이 운치 있는 나무로 비쳤던 듯하다.

일본과 한국에서의 녹나무 체험

언젠가 일본에 있는 임업시험장을 찾아간 적이 있었다. 이 시험장은 세계에서 손꼽힐 만큼 규모가 클 뿐만 아니라, 시설이 현대적이고 완벽한 것으로 이름나 있다. 시험장 현관에 들어서면 굵은 줄기를 켠 목판木板이 장식되어 있다. 먼저 그 크기에도 놀랐지만, 목재의 아름다운 무늬와 색깔에 경탄을 금할 수 없었다. 이곳에 찾아오는 손님의 기를 우선 눌러놓자는 생각일지도 모른다. 누구든지 카메라의 초점을 이것에 맞추지 않을 수 없다. 이 나무가 바로 녹나무이다. 말하자면 나무를 공부하는 학자들을 일본의 녹나무로 현관 입구에서부터 놀라게 해주자는 것이다. 녹나무가 얼마나 좋은 것이면 다른 나무를 제쳐놓고 이것으

| 가을 녹나무의 잎

로 현관을 장식한 것일까?

제주도에 살고 있는 어떤 분이 종종 녹나무와 육계나무의 잎을 편지봉투에 넣어서 보내왔다. 녹나무 잎차를 달여 맛보라는 것이었다. 이 쌍긋한 향기가 풍기는 차 맛은 손님들과 나누어 마시기에도 아까울 정도로 훌륭해서 비장해 두고 혼자서 조금씩 달여 마셨다.

녹나무의 일본 이름 중에 '난자몬자'라는 것이 있다. 이 이름은 권위 있는 책에도 나오는데, '이것이 대체 무엇일까?'라는 뜻이다. 시골에 살고 있었던 어느 농부가 녹나무의 이름을 알 수가 없어 그 잎을 따 가지고 수령(성주)한테 가서 물었더니, 그마저 이름을 몰라 "이것이 대체 무엇인가?"라고 하여 그날 그대

| 녹나무 잎과 꽃

로 '난자몬자'를 나무의 이름으로 붙였다는 것이다.

녹나무는 제주도와 같은 난대림 지방 나무 중에서 가장 오래 살 수 있는 나무로서, 수명이 1천 년을 넘는 것으로 기록되어 있다. 녹음수로도 좋고 공원의 풍치수로도 알맞다. 종자를 뿌리면 쉽게 묘목을 얻을 수 있고 움 돋는 힘이 있기 때문에 가지치기를 해서 나무의 모양을 다듬어줄 수 있다. 많이 심어서 웅장한 거목으로 키워보면 좋지 않을까? 이 나무에 더 많은 관심을 쏟을 필요가 충분히 있다. 녹나무가 우거진 제주도. 생각만 해도 멋이 있다.

눈잣나무

소나무과, *Pinus pumila*
(千里松·萬里松·偃松, Dwarf Siberian pine)

설악산 등 높은 산의 극한 상황에서 거의 누워 자라는
잣나무의 형제이다. 서식지 파괴와 기후변화로
차츰 사라져가고 있어서 보호가 시급하다.

눈잣나무는 특별히 나의 관심을 끄는 나무 중 하나이다. 그 나름대로 이유가 있다. 설악산의 주봉인 대청봉 부근에서만 이 나무를 볼 수 있고, 극렬한 환경에서 주인 노릇 하며 천신만고 살아가는 실상 때문이기도 하며, 금강산·묘향산·장백산 등 높은 산꼭대기에만 남아 있다는 신기한 사실 때문이기도 하다.

다양한 이름과 특징

우리나라 잣나무 종류에는 세 가지가 있는데, 울릉도 섬잣나무는 종자에 발달한 날개가 달려 있고, 나뭇진이 준비되는 수지도樹脂導는 눈잣나무처럼 표피에 접촉해 있다.

눈잣나무는 '누운잣나무'라는 이름이 축소된 것으로, 줄기가 바로 서지 못하고 땅을 기어가는 모양이라 이러한 이름을 얻었다. 한자 이름인 '언송偃松'도 누워 있는 소나무라는 뜻이다. 또 천리송千里松이라고도 하는데, 이는 땅을 기어서 줄기가 길게 뻗는 것에서 연유한 것이고, 천첩송千疊松이란 별명은 가지를 넓게 펴나가는 모습을 형용한 것이다. 또한 높은 산꼭대기에서만 볼 수 있어서 절정송絶頂松으로도 불린다. 서양 사람들은 난쟁이소나무Dwarf pine라 하고 일본 사람들은 앉은뱅이소나무 또는 기는소나무로 부르는데, 모두 이 소나무의 독특한 모양을 의식하여 지은 이름이다.

| 눈잣나무의 잎과 솔방울, 종자

눈잣나무는 엎어지고 넘어지고 자빠지면서 스스로 살아갈 수 있는 환경을 만들어간다. 떨어진 솔잎으로 덮인 땅속에는 곰팡이와 작은 동물들이 살 수 있어 별천지가 된다. 이와 같은 환경을 식물기후植物氣候 또는 미세기후微細氣候라고 하는데, 이러한 특수한 환경은 눈잣나무가 뿌리를 잘 내리고 살아가는 데 유리한 조건이 된다. 살아가는 조건을 스스로 개척해 나간다는 것은 어려우면서도 해내지 않으면 안 되는 일이다. 어느 누구라도 이곳 눈잣나무를 도와줄 수 없다.

잣을 노리는 동물들

비루한 곳에서 가난하게 살아가는 눈잣나무를 괴롭히는 것들이 있다. 곰은 눈잣나무의 솔방울과 종자를 즐겨 먹는다고 한다. 지난날 눈잣나무가 있는 산은 인간이 살고 있는 속세를 내려다보면서 별미를 맛보는 곰들의 연회장이었다.

한편 새들도 눈잣나무의 열매를 즐겨 먹는다. 산에서 장사를 하면서 지내는 사람들의 말에 의하면, 솔방울이 익을 때면 많은 새들이 모여들어 불과 며칠 사이에 모든 것을 따먹는다고 한다. 그 결과 눈잣나무의 종자를 얻기가 매우 힘들어졌다. 다람쥐 역시 이것을 그냥 두지 않는다.

이렇게 하여 씨앗을 맺어 자손을 퍼뜨리고자 하는 눈잣나무의 소망은 어려운 일이 되고 말았다. 그래서 생각해낸 것이 줄기부터 뿌리를 내려 영토를 넓혀나가자는 계획이다. 소나무나 잣나무가 줄기부터 뿌리를 내린다는 것은 거

| 가까이서 본 잣나무 잎

의 생각할 수 없는 일이다. 그러나 눈잣나무는 생존을 이어나가는 중요한 수단으로 이를 선택하게 된다.

눈잣나무의 적, 인간

무엇보다도 눈잣나무의 가장 무서운 적은 인간이다. 대청봉 주변의 눈잣나무가 오늘날 수난을 겪게 하는 것은 곰도 아니고, 새도 다람쥐도 바람도 아니다. 그것은 사람 때문이다. 나는 1984년 10월 20일경 대청봉에서 하룻밤을 보내면서 이곳 눈잣나무 밭의 상황을 똑똑히 볼 수 있었다.

주로 서쪽 바람을 받은 나무줄기는 동북방을 향해서 쓰러져 있었고, 나무의 키는 1m를 넘는 것이 없었다. 중청봉에서 대청봉으로 향하는 등산로를 따라 길이 넓게 나 있는데, 눈잣나무의 상처가 이만저만이 아니었다. 생존의 터전이 위협을 받고 있는 눈잣나무, 억세게도 모진 목숨을 간신히 이어가고 있는 눈잣나무, 그들은 통곡하고 있었다. 통곡의 벽이 있다더니 나는 이 언덕을 일단 '통곡의 언덕'으로 이름 붙였다. 이 언덕을 잃으면 이제 영영 그들은 이 세상에서 없어지고 말 것이다.

| 눈잣나무의 분포

자생지의 특성

눈잣나무는 북쪽의 고산 지대에서 좀 더 볼 수 있다. 그만큼 춥기 때문이다. 비래봉, 숭적산, 만탑산, 장백산, 추애산 등 산꼭대기에 나무가 살고 있다. 과거 백두산에도 있었겠지만, 화산이 폭발할 때 눈잣나무들이 모조리 불탄 것으로 짐작된다. 일본의 후지산도 그 폭발 때문에 눈잣나무의 식생을 잃고 말았다고 한다.

눈잣나무는 산 아래쪽에서는 분비나

우에키 호미키(植木秀幹, 1882~1976)

일본의 식물학자로, 일제 강점기에 조선에 건너와 수원고등농림학교 교수로서 수목을 연구하였다. '금강송'을 명명한 것으로 알려져 있다.

정태현(鄭台鉉, 1882~1971)

한국식물학의 개척자로 한국식물분류학 발전에 중추적인 역할을 했다. 저서로 『한국식물도감』 등이 있다.

무나 가문비나무와 싸워서 이겨낼 수 없다. 힘이 부친다. 그러나 추운 강풍 지대에서는 이겨낸다. 기온이 낮은 빙하시대에는 눈잣나무가 아래쪽에서도 터전을 잡아 행세를 했었다. 지구의 기온은 올라가고 있고 산업활동으로 세상이 점점 따뜻해지고 있는 현재, 눈잣나무가 갈 길이 막연해졌다.

태백산에도 눈잣나무가 있는 것으로 보인다. 나의 은사였던 우에키 박사는 태백산 1,800m 고지에 눈잣나무가 있다고 기록한 바 있고, 정태현 선생은 설악산이 눈잣나무의 남쪽 한계라고 주장하였다.

시베리아 등 소련의 북동 지방에 이와 유사한 것이 있는데, 셈브라잣나무*Pinus cembra*가 그 주인공이다. 셈브라잣나무는 유럽 알프스산맥에도 군데군데 분포하고 있다. 우리나라의 눈잣나무는 한때 셈브라잣나무의 한 변종으로 취급된 적이 있다. 일본에도 눈잣나무가 있는데, 자람이 매우 늦어 해마다 2~4cm 정도 커나간다는 조사 기록이 있다. 유럽의 셈브라잣나무는 자람이 더 좋은 편이다.

설악산 눈잣나무의 추억

언젠가 나는 눈잣나무를 찾기 위해 아침 9시에 수렴동 산장을 떠났다. 높게 띄운 연실처럼 휘휘 굽은 빗줄기가 산허리를 뽀얗게 덮으면서 내리고 있다. 바람이 불어 나뭇가지가 우수수 소리를 내고 있었다. 비를 흠뻑 맞으면서 산장을 떠났다.

오르는 길에 비는 눈으로 변하고 말았다. 그해의 첫눈을 구곡담 계곡에서 맞게 되었다. 서설瑞雪이다. 올해를 좋게 마무리할 수 있겠다. 쌍폭의 비경秘景을 지난 때는 바로 정오, 빨리 올라온 셈이다. 군데군데 눈측백나무, 만병초 군락이 나타났고, 분비나무의 고목枯木이 어려운 생활의 터전임을 말해주고 있었다. 봉정암 뒤 기린봉의 돌은 얼마 안 가서 떨어질 것만 같다. 봉정 산장의 처마에는 고드름이 주렁주렁 달려 있었다.

소청小青을 바라보면서 올랐다. 길에 눈이 쌓여 있었다. 모든 나무는 얼음옷氷衣을 입고 있어 만산滿山은 장관이었다. 손에 든 주목 지팡이를 빼앗길 정도로 바람이 강했다. 얼굴 오른편이 찬 바람에 마비되고 말았다. 소청에 이르러 따끈한 당귀차를 마신 후, 대청에서 낙조落潮를 보기 위해서 떠났다. 중청을 지나 눈잣나무 밭에 이르렀지만, 날이 어두워 내일 보기로 하고 대청을 올랐다. 서편에 깔린 구름바다 위에 붉은 불덩어리가 잠기고 있었다. 장엄한 원시原始에 몸이 떨렸다. 미약한 생명이 선경仙境에서 떨고 있었다. 떨고 있다는 건 좋은 일이다. 그렇지 않다면 발칙한 것이기 때문이다.

대청봉에 올라 사방을 내려다보고 고요히 밤을 맞이하는데, 문득 가친家親의 시 한 수를 회상하지 않을 수 없었다. 그것은 가친께서 예천군 부용봉芙蓉峰에 올라 느낀 감상을 시로 표현한 것이다. 부용봉은 아름다운 산이고 소백산맥 중에 솟아오른 산이다. 부용봉상과 대청봉상의 느낌은 부자간에 비슷하다.

| 설악산 중청봉의 눈잣나무

만 길이나 되는 부용에 올라 눈앞에 신선이 사는 옥루玉樓를 보노라
끝도 없이 모서리도 없이 아득하기만 한데
종소리 없고 경문經文 읽는 소리 없어 절간은 적막하다
안개가 걷히고 구름이 걷히어 아래 세상이 한가롭다
외로운 수레(달)는 항아(달 속에 사는 선녀)의 한스러움을 안고
노승老僧의 혜채慧彩처럼 빛난다
우리 어찌 이 밤에 잠을 이룰 수 있겠는가
바라건대 단원團圓(보름달)이여 밤마다 오너라 밤마다 오너라

이 시의 내용은 읽어보는 그대로다. 산에 올라 그때의 정황을 표현했으며, 밤이 되자 보름달이 솟아 잠 못 이룰 아름다운 경지를 토로한 것이다. 대청봉 위에서 내다보는 낙조나, 동해의 일출이나, 나에게는 서로 통하는 웅장한 자연의 펼쳐짐과 같다.

대청봉 산장은 여러 사람으로 붐볐다. 젊은 여자가 손을 혹혹 불며 "무서워, 무서워!" 하면서 안으로 뛰어들어온다. 무엇이 무서우냐고 물었더니, 한량없는 하늘의 별이 금방이라도 대청봉으로 쏟아질 것 같아서 더는 서 있을 수가 없다고 한다. 나는 정말일까 하고 나가보았다. 나 역시 하늘의 별을 오래 쳐다볼 수 없었다. 위압되어 눈잣나무처럼 쓰러질 것만 같았다. 바깥 기온은 영하 10°C였다. 눈잣나무처럼 대청봉의 밤잠을 겸손하게 청했다.

이러한 극단적인 환경에 자라고 있는 눈잣나무도 지난날 학문하는 사람들의 관심거리가 되곤 했었다. 강희안姜希顔은 『양화소록養花小錄』에서 만년송萬年松에 대해 "이 나무는 층을 이룬 가지에 타래실을 아래로 드리운 듯한 잎을 달고, 줄기는 굽어 붉은 뱀 같고, 향기가 청렬淸冽한 것이 좋으며, 초봄에 가지를 꺾어 삽목을 해서 묘목을 얻을 수 있고 분재감으로 좋다. 금강산과 묘향산의 꼭대기에 잘 나는데, 승려들은 이것을 캐서 부처님께 올리는 향의 재료로 삼는다"라고 했다. 우리 선조들이 세밀한 관찰을 통해 이 나무를 꺾꽂이로 번식시켰다는 사실을 짐작할 수 있다.

느릅나무

느릅나무과, *Ulmus davidiana* var. *japonica*
(楡, Wilson's elm, Japanese elm)

속껍질을 벗겨 찧으면 느른해진다고 하여 느릅나무이다.
흉년에는 대용식이 되었고, 뿌리는 약으로 쓴다.
목재는 고급 건축재로 이용하고 있다.

생물학적 특성

느릅나무속에는 세계적으로 약 20~30개의 종이 있고, 분포가 북반구 온대 지방에 국한되어 있다. 사람에 따라 추정하는 종의 수에 다소 차이가 있다. 우리나라에서 자라고 있는 주요 수종에는 참느릅나무, 떡느릅나무, 난티나무, 비술나무 등이 있다.

느릅나무는 우리나라 온대림(낙엽활엽수림) 대표종의 하나라고 말할 수 있으나, 종에 따라 그 생육 영역이 다르다. 즉 참느릅나무는 따뜻한 지역에 즐겨 나는 나무이며, 떡느릅나무나 난티나무는 더 추운 곳에 분포해 있다. 일본에서도 떡느릅나무는 홋카이도에 많고, 특히 삿포로는 떡느릅나무와 아까시나무를 가로수로 많이 심은 것으로 잘 알려져 있다. 난티나무은 한지성 나무로서 북쪽에 많이 분포하고 있다.

| 느릅나무 꽃

비술나무는 북방 수종이라 할 수 있는데, 영어 이름은 시베리아 느릅나무Siberian elm로 이름이 뜻하듯이 한지성寒地性으로 학명이 울무스 푸밀라*Ulmus pumila*이며, 중국 신장新疆, 간쑤甘肅, 산시山西, 산둥山東, 만주, 시베리아 등지에 나는 광범종廣範種이다.

나는 중국 신장의 톈산天山 지구에서 많은 비술나무를 보았는데, 줄기가 굵고 나무 높이는 10m쯤 되었다. 비술나무는 느릅나무류 중에서 가장 추위에 강하고, 여름철 건조에도 가장 잘 견디는 성질을 가지고 있다. 중국 서쪽 신장성, 간쑤성 등 건조 지역에서는 귀중한 나무 자원이 되고 있다. 꽃이 모여서 피기 때문에 열매도 모여서 달린다.

느릅나무류는 중국에서도 북부 지방에 더 많고

쓰임새도 더 많은 것으로 알려져 있다. 어떤 글에서는 "중국 남쪽 사람들이 북쪽 사람이 느릅나무 잎 먹는 것을 보고 항상 웃어댄다河南人常笑河北人好食楡葉"라고 하였다. 느릅나무 어린잎을 중국 북쪽 사람들도 많이 먹은 모양이다.

명칭

느릅나무를 가리키는 한자는 '느릅나무 유楡'인데, 느릅나무에 대한 한자명처럼 혼동스러운 것이 없다. 정태현 박사의 저서를 참고하여 작성해본 다음 표로도 알 수 있다.

느릅나무의 여러 명칭

한글명	한자명	일본명
참느릅나무	榔楡, 白楡	조센아키니레 チョウセンアキニレ(朝鮮秋楡)
떡느릅나무	枌楡, 家楡, 花楡, 鑽全樹, 零楡	하루니레 ハルニレ(春楡)
난티나무	姑楡, 産楡	오효니레 オヒョウニレ, 아쓰니 アツニ
비술나무	野楡, 楡木	노니레 ノニレ(野楡)
왕느릅	黃楡, 蕪荑	조센니레 チョウセンニレ(朝鮮楡)

출처: 정태현, 『한국식물도감』(1957)

느릅나무의 한자명 중에는 흑유黑楡, 백유白楡, 황유黃楡, 청유靑楡, 적유赤楡 등 색깔에 주목한 것이 많다. 미국에서도 미국느릅나무를 화이트엘름White elm이라 부르는데, 그 이유는 수피의 색깔이 담회색이기 때문이다.

느릅나무를 일본말로는 '니레ニレ'라 하는데, 니레는 우리말 느릅이 변해서 생긴 말이라고 보고 있다. 즉 다음과 같은 풀이가 가능하다. 일본명 '니레'는 '누레'(滑, 粘滑을 '누레'로 읽음)에서 온 것이고, 이 '누레'는 한글명 '느룸nulum'에서 얻은 것으로 생각한다.

느릅나무의 내피는 유피楡皮 또는 유백피楡白皮라 하여 한방에서 완화제緩和劑로 쓰고 있다. 또한 위장의 운동을 순조롭게 하고 소화를 도우며 대변을 부드럽게 한다. 나도 느릅나무 뿌리의 내피를 건조시켜 동전 크기로 자른 것을 껌처럼 씹어본 경험이 있다. 입 속에서 녹아 미끈미끈하게 되어버린다. 이 건조시킨 유피를 찧어서 가루로 만들고 쌀가루·솔잎가루와 섞어서 찌거나 부침으로 만들어 먹는다. 때로는 이 유피의 점액이 강한 접착력을 갖고 있어 깨진 기왓장이나 돌을 붙이는 데에도 쓴다고 한다.

어린 가지의 내피는 삼 대신으로 사용하거나, 밧줄을 만드는 재료나 자리를 엮는 데 썼다고 한다. 우리나라에서 닥나무 섬유로 종이를 만들 때, 떡느릅나무의 껍질을 벗기고 그 내피로부터 질 좋은 점액을 얻어 초지용抄紙用으로 썼다는 기록이 있다. 이처럼 느릅나무의 내피에서 점액을 추출해서 종이를 뜬 것을 유지楡紙라 했다. 여기에는 점질, 즉 느릅 또는 누루누루(미끄럽다)라는 말이 적용되었을 것이며, 이것이 '니레'라는 일본말 명칭으로 변해갔다고 본다.

| 충북 단양 향산리의 느릅나무 보호수

느릅, 느름은 영어명 엘름elm, 독일어의 울메Ulme와도 비슷한 느낌이 든다. 라틴어 울무스*Ulmus*에서 파생된 말들과 느릅과 니레 또한 찍어 붙인 것처럼 비슷하다.

나는 어학에 관해서는 문외한이지만, 우리말과 일본말은 같은 선조인 알타이어에서 갈라져 나온 형제어이기 때문에 그 뿌리를 알타이어로 소급해서 추적할 수 있다고 한다.

신화 속 느릅나무

때로는 느릅나무도 씩씩한 남성으로 견주어진 예가 있다. 북구 신화에 보면, 신이 이 땅이 무언가 허전하고 있어야 할 것이 없는 듯 느껴져서 사람을 만들어야겠다고 마음먹었다고 한다. 북구 신화가 아닌 성경에는 하느님이 흙으로 자신의 형체대로 만들어 생기를 불어넣었더니 사람이 되었다고 한다. 이때 생기라는 것은 생명을 창출해낸 신비의 에너지라고 생각된다. 그런데 북구 신화에서는 이와는 다르게 물푸레나무aske(영어로 ash)로 남자 아담을 만들고 느릅나무 embla(영어로 elm)로 여자 이브를 만들었다는 것이다. 나무는 생명이 있으니 흙보다는 나무로 사람을 만들기가 수월했을 것이다.

물푸레나무와 들메나무는 서로 비슷한 나무로, 우주 공간을 이루고 있는 골격의 수종일 것이라 여겨져 우주목 또는 세계목으로 불리기도 한다. 애시트리Ash tree의 그 씩씩하고 크고 강하고 위엄을 갖춘 점에 느낌을 받아 물푸레나무를 영생永生의 나무로 추대했을 것이다. 반면 엘름트리Elm tree, 즉 느릅나무는 오래 살고 크게 되는 나무이기는 하지만 어딘가 여성적인 모습을 찾아볼 수 있다. 그래서 이 두 나무가 아담이 되고 이브가 되었다는 신화에 충분히 공감을 하게 된다.

유새楡塞

비술나무野楡는 중국 북부 지역에 많이 나는 까닭에, 예전 북방을 지키는 국경에 이 나무를 많이 심어 새塞로 삼았기 때문에 유새楡塞라는 말도 만들어진 것으로 생각된다. 즉 유새라 하면 북방 변경의 성새城塞를 뜻한다. "돌을 쌓아서 성을 만들고累石爲城, 느릅나무를 심어서 새를 만든다樹楡爲塞"는 기록에서 유새의 뜻을 찾아볼 수 있다. 우리나라에서도 그랬지만 옛날에는 적을 막는 데에 큰 나무들이 한몫한 것으로 보인다.

느릅나무류는 겨울에 잎이 떨어지고 비교적 높게 자라는 나무들로서, 우리나라 온대 지방의 수종을 대표하는 유력한 존재이다. 잎은 어긋나고 두 줄로 붙으며, 잎의 밑쪽葉底은 양쪽이 서로 같지 않다. 어린잎은 식용이 가능하여 고향의 맛을 자아내는 터부룩한 콩가루 무침 나물이 된다. 느릅나무는 자람이 비교적 빠르나 땅 힘이 좋아야 하고, 목재의 질이 좋아 건축재·기구재·악기재로 선호되고 있다. 그리고 공원수종·가로수종 등 조경적 가치가 높아 외국에서는 느릅나무를 즐겨 심고 있다. 특히 미국, 북구의 여러 나라, 러시아 등이 그러하다.

느릅나무는 척박한 도시 환경에 견디는 힘이 강하고, 쉽게 옮겨 심을 수 있으며, 가지를 쳐서 나무 모양을 다듬어줄 수도 있다. 깨끗한 나무이나 보기에는 야생적이며, 여름에는 좋은 그늘을 만들어주고, 열매는 새들의 먹이로서도 훌륭하다. 그 이유를 알 수 없지만 우리나라에서 요즘 이 나무의 식재를 흔히 볼 수 없는데, 장차 더 심어야 할 만한 나무라고 생각한다.

느릅나무는 건강한 나무이지만 예전에 '느릅나무병'이라고 해서 곰팡이 종류가 나무줄기 속 살아 있는 조직에 기생하면서 나중에는 물길이 되는 도관 속을 메워 그 나무를 갑자기 말려 죽인 일이 있었다. 이 병으로 미국느릅나무가 큰 타격을 받았다. 이 병은 특히 미국에서 크게 유행했는데, 다른 나라 느릅나무들에는 증상이 나타나지 않아 그 병에 저항성이 있는 것으로 추측된다.

느릅나무와 불

느릅나무는 옛적에 불씨를 얻는 데 이용되었다. 『주례周禮』의 하관사마夏官司馬 사관司爟에 다음과 같은 내용이 전해지는데, 내용을 보면 느릅나무

사관(司爟)
불과 관련된 업무를 담당하는 관원을 말하며, 불에 관한 정령(政令)을 관장하였다.

가 불을 얻는 데 이용된 것을 알 수 있다.

四時變國火 春取楡柳之火 夏取棗杏之火
季夏取桑柘之火 秋取柞楢之火 冬取槐檀之火

계절이 변하는 데 따라 나라의 불을 다르게 하는데
봄에는 느릅나무와 버드나무를 마찰시켜서 불을 얻고
여름에는 대추나무와 살구나무로
늦여름에는 뽕나무와 꾸지뽕나무로
또 가을에는 떡갈나무와 졸참나무로
겨울에는 회화나무와 박달나무를 비벼서 불을 취한다

일본 홋카이도의 아이누족도 느릅나무의 목재를 마찰시켜서 불을 얻었다고 한다. 아이누인들은 느릅나무를 '지끼사니'라 부르는데, 그 뜻은 "우리가 불을 비벼 낸다"라고 한다.

『아언각비』의 느릅나무

정약용의 『아언각비雅言覺非』를 보면 각종 문헌을 통해 느릅나무를 고찰하고 있다.

『아언각비(雅言覺非)』
1819년 정약용(丁若鏞)이 지은 책으로, 당시 널리 사용되고 있던 말과 글 가운데 잘못 쓰이거나 어원이 불확실한 것을 골라 고증을 통해 뜻·어원·쓰임새를 설명했다.

첫째, 자유刺楡는 가지에 가시가 있다. 『이아爾雅』에는 이것을 '추樞'라 했고, 『시경詩經』에서 '산유추山有樞'라 한 것이 바로 시무나무를 뜻한다. 또 시무나무는 꾸지뽕나무柘를 닮아 가시가 있다고 했다.

둘째로 고유姑楡를 말하며, 『이아』에서는 고姑가 열매가 없다고 한 반면, 어느 문헌에는 고유의 열매莢가 있다고 해서 분간이 어렵다.

셋째는 백유白楡인데, 『이아』에서는 이것을 '백분白枌'이라 했고 『시경』에 나오는 "동문의 느릅나무東門之枌"가 이것이며, 열매가 잎에 이어 나고 껍질이 희다고 하는 것으로 보아 떡느릅나무를 가리키는 것으로 생각된다. 또한 대유大楡는 봄에 열매가 생기고 낭유榔楡는 가을에 생긴다 했는데, 앞의 것은 떡느릅나무 종류이고 뒤의 것은 참느릅나무로 보인다.

정약용의 다음 서술도 참고할 만하다. 우리나라 풍속으로 백유白楡는 방언으로 '늘음' 또는 '느릅나무'라 하나 이것은 산에 저절로 나는 야생적인 것이고, 자유刺楡(앞에서 시무나무라고 말한 것)는 방언으로 '늦희' 또는 '느티나무'로서 사람이 집에서 심는 나무인데, 사람들은 이 나무를 귀목龜木이라고도 하며, 또 느티나무 널槐板을 귀목이라고 하기도 한다는 것이다.

여기에 나의 견해를 붙이면, 자유刺楡를 현재 우리는 일반적으로 시무나무로 보는데, 이것을 느티나무 일명 귀목으로 본다는 그의 이해는 수종 분별을 당황스럽게 만드는 느낌이 있다. 집이나 마을에서 흔히 심는 나무라면 다른 것을 지칭하는 것으로 풀이되고, 느티나무를 괴목으로도 말한 우리 선조들의 인식을 고려한다면 괴목槐木(회화나무 또는 느티나무를 뜻함)과 귀목龜木의 발음이 극히 유사해서 혼동이 있었을 것으로 추측된다. 즉 '괴목'과 '귀목'을 같은 것으로 보았다는 말이다.

그러나 옛 책에서 참느릅나무는 한자로 '낭유榔楡'라 하였는데, 이는 습한 땅을 좋아하며 큰 나무로 자란다. 잎이 가슬가슬한 것(沙가 있는 것)을 '자유刺楡'라 하고, 그렇지 않은 것을 '면유綿楡'라고 한다. 모두 참느릅나무榔楡에 속하는데, 여름에 꽃이 피고 익으면 곧 떨어진다. 이러한 기록은 '자유'가 꼭 가시가 있어서 얻은 이름은 아니라는 것을 말해준다. 즉 시무나무가 아니더라도 자유라고 말할 수 있다는 여운을 남기고 있다. 또 중국 사람들은 느릅나무를 이용해서 국, 술, 장, 국수, 가루, 향, 접착용 아교풀도 만든다고 했다.

끝으로 정약용은 우리나라 사람들은 느릅나무楡가 어떠한 나무인지 모르고 또 시험해보지도 않았기에 이용후생利用厚生을 바랄 수 없었다고 첨기하고 있다.

느릅나무류는 쓸모 많은 나무들이다. 『아언각비』에 나오는 느릅나무에 대한 이와 같은 설명은 우리에게 많은 것을 암시해준다.

『본초강목』의 느릅나무

이시진의 『본초강목本草綱目』에 느릅나무와 관련된 다음과 같은 기록이 있는데 참고할 만하다.

> 느릅나무楡에는 수십 종이 있어서 지금 사람들은 그것을 분별하지 못하고 있다. 협유莢楡와 백유白楡는 모두 크게 자라는 대유大楡이다. 붉은 것과 흰 것 두 종류가 있고, 그중 줄기 색이 흰 것을 분枌이라고 한다. 이 나무는 높게 자라고 잎이 피기 전에 가지 사이에 열매楡莢를 단다. 모양은 동전과 닮았으나 크기가 작다. 색은 희고 꼬치串 모양으로 되어 있다. 이것을 속되게 유전楡錢이라 부른다. 뒤에 가서 잎이 나오는데, 산수유 잎을 닮았고 잎 끝이 뾰족하며 윤기가 있다. 어린잎은 삶아서 물에 씻어 먹으면 맛이 좋다. 자유刺楡라 하는 것은 가지에 가시가 있는데 꾸지뽕나무柘의 가시와 비슷하고 잎은 느릅나무를 닮았다. 모든 느릅나무는 잎과 가지로 땅을 덮는 성질이 있어서 그 나무 아래서는 식물을 재배할 수 없다. 근래 사람들은 느릅나무의 속껍질을 물에 담근 후 찧어 풀처럼 만들어 그것으로 깨진 기왓장을 붙이는 데 사용한다. 접착력이 강하여 때로는 돌을 서로 접착시킬 수도 있다. 느릅나무 껍질楡白皮은 대소변을 통하게 하고 좋지 못한 기邪氣를 제거하며 종기를 다스린다. 또, 어린아이들의 머리를 나게 한다. 목재는 가시나무처럼 단단하다.

『본초강목(本草綱目)』
1596년 중국 명나라 때 이시진(李時珍)이 저술한, 의약에 사용되는 모든 자연물을 망라한 자연과학서. 약으로 사용하는 자연물 가운데 식물이 가장 많기 때문에 '본초'라는 용어를 썼다.

또한 『본초강목』에서는 무이蕪荑를 언급했는데, 이것은 느릅나무의 한 종류로서 중국 및 고려(한반도)의 산중에 난다고 했다. 열매도 느릅나무의 열매와 닮았으나, 냄새가 고약해서 물건 사이에 두면 벌레가 생기지 않는다고 했다. 열매는 장내 기생충을 제거하고 소화를 돕는다고 했는데, 느릅나무과에 속한다는 이 무이가 무엇인지 단정하기 어렵다.

런던의 느릅나무

느릅나무는 도시의 오염된 공기에 견디는 힘이 강하고 아름다운 모습을 갖추고 있기 때문에, 영국에서는 가로수나 공원수, 울타리용으로 심는 일이 많다. 세계적으로 가장 아름답고 기능적이며 건강하고 또한 많이 이용되는 가로수종은 느릅나무, 플라타너스, 피나무, 그리고 마로니에이다. 이들을 세계 4대 가로수종으로 말한 학자도 있다. 이 중 마로니에는 해양성 기후의 국가에 적합한 나무이고, 피나무 종류는 다소 기후가 한랭한 지대에 더 알맞다. 이처럼 느릅나무는 세계적인 나무이다.

| 영국 런던의 느릅나무

느릅나무는 영국의 정원을 장식하는 나무이기도 하다. 참나무, 너도밤나무, 물푸레나무처럼 모여서 우거진 숲을 만드는 일은 드물고 홀로 서 있는 경우가 많다. 가지와 잎이 빽빽이 나서 높이 40~45m에 이르는 나무도 많다. 영국에서는 특히 남쪽 지방에 많다. 생장이 빠르고 처음 10년 동안 8~9m까지 자란다. 가을 단풍이 특히 아름답다.

유럽에는 서남부 지역에 나는 유럽느릅나무와 북위 67도까지 분포하는 서양떡느릅나무가 있다. 모두 거목으로 자라고 오랜 수명을 누린다. 목재는 물속에서도 잘 썩지 않으므로 주철鑄鐵이 없었던 시대에는 송수관送水管이나 조선재 등으로 두루 사용했다. 지금도 런던 땅속에서 오래된 느릅나무 수도관을 발견할 수 있는 것은 이상한 일이 아니다. 예전에 만들어진 워털루 다리Waterloo Bridge의 다릿발(교각)은 120년 동안 탈 없이 사용되었고, 런던 다리Old London Bridge를 해체할 때에도 느릅나무 교각은 600년이 지났는데도 여전히 손상되지 않았다. 한편 물의 도시로 유명한 베네치아(베니스) 운하에 놓여진 리알토 다리Rialto Bridge는 느릅나무로 된 교각 1천 개로 지탱되고 있었다 한다. 느릅나무의 힘이 엄청나다.

이 외에도 느릅나무 목재는 손수레, 의자 좌판, 가구재, 세공재, 농기구재, 관재 등으로 사용되었다. 고대에는 밭을 가는 데 느릅나무로 된 가래를 사용했는데, 나무가 어릴 때 알맞게 휘어져 자라게 해서 가래로 만들어 썼다고 한다. 유럽, 특히 영국의 느릅나무 문화를 짐작하게 한다.

| 참느릅나무 열매

느티나무

느릅나무과, *Zelkova serrata*
(槐木·欅·梘木, Sawleaf zelkova, Japanese zelkova)

오래 살고 가지가 넓게 펼쳐져 쉼터를 제공하므로 흔히 정자나무로 심는 느티나무는 선비의 나무인 회화나무와 같은 괴槐를 쓸 만큼 품격이 높다. 재질이 좋아 기둥에서 관재까지 고급 목재로 쓰인다.

정자나무 이야기

어느 마을이든지 한두 그루의 정자나무가 있기 마련이다. 정자나무가 없는 마을이 있다면 그 마을은 무언가 부족한 마을로 보일 것이다. 그래서 어른들은 마을의 큰 나무를 보호해서 마을 나무로 만들었다.

표준국어대사전을 보면 "집 근처나 길가에 있는 큰 나무로 가지가 많고 잎이 무성하여 그 그늘 밑에서 사람들이 놀거나 쉰다"라고 정자나무를 설명하고 있다. 완벽한 풀이라고 생각된다. 누구든지 그곳에 갈 수 있고 모일 수 있으며 그늘을 이용할 수 있어야 하기 때문에, 서민적이고 민주적인 큰 나무여야 한다. 늦봄부터 초가을에 이르는 더운 때, 그 녹음의 값을 높게 평가받는 것이 바로 정자나무다. 나무가 아무리 크고 웅장하다 하더라도 어느 누구의 집 안에 있어 여러 사람이 이용할 수 없다면 그 나무를 정자나무라고 말하기는 어렵다.

나무가 크면 수십 명의 사람들이 모여서 시원한 바람을 나누면서 매미 소리를 듣는다. 말매미, 쌔롱매미, 참매미, 풀매미, 모두가 모여서 어울려 부르는 노래 고비로 한나절의 흰 구름이 살결을 덮을 때면 정자나무 아래는 이 세상에 둘도 없는 야외 음악당이 된다. 이와 같이 순수한 음률로써 정자나무 아래 모인 사람들의 정서는 흰 구름보다도 더 부드럽고 깨끗한 것이 된다. 그곳에 머무는 동안 사람들은 스스로 부드럽고 깨끗한 것이 되어가는 것도 미처 깨닫지 못한다. 그렇기 때문에 정자나무는 더욱 값진 것이다.

정자나무 아래 모이면 누군가 이야깃거리를 하나 내놓게 되고, 모든 사람의 귀는 그곳으로 쏠린다. 노인이건 젊은이이건, 남자건 여자건, 모두 그 화제에 참여하고 관심을 가지며, 경험이 있거나 견문이라도 있으면 서슴지 않고 토론에 참여한다. 그 화제는 다양하게 펼쳐지지만 가장 보편타당한 것으로 쏠리고 하나의 결론으로 모이게 된다.

그 화제는 무엇이든 좋다. 호랑이 잡는 이야기, 도깨비 이야기, 천년을 산다는 신선 이야기, 담배 농사 잘하는 이야기, 또는 정치 이야기 등 아무런 제한이 없다. 그래서 정자나무 아래는 마치 민주주의 회관 같다. 끝내는 도깨비의 정체가 밝혀지고, 그곳에 모인 어린 세대는 기성세대로부터 여러 가지 지식을 이어받게 된다. 때로는 한문 선생님이 글방 아이들을 데리고 정자나무 아래로 오기도 했다. "마상봉한식馬上逢寒食" 하고 소리 내어 당시唐詩를 읽던 지난 여름날이 되살아난다.

이와 같이 정자나무 아래는 때때로 다목적 마을회관이 되었다. 마을을 찾아다니는 엿장수는 엿목판을 아예 이곳에 놓아두고 돌아다니며 장사할 생각이란 없어 보였다. 엿장수의 엿목판은 세 계단으로 되어 있었는데, 맨 위층은 손거울·가위·화투목·박가분朴家粉·연지·쪽집게·실·바늘 등이 진열되어 있고, 중간층에는 박하를 박은 엿판이 있었으며, 아래층은 돈 대신 받은 쌀·보리쌀 등이 들어 있었다. 지금은 이러한 엿장수가 없어져 무언가 표현할 수 없는 허전함을 느낀다. 그래서 정자나무 아래는 '아름다운 추억의 고향'으로 느껴진다.

정자나무는 가지가 동서남북으로 고루 뻗고 잎이 깨끗하면서도 우거지며 수관樹冠이 빽빽해야 한다. 그리고 나무줄기는 위엄과 품위를 지니고 있어야 하고, 수형이 단정해서 원만한 기품을 보여야 한다. 이러한 조건에 합당한 것으로는 먼저 느티나무를 들 수 있다. 느티나무의 별명이 정자나무일 만큼 이 나무

| 경남 의령 세간리 느티나무 현고수와 동신제(천연기념물 제493호)

는 거의 완벽한 정자나무로서의 품격을 갖추고 있다. 억센 줄기는 강인한 의지를, 고루 퍼진 가지는 조화된 질서를, 단정한 잎들은 예의를 상징한다. 충·효·예의 나무라고나 할까? 이 나무는 잎이 먼지를 타지 않아서 항상 깨끗하고, 벌레가 적어서 귀인貴人을 연상시킨다. 느티나무는 정말 위대한 나무라고 할 수 있다.

'정자송亭子松'이라는 말이 있다. 이것은 소나무도 정자나무로서 좋다는 뜻인데, 소나무는 그늘이 약하고 가지의 퍼짐이 부족하다. 곳에 따라서 훌륭한 나무들도 있지만, 정자나무로서는 그 어느 것도 느티나무를 따라올 수 없다.

명칭

느티나무는 한자로 괴목槐木 또는 거欅로 쓴다. 수형이 아름답고 목재의 쓰임새가 넓으며 그 재질이 뛰어남에도 불구하고, 문화적인 인식에 있어서는 느릅나무나 회화나무 등에 밀리는 느낌이 든다. 우리 선조들은 회화나무를 괴목槐木이라 부르며 귀한 나무로 여겼고 기록에서도 이를 많이 볼 수 있지만, 느티나무는 그 명칭인 거수欅樹가 옛 책에 잘 나타나지 않는다. 회화나무는 괴위槐位라든가 괴정槐鼎이라 해서 높은 벼슬자리를 상징하여 중국 주대周代부터 고사에 나오는 등 사람들의 사랑을 받아왔지만, 느티나무는 그렇지 못했다.

1932년 일본인이 우리나라 식물 이름을 집대성한 『선만식물자휘鮮滿植物字彙』에 보면, 거수欅樹, 柜樹를 팽나무榎樹 비슷한 것으로 설명하고, 그 열매는 성숙했을 때 달고 생으로 먹을 만하다고 했다. 이 경우에는 거수라 하면 팽나무류를 뜻하는 것이 된다.

'괴槐'를 '회檌'로 쓰기도 하나, 이 두 글자의 중국 발음은 서로 같다. 그러나 중국에서도 일반적으로 '槐'를 쓰지 '檌'는 그다지 쓰지 않는다. 중국에서는 우리나라의 느티나무를 광엽거光葉欅 또는 대만거臺灣欅라고 한다. 잎에 녹색의 윤기가 있어서, 또 대만에서 볼 수 있기에 이러한 명칭을 얻었으나, 그렇다고 해서 대만에만 자라고 있다는 뜻은 아니다.

왜 그런지 우리나라의 고서古書나 시와 문장에 느티나무는 잘 나타나지 않고 있다. 느릅나무, 회화나무, 팽나무 등과는 좀 색다르다. 그 이유가 어디에 있는지는 풀이하기 쉽지 않다. 정태현 박사는 느티나무의 한자명으로 괴목槐木, 거欅, 규목槻木 등을 들었다.

일본인 우에하라는 느티나무의 한자명을 여러 가지로 들고 있다. 가장 대표적인 것은 우리나라와 중국과 공통이라고 할 수 있는 '느티나무 거欅'이다. 회화나무를 뜻하는 괴목槐木을 느티나무의 한자명으로 들고 있는 것은 지난날 나무 명칭에 대한 한자명의 부정확성을 보여준다고 생각된다. 우리나라에서도 느티나무를 괴목槐木으로 불렀고, 느티나무 목재로 만든 밥상은 괴목상槐木床이라 해서 귀하게 여겼다. 왜 괴목이란 말로 느티나무를 칭하게 되었는지 알 수 없다. 또 느티나무 명칭으로 '느릅나무 유楡'자도 들고 있는데, 옛적에는 느티나무·느릅나무·회화나무를 혼동하지 않았나 생각해본다. 또 귀목貴木이란 명칭도 있는데, '귀貴'자는 가마채나무 귀로 읽는다고 한자 사전에 나와 있다. 느티나무로 흔히 가마채를 만들었다면, 또 느티나무를 귀한 나무라고 쳤다면, 이 명칭은 받아들일 수 있다.

또 느티나무를 규목樛木이라 칭하는데, '규樛'자는 나뭇가지가 아래로 처지는木枝下曲 모습을 표현하고 있다. 느티나무는 오래되면 곁가지가 멀리 퍼지고, 그 곁가지에서 다시 작은 가지들이 많이 나서 아래로 드리우게 된다. 그래서 느티나무는 정자나무라는 별명을 얻을 만큼 그 아래에 좋은 그늘을 만드는데, 이러한 느티나무의 성상性狀을 생각한다면 규목이라는 명칭은 알맞은 이름이라 생각된다. 느티나무를 거류欅柳라고 말하는 것도 곁가지가 처지는 성상과 관련된 명칭이 아닌가 한다.

다재다양한 느티나무

느티나무는 한국, 일본, 중국에 분포한다. 한국에서는 제주도에서 평안남도까지 자라지만, 추위에 약하여 북쪽으로 갈수록 그 수가 적어진다. 목재는 황갈색의 아름다운 무늬와 색상을 가지고 있으며, 결이 곱고 단단하여 마찰과 충격에 잘 견딘다. 국내 나무 중에서 최상급 목재라 할 수 있다.

| 전북 남원시 진기리의 느티나무(천연기념물 제281호)

| 느티나무의 노란 단풍과 붉은 단풍

『태종실록』과 『세종실록』을 보면 임금을 알현할 때 손에 드는 홀笏에 괴목을 쓴다고 기록되어 있다. 경북대 명예교수 박상진 교수에 의하면, 가야시대 고분과 경주 천마총에서 출토된 관, 완도군 약산도에서 인양된 고려 초기의 화물선, 해인사 법보전, 화엄사 대웅전, 부석사 무량수전의 배흘림기둥, 부여 무량사 극락전의 기둥은 모두 느티나무로 만들었다고 한다.

느티나무는 흔한 나무이기 때문에 가구재로 널리 쓰였다. 느티나무로 만든 조선시대 뒤주, 궤짝, 장롱, 밥상, 사방탁자, 사찰의 구시 등이 발견된다. 그 밖에 악기, 조각재, 불상 조각에도 널리 쓰였다.

『주례』에 "동취괴단지화冬取槐檀之火"라는 말이 있다. 겨울에는 느티나무(회나무?)와 박달나무를 비벼서 자연 발생하는 불을 만든다는 뜻이다. 단檀을 박달나무로 풀이하였으나 빗살나무로 해석하는 사람도 있는데, 그 옳고 그름은 말하고 싶지 않다.

예전 중국에서는 왕(정부)이 계절에 따라 다른 불씨를 만들어 백성들에게 나누어주었다고 한다. 겨울에는 느티나무 목재를 마찰하여 불을 만들었고, 봄에는 느릅나무楡와 버드나무柳의 목재를 마찰하여 불을 만들어 백성에게 나누어주었고周禮司爟曰 春取楡柳之火, 여름에는 대추나무로 불을 만들어주었다.

느티나무 열매는 우리나라에서는 거의 쓸모가 없는 것으로 생각되고 있는데, 옛글을 보면 가을에 열매를 따서 복용하면 건강에 좋다고 했고太淸草木方曰 槐以十月上已取子服之 好顏色長生通神, 또 열매를 먹음으로써 가는 글자를 볼 수 있고 흰 머리칼이 검게 되었다고 하였다梁書曰 庾肩吾服槐實七十餘 目見細字 白髮反黑.

그러나 우리나라에서는 아직 이 나무의 열매가 보약의 재료로 사용되었다는 말을 듣지 못했다. 혹 위의 말은 회나무 열매를 뜻하는 것일까? 한편 『산림경제山林經濟』를 보면 괴槐에는 벌레가 많으니 집 주변이나 우물 부근에는 심지 말아야 하며, 열매는 약으로 쓰이고 장수長壽에 좋다고 되어 있는데, 이것이 회나무인지 느티나무인지 나로서는 분간하기 어렵다. 다만 회나무에 가까운 것이 아닐까 생각된다.

도계의 긴잎느티나무

1989년 5월 28일, 나는 강원도 쪽에 자라는 이름난 노거목老巨木을 보기 위해 나섰다. 강원도 삼척시 도계읍 도계리에 천연기념물 제95호 긴잎느티나무가 있다. 원래 이곳은 도계여자중학교 운동장이었는데, 학교는 다른 곳으로 옮겨 간 것으로 알고 있다. 수령을 천 년으로 잡고 있으나, 삼척의 것은 2천 년 정도라 해서 더 높게 잡고 있다. 이 나무는 높이가 약 20m, 줄기의 가슴높이 둘레가 약 7.5m나 되는 거목이다. 도계읍민의 서낭당 나무가 되어 주민을 지켜온 유래가 있다.

긴잎느티나무는 그 이름이 말해주듯이 잎이 일반 느티나무보다 더 길다. 긴잎느티나무는 이곳 도계 외에도 몇 곳에 더 있는 것으로 알려져 있다.

도계의 긴잎느티나무는 무언가 간절히 원하면 그것을 이루어준다는 말이 있어서 그것이 하나의 풍속이 되기도 했다. 특히 고려 말에는 많은 선비들이 이곳으로 피난을 와서 이 나무가 학문하는 분위기와 관련이 되기도 했다. 따라서 입학시험 계절이 되면 많은 학부모들이 이 나무를 찾아 자녀의 합격을 기원한다. 이 나무가 학교 운동장에 있어 동신洞神(마을의 수호신)이 거처하기에는 좀 시끄럽고 부산한 느낌이 있자 동신목(서낭당나무)을 다른 곳의 나무로 바꾸려고

| 강원도 도계의 긴잎느티나무(천연기념물 제95호)

한 적이 있었다. 하지만 그 일이 나무의 진노를 사서 천둥 번개가 쳐서 변경 계획이 취소되었다고 한다. 나무의 신은 천진무구한 아이들과 어울려 지내는 데 불편을 느끼지 않은 모양이고, 또 도계 주변에는 이 나무를 대신할 만한 나무도 없을 것으로 생각된다. 신이나 사람이나 오랫동안 살아온 거처는 정이 들어서 옮겨가기 싫어하는 것이 아닐까?

느티나무의 변종인 긴잎느티나무는 흔한 것은 아니다. 이 나무는 일제 강점기 때 천연기념물로 지정되었는데, 당시 기록을 보면 긴잎느티나무는 조선의 특산수목으로, 눈높이 줄기둘레 8.54m, 나무높이 26.8m이며, 가지퍼짐은 동쪽 16m, 서쪽 17m, 남쪽 18.2m, 북쪽 16m라고 한다. 이 수치를 보면 수관이 동서남북 고루 비슷하게 확장되어 있었음을 알 수 있다. 지금도 이와 비슷하다고 알려져 있는데, 다만 나무높이 측정치가 당시보다 더 낮게 나타난 것은 이 나무의 노쇠에서 온 것일까? 아니면 측정상의 오류 때문일까?

도계의 느티나무가 너무나 웅장하여 나는 그곳을 쉽게 떠나고 싶지 않았다. 나무가 커서 사진 한 장에 모두 담기가 어려워 나는 멀리 떨어져 전경을 담아보았다. 어떤 연유로 긴잎느티나무 한 그루가 이곳에 나타났을까? 그 위용을 몇 번인가 되돌아보면서 그곳을 떠났다.

괴산 오가리의 긴잎느티나무

충청북도 괴산군 장연면 오가리의 느티나무는 천연기념물 제382호로 지정되어 있다. 수안보 온천에서 멀지 않고, 문경새재와도 가까운 곳이다. 괴산군청 공보실 담당관들의 친절한 배려로 기능 좋은 차를 타고 오가리로 가게 되었다.

그곳에는 네 그루의 큰 느티나무가 있는데, 그중 한 그루는 작은 편이었으나 줄기 지름이 40cm에 가까웠다. 이 나무는 잎이 붉은 구릿빛으로 단풍이 져서 느티나무의 변종임을 알려주었다. 이곳 사람들은 느티나무 세 그루에 뜻을 담아 이를 '삼괴정三槐亭'으로 부르고 있다. 나무 이름은 상괴上槐, 하괴下槐로 부르기도 하는데, 또 하나의 큰 느티를 인괴隣槐(이웃느티)로 부르기도 하고 상괴와 줄기가 접촉하다시피 해서 자라고 있는 작은 느티나무를 소괴小槐로 부르기도 한다. 상괴와 하괴는 약 60m 거리로, 또 상괴와 인괴는 약 130m 거리로 떨어져 있다. 인괴는 북쪽에, 하괴는 남쪽에 있는데, 이 중 하괴는 긴잎느티나무로 강원도 도계의 긴잎느티나무보다 잎이 더 길게 발달해 있었다.

이곳 주민들은 오래전부터 느티나무를 '괴槐'로 나타내고 있다. 이처럼 과거부터 우리는 느티나무를 '괴목槐木'이라 흔히 말해왔다. 괴槐는 회화나무를 뜻하는 것으로 풀이하여 받아들여왔지만, 때로는 느티나무를 뜻하는 것으로 받아들여야 한다. 이러한 사실을 이곳 삼괴정이란 이름에서 알 수 있다.

상괴와 하괴는 수령이 800~900년으로 추정되고, 나무높이는 각각 25m와 19m, 줄기 지름은 270cm, 280cm였다. 거창한 몸집을 자랑하고 있었으며 아직 건강해 보였다. 상괴 줄기에 접하는 제석祭席이 있었고, 줄기에는 새끼줄이 감기고 빗자루가 매어져 달려 있고 무명천으로 된 자루도 달려 있어, 이 나무가 숭앙의 대상이 되어 있음을 알 수 있었다. 아닌 게 아니라 이 나무는 해마다 정

| 충북 괴산 오가리 삼괴목(三槐木) 느티나무(천연기념물 제382호)

월 대보름 한밤중에 올리는 서낭제의 대상으로, 마을 수호신격의 신목이라 한다. 하괴에는 더 큰 제단석이, 그것도 2개나 있었다.

인괴와 소괴는 가을에 더 빨리 단풍이 지고 그 색깔도 진한 붉은 구릿빛으로 변하는 변종이고, 상괴와 하괴는 단풍이 늦게 지는 일반 느티나무이다. 충북 괴산군의 괴槐는 느티나무와 더 인연이 있는 것으로 생각된다.

현고수懸鼓樹 느티나무

경남 의령군에는 소나무, 은행나무, 느티나무 등 이름난 노거목이 있다. 노거목을 본다는 것은 큰 즐거움이 아닐 수 없다. 오랜 세월 갖은 풍파를 겪으며 살아온 그 위엄에 외경을 느끼며 사연을 들어보는 것은 무엇보다 소중한 일이고, 그것을 기록으로 남긴다는 것은 더한 기쁨이라고 할 수 있다.

경남 의령군 가까운 곳에 있는 큰 소나무는 천연기념물 제395호로 지정되어 있다. 그곳에서 멀지 않은 의령군 유곡면 세간리에 큰 은행나무가 있는데,

이 나무에는 작은 유주乳柱가 발달해 있다. 이 은행나무 근처에 현고수 느티나무가 있다. 현고懸鼓라 하면 북을 걸어두고 둥둥 쳤다는 뜻이다.

유주(乳柱)
'젖기둥'이라고도 하며, 그 모양이 마치 여인네의 젖가슴과 닮았다고 해서 붙여진 이름이다. 나뭇가지에서 땅 쪽으로 발달하는 돌기를 말한다.

이 나무에 얽힌 사연은 이러하다. 임진왜란(1592) 당시 의병대장 곽재우가 의병을 훈련할 때 이 나무에 북을 달아놓고 치면서 독려하고 병술을 가르쳤다고 한다. 비스듬히 누운 느티나무의 줄기를 보면 북을 매다는 데 알맞았다고 생각된다. 선조 25년(1592) 4월 13일 왜적이 부산포에 침입하자, 41세의 곽재우는 이곳 세간리에서 의병을 모아 훈련시켰다. 이 나무 옆에 곽재우의 집이 있었다고 한다. 세간리는 이처럼 애국의사愛國義士를 훈련했던 명예스러운 역사가 있다. 이 마을은 평탄한 농경지에 둘러싸인 지형으로, 당시 현고수 느티나무 주변은 논이었다. 이 느티나무는 잘 보호 관리되고 있었다.

현고수 느티나무는 나무높이 약 15m, 가슴높이 줄기둘레 7m로, 천연기념물 제493호로 지정되어 있다.

해인사 백련암의 느티나무

이곳 사람들의 말에 의하면, 어느 여름에도 더위를 모르는 곳이 바로 홍류동 계곡이라 한다. 만일 숲이 없었더라면 자연스럽게 흐르는 물도 없어질 것이고, 숲과 물이 없어지면 이곳의 여름 기온도 다른 곳과 크게 다르지 않을 것이다. 숲은 우리의 환경에 영향을 끼치고, 그중에서도 온도를 조절해서 우리를 쾌적하게 해주는 효과가 매우 크다. 나는 이러한 사실을 이곳에서 확인할 수 있었다.

성철性徹 스님이 계시던 해인사 뒤편 산허리의 백련암에는 경북 예천 용문사에 있는 윤장대 비슷한 장치가 두 틀 있었는데, 그 조각이 매우 정교했다. 이곳 윤장대는 고심古心 안에 있었고, 불상 대신에 성철 스님의 사진이 놓여 있었으며, 성철 스님이 거처한 염화실拈花室이 이웃이었다. 모든 욕심을 버리고 세속적인 환희와 단절하고 투명한 공기 속에서 살다가 미련 없이 세상을 떠난 한 스님의 위대함을 곱씹어본다. 뜰 앞에 큰 느티나무가 있었다. 가슴높이 줄기 지름 2m, 밑가지 높이枝下高 2m, 높이 22m, 가지퍼짐은 동쪽으로 5m, 서쪽으로 15m, 북쪽으로 10m, 남쪽으로 14m에 이른다. 지혜로운 사람도 이 느티나무를 쳐다보며 지났을 것이고, 어리석은 자도 그렇게 하였을 것이다.

이곳 느티나무 줄기의 대담한 골격 구조는 인간이 연출해낼 수 없는 예술이 아닐까 생각해보았다. 해인사의 오랜 역사를 기록하고 있는 이 느티나무는 인간의 짧은 생애를 내려다보면서 연민의 정 같은 것을 느끼고 있을까? 해인사 주변에는 이것 말고도 큰 느티나무들이 많이 있다.

서울의 느티나무

창덕궁과 창경궁 경내에는 큰 느티나무들이 자라고 있고, 이 외에도 서울 시내에는 곳곳에 오래된 느티나무가 있다. 남산에도 늙은 느티나무가 많은 편이다. 남산의 각종 노거목 중 느티나무가 최고령의 자리에 있는데, 200년으로 추정되는 것도 있다. 가슴높이 지름이 70cm에 가까운 것도 있다. 이처럼 서울에서는 느티나무를 많이 볼 수 있다.

예전에 청계천 제방을 따라 큰 느티나무들이 서 있었다. 도읍지 서울은 성저십리城底十里라 해서 내사산內四山 안의 면적이 사방 10리 규모라고 하였다. 북악산北岳山, 白岳山과 인왕仁王, 그리고 남산의 물이 모여 청계천(또는 開川)이 되고, 그 물줄기가 동쪽으로 흘러 마침내 한강과 합류해 서쪽으로 흘러 황해로 들어간다. 그런데 청계천이 종종 홍수로 인해 범람하여 주거지를 침범하고 제방을 무너뜨렸다는 것으로 보아, 당시 서울 시민의 주거지는 매우 취약했던 모양이다. 농경지를 쓸어버리고 가축이 죽고 하수가 범람해 악취가 진동하고 위생도 안 좋았다. 주민들이 청계천에 오물을 마구 버린 터라 수도 서울의 면목이 말이 아니었던 것이다.

따라서 나라에서는 시내 주변에 살고 있는 주민을 동원해 방축을 쌓고 나무를 심게 했다. 태종 1년(1401)에는 개천도開川都라는 관직을 마련하여 청계천의 기틀을 튼튼히 하고자 했고, 그다음 해에는 전라·경상·충청 3도의 군인과 민간인 2,035명(그중 승려군 500명)을 동원해 돌쌓기와 돌다리 놓기 등을 했다. 세

| 창경궁과 창덕궁 후원의 느티나무

종 4년(1422)에는 43만 명의 장정을 동원해 도성을 수축하고 청계천 개수 작업을 끝냈다. 성문도감城門都監을 설치한 것도 이해이다. 그 뒤 청계천 제방에 버드나무류를 식재해서 청계천 수풀이 조성되었다. 이처럼 서울 청계천 제방의 수림 조성은 조선조가 나라의 기틀을 완성하려는 시기에 수행된 한 본보기로 해석할 수 있다.

세계 역사상 유례를 찾을 수 없는 최초의 측우기測雨器가 세종 24년(1441)에 창안된 것도 이러한 수재水災와 관련이 있었을 것이다. 서울 사산四山의 보호를 철저히 하고자 처음에는 감역관監役官을 두었으나, 뒤에 이것을 승격시켜 사산참군四山參軍으로 하여금 기능 수행에 만전을 기하도록 했다. 이곳에 수해 방비를 위한 호안림護岸林이 조성된 것도 특기할 만하다. 버들 종류의 삽목 조림이 많이 이루어졌을 것이다. 구한말(1910년경) 청계천 제방에는 느티나무, 소나무, 능수버들, 회화나무 등의 노거목이 많았다고 한다. 느티나무는 서울의 녹지 환경을 담당하는 주역 수종 중 하나였던 모양이다. 지금의 청계천에서는 그 모습을 찾을 수 없다.

남원 보절면의 느티나무

느티나무는 장수하는 나무다. 은행나무, 회화나무, 향나무, 팽나무, 왕버들, 비자나무, 이팝나무, 가시나무, 녹나무, 후박나무 등과 같이 느티나무류는 개체가 많다. 오래 사는 나무는 대체로 몸집이 크다. 오래 살자면 많은 에너지 축적이 필요하고, 그것을 담아두자면 넉넉한 몸통을 가져야 하기 때문이다. 주변의 다른 나무와의 경쟁에서 이기려면 우선 큰 나무가 되어 넓은 생활공간을 점유할 필요가 있다.

느티나무는 집으로 말하면 대궐 같은 공간이라 할 수 있다. 그러면서도 깨끗하고 품격이 높다. 스스로 화려한 것을 찾지 않으나, 사람들이 모여들어 그를 영광스럽게 해준다.

전북 남원시 보절면 진기리에 천연기념물 제281호로 지정된 오래된 느티나무가 있다기에 어느 해 늦가을 그곳에 방문했다. 느티나무가 대개 그렇지만

이 나무도 모양이 정돈되어 수관(樹冠)이 반달형으로 흠잡을 수 없는 기하학적 선을 연출하고 있었다. 보는 순간 절로 탄성이 새어나왔다. 높이 20m, 가슴높이 줄기둘레 8.0m, 뿌리목 줄기둘레 약 13m, 나이 약 600년, 수관 폭은 동서로 24m, 남북으로 26m로, 이것은 모두 나 개인의 측정치다.

수관(樹冠)
나무의 가지나 잎이 무성한 부분을 이르는 말. 보통 침엽수는 원뿔꼴, 활엽수는 반달꼴을 보인다.

이 나무의 줄기는 지상 2m쯤 되는 높이에서 4개로 크게 갈라지고, 다시 3m쯤 높이에서 8개로 갈라지고 있다. 이처럼 줄기가 갈라져서 느티나무는 둥근 수관의 모습을 만들어낼 수 있다. 보절면 느티나무의 특이한 점은, 땅 표면을 따라 발달한 곁뿌리가 고루 많이 노출되고, 노출된 부분에서 돌기가 생겨 위로 발달해서 공기뿌리를 만들고 있다는 것이다. 이러한 기근氣根을 영어로 '니knee'라 하는데, 낙우송에서 흔히 볼 수 있다. 공기뿌리aerial root라 해도 좋다.

보절면 느티나무의 경우 큰 기근은 높이가 20cm에 이르고, 그 수가 얼핏 200여 개는 되는 것으로 보였다. 느티나무의 기근은 흔히 볼 수 없다. 사람들이 이 나무 아래를 자주 찾기에 기근의 끝이 마모된 것이 많다. 이 나무는 낮은 산자락 아래 평탄한 언덕 위 밭가에 서 있는데, 왜 이러한 기근이 발달한 것인지 알 수 없다. 숨을 더 쉬어보겠다는 뿌리의 생리일지도 모르겠지만, 덕분에 이 나무는 더 값진 것으로 보인다.

계림의 느티나무

경주에 있는 계림鷄林은 느티나무, 회화나무, 팽나무, 왕버들 등 노거목들이 모여서 이루어진 종교림宗敎林의 성격을 가진 숲이다. 계림은 꽤 이름난 숲이다. 『삼국사기』에 다음과 같은 기록이 있다.

계림(鷄林)
경주김씨 시조인 김알지가 태어났다는 전설의 발상지. 경북 경주시 교동에 있는 사적 제19호로 원래 시림(始林)이라 하여 신라 초부터 있던 숲으로, 느티나무·물푸레나무·싸리나무 등의 고목이 무성하다.

> 탈해왕 9년(서기 65년) 3월, 왕이 밤중에 금성金城 서쪽에 있는 시림始林에서 닭 우는 소리를 듣고 새벽에 호공瓠公을 보내어 조사한 바 있다. 보아 하니 나뭇가지에 황금으로 된 상자가 걸려 있고, 그 아래에서 흰색 닭이 울고 있었다.

호공이 돌아와 이 사실을 왕에게 보고하니, 왕은 사람을 시켜 그것을 가져와 열어보았다. 그 안에 어린 사내아이가 있었는데, 그 용모가 기이하고 출중했다. 왕이 기뻐하면서 하늘이 나에게 내려준 아이가 아닌가 하고 양육하였더니 총명하고 지략이 뛰어났다. 이름을 알지閼智로 하고, 금궤에서 나왔다 하여 성을 김金으로 하였다. 그리고 시림이라는 이 숲의 명칭을 계림鷄林으로 고쳤으며, 계림을 나라의 이름으로 삼았다.

유유상종이란 말이 있듯이, 느티나무가 그의 격에 맞을 만한 팽나무, 회화나무, 시무나무, 왕버들을 친구로 해서 계림의 주인공 노릇을 한 것은 그의 품위에 어울린다. 위대한 인물은 위대한 숲에서 태어난다는 역사는 다른 곳에서도 읽을 수 있다. 계림을 잘 보호하고 관리해야 할 것이다.

| 경주 계림숲의 느티나무

닥나무

뽕나무과, *Broussonetia kazinoki*

(楮木·構木·穀木, Japanese paper mulberry)

껍질에 많이 들어 있는 길고 튼튼한 인피섬유로 전통 한지를 만들었다. 신라 민정문서나 무구정광대다라니경에 쓰인 닥나무 종이는 천 년을 넘겨도 썩지 않을 정도로 품질이 뛰어나다.

나의 고향 마을에 닥나무가 있었다. 경사진 밭 둔덕에 한 줄로 서 있었는데, 물론 사람이 심은 것이었다. 흙의 침식 유출 방지와 방풍의 효과도 노린 것으로 짐작된다. 닥나무가 없었더라면 밭의 경계는 무너졌을 것이다. 나는 닥나무의 고마움을 알고 있다.

그때 우리는 이 나무를 '딱나무'라고 불렀지, 힘 없는 악센트로 '닥나무'라고는 부르는 않았다. 딱나무라 말하면 좀 더 짜릿하고 자극적인 맛을 풍긴다. "죽을 때 제 이름을 소리치면서 죽는 나무는?" 하는 수수께끼는 어릴 때부터 수없이 들어왔지만, 그때마다 항상 새롭게 여겨졌다. '딱' 소리와 함께 가지나 줄기가 끊어져 나가는 '딱나무'를 두고 하는 말이다. 지금 그 밭 언저리에 있던 딱나무가 어떻게 되었는지 궁금하다.

닥나무는 뽕나무과의 작업실에서 만들어진 나무로서 뽕나무류, 무화과나무류, 꾸지뽕나무류와는 모두 서로 동기간이다. 그래서 그들끼리는 서로 닮았고, 한솥밥을 먹고 자라났으니 친숙한 관계이다.

닥나무속의 종種으로는 닥나무와 꾸지나무가 알려져 있다. 꾸지나무는 닥나무와는 달리 잎이 뚜렷한 심장저心臟底를 가지고 있으며, 잎 앞뒤에 더 강하게 보이는 조모粗毛가 나 있다. 남쪽 지방에서는 꾸지나무도 닥나무라고 부르는 일이 흔하다.

한지

닥나무는 한지韓紙, 즉 창호지를 만드는 원료다. 한지는 우리나라 문화가 만들어지는 데 많은 공헌을 했다. 옛날 책은 거의 한지로 만들어졌고, 우리 조상들은 창호지를 바른 문 안에서 살아왔다.

농사일을 끝내고 초겨울이 올 때면 날씨 좋은 날을 택해서 문종이를 바른다. 찬란한 가을 햇볕에 팽팽하게 붙여진 창호지가 희게 표백되어간다. 문을 다시 달면 그날 저녁에는 흥분이 되어서 잠이 잘 오지 않았다. 그러나 창호지 문이 달린 방 안에 있으면 마음의 긴장과 초조가 모두 사라진다. 그래서 우리 국민성은 선량한 것으로, 그리고 평화를 사랑하는 것으로 기울어졌나 보다.

닥나무 중에는 잎에 털이 더 많이 나는 것이 있다. 이것을 꾸지나무穀木라고 하는데, 쓰임새는 닥나무와 비슷하다. 예전 사람들은 이를 구별할 필요를 느끼지 않았던 것으로 보인다. 닥나무는 대부분 암나무와 수나무가 따로 되어 있지만, 한 나무가 암수의 성을 모두 가진 경우도 있다.

닥나무 껍질로 만든 종이는 기름을 먹이면 강해진다. 이 유둔지油芚紙는 군수 물자로서도 매우 주요한 것이었다. 고려·조선 시대의 장흥고長興庫는 돗자리와 유둔지 등을 맡아보는 관청이었는데, 유둔지가 군인들이 전쟁터에서 사용하는 천막의 재료였기 때문이다.

한편 조선시대에는 아직 화폐제도가 발달하지 않아 주로 모시, 삼베, 무명과 같은 옷감으로 물자를 교환했다. 이에 1401년에 정승 하윤河崙 등이 주장하여 지폐인 '저화楮貨'를 발행해 통용을 장려하였으나, 널리 통용되지는 못한 것 같다.

1403년에는 주자소鑄字所를 두고 동활자銅活字를 만들어 인쇄용 종이가 많이 필요하게 되었다. 이에 따라 서울에 조지서造紙署라는 관청이 생겼고, 각 지방에서 많은 종이를 헌납받았다.

세종 6년(1424)에는 조지소造紙所에서 댓잎, 볏짚, 솔잎, 삼, 버들 같은 것을 섞어서 잡초지雜草紙를 만들어 쓰기도 했다. 닥 원료를 절약하기 위해서였다. 세조 2년(1457)에도 대장경大藏經 50권을 인쇄하는 데 막대한 양의 종이가 필요했다는 기록이 있다.

이후 민간에서도 종이 만드는 연구가 이루어졌다. 선조 대에 들어와 전란으로 인해 조지서의 기능도 마비되고 관공서에서 사용하는 종이의 질도 나빠졌다. 그러자 선조 29년(1596)에는 승려 가운데 종이를 잘 만드는 기술자를 골라 조지서에서 일하게 했고 닥나무 지식도 권장하였다. 그때부터 닥나무 재배와 제지업은 승업僧業과 같이 이루어졌다. 그사이에 닥나무 품종 개량이라든가 그 재배법이 학자나 위정자들 간에 진지하게 논의되었다.

유형원柳馨遠의 『반계수록磻溪隧錄』(1770)에 따르면, 우리나라 재래종 닥나무보다는 일본에서 가지고 온 왜저倭楮가 종이의 질을 좋게 하므로 인조 때 일본

| 닥나무의 어린 잎

으로부터 종묘가 수입되었고, 이것이 주로 우리나라 남쪽 해안 지방에 재배되었다고 한다. 『증보문헌비고增補文獻備考』에도 남쪽 도서 지대와 바닷가 쪽에 일본닥나무가 많다고 기록되어 있다. 『동국여지승람東國輿地勝覽』에는 경주, 울산, 거제도, 고성, 황해도 풍천 등에 왜저가 많다고 되어 있다. 이 왜저가 산닥나무로 해석되기도 하는데, 알 수 없는 일이다.

산닥나무는 섬유가 우수하여 좋은 종이를 만드는 재료가 되기도 한다. 닥나무는 잎이 어긋나지만, 산닥나무는 잎이 마주나고 어린 가지가 녹색을 띠며 잎에 톱니가 없어서 구별이 된다. 산닥나무는 경남 남해, 그리고 강화도에 나는데, 『동국여지승람』을 보면 더 많은 곳에 날 만하다. 닥나무는 나는 곳에 따라 성질이 매우 달랐다.

전북 전주에서 생산되는 한지는 특히 그 질이 우수한 것으로 알려져 있다.

명칭

닥나무는 한자로는 '닥나무 저楮'로 나타내는데, 꾸지나무와 혼동되어 쓰인 것 같다. 무라타 시게마로村田懋麿는 그의 책 『토명대조만선식물자휘土名對照滿鮮植物字彙』(1934)에서 '꾸지나무'라는 제목 아래에 저목楮木, 구목構木, 곡목穀木이라는 한자명을 쓰고 있다. 이때 우리가 조심해야 할 것은 '곡식 곡穀'자와 '닥나무 곡穀'자의 구별이다. '곡식 곡穀'자는 '一'자 아래에 '禾'자가 들어가 있고, '닥나무 곡穀'자는 '一'자와 '木'자가 들어가 있다. 앞의 글자는 초본草本을 뜻하고, 뒤의 글자는 목본木本을 뜻한다. '穀'자를 쓸 때 흔히 '一'자는 생략하고 '禾'자만으로 나타내기도 한다.

1830년경 사물의 명칭을 우리말로 주해한 실학자 유희柳僖의 저서 『물명고物名考』에서는 "닥나무 저楮는 곡穀(米임에 주의할 것)과 같다. 다만 껍질이 얼룩진 것은 저楮이고, 흰 것은 곡穀이라 한다. 닥나무를 곡상穀桑이라고 하고, 닥나무 열매를 저도楮桃라고 한다"라고 했다.

『제민요술』의 닥나무

중국에서 가장 오래된 농업서인 『제민요술齊民要術』은 6세기 전반에 가사협賈思勰이 지은 것으로 전 10권으로 되어 있다. 가사협은 이 책에서 작물 재배와 가축 사육 기술 등을 설명했는데, 이 책에 기록된 닥나무 관련 내용을 살펴보면 다음과 같다.

> 닥나무는 곡저穀楮라고 하는데, 곡과 저는 한가지이고, 그 나무껍질로 종이를 만든다. 닥나무는 습기가 있는 곳에 심으며 땅이 비옥할수록 좋다. 가을에 열매를 따서 깨끗한 물로 씻은 뒤 햇볕에 말리고 밭갈이를 잘해서 삼씨와 함께 초봄에 뿌린다. 그해 가을, 겨울에도 삼을 그대로 둔다. 삼이 있어야 닥나무가 추위의 해를 견딜 수 있으며, 삼씨와 함께 뿌리지 않으면 닥나무는 대개 얼어 죽게 된다. 삼은 그다음 해 초봄에 베어주고 불을 질러서 태운다. 한 해 동안 사람 키 한 길 정도는 자라는데, 태우지 않으면 줄기가 가늘게 되고 자람도 늦어진다. 3년이 지나면 잘라서 이용할 수 있으며, 3년 이전이면 껍질이 얇아서 쓸모가 없다. 닥나무 벌채 시기는 12월이 가장 좋고 4월이 그다음이다. 시

기를 잘못 정해서 자르면 닥나무가 고사하는 일이 흔하다. 해마다 정월에는 불을 붙여 태운다. 잎이 떨어져 있으므로 불을 붙이면 그것이 타면서 닥나무의 자람을 돕게 된다. 껍질을 찐 뒤에 벗겨서 팔면 그대로 파는 것보다 더 이익이 될 수 있다. 껍질을 벗기고 난 뒤의 휘추리는 땔감으로 이용된다. 닥나무밭 30묘畝(면적 단위, 1묘는 100평 남짓)를 만들어놓으면 한 해에 10묘씩 끊어 이용하고 3년마다 한 번씩 베어 계속 수익을 올릴 수 있다.

종이의 역사

세계 문명의 발상지 중 하나인 메소포타미아에서는 기원전 4천 년부터 3천 년에 이르는 사이, 말하자면 6천 년 전부터 점토판에 설형문자를 새겨 기록을 남겼다. 그 뒤에 저 유명한 이집트의 파피루스papyrus가 나타났다.

중국에서는 목간木簡, 죽간竹簡이라 해서 나무나 대나무의 줄기를 얇게 다듬어 기록 재료로 사용했다. 청죽靑竹을 가열해 기름을 없앤 후 사용했는데, 길이 22cm, 폭 1.2cm, 두께 1mm의 것이 많다. 중국 남부에는 대나무가 많아서 죽간을 이용했다. 동양권에서 글씨를 횡서하지 않는 것은 목간이나 죽간에 쓰던 데서 이어져온 것으로 풀이된다.

양피지羊皮紙를 파치먼트parchment라고도 부르는데, 이는 양피를 석회액에 담가 털을 뽑고 건조한 뒤 칼로 깎아내어 얇게 한 생피生皮이다. 반면 송아지 가죽으로 만든 것을 벨럼vellum이라 하는데, 이것도 고급 기록 재료로 쓰였다고 한다.

영어로 라이스페이퍼rice paper라고 부르는 통초지通草紙는 대만 특산품으로 통탈목通脫木 줄기의 심을 얇게 깎아내어 얇은 막으로 만든 것이다. 제주도의 서귀포, 천제연폭포 쪽에는 길가에 통탈목이 많이 자라고 있다.

최초의 종이 한지漢紙는 중국에서 발명되었다. 『후한서後漢書』에 의하면 서기 105년 채륜蔡倫이 삼麻과 나무껍질을 재료로 해서 종이漢紙를 만들었다고 한다. 그러나 이에 앞서 기원전 170년경 전한前漢에서 종이가 사용된 것이 알려져, 채륜은 종이 만드는 기술을 개량·개발한 사람으로 인정되었다.

중국의 제지술은 세계 각국으로 전파되었는데, 고구려의 승려 담징이

| 크게 자란 닥나무

610년 일본으로 건너가 제지술을 알려주었다는 기록이 『일본서기日本書紀』에 나와 있다. 중국의 제지술이 어느 때 어떠한 경로로 우리나라에 들어왔는지는 기록이 없어서 알 수 없다. 우리나라에 전파된 중국의 제지술이 그들보다 더 발달하여 좋은 종이를 만들게 되자 중국에서는 우리나라의 종이韓紙를 숭상하게 되었다. 우리나라 사신이 중국으로 갈 때에는 뇌물용으로 종이를 많이 가져갔는데, 관문을 통과할 때마다 고려지 한 장만 뇌물로 주면 모든 일이 해결되었다고 한다.

역사를 훑어보면 조선 후기에도 청나라를 향한 종이 조공이 있었음을 알 수 있다. 처음 예물로 보낸 공물지는 연간 2만여 권이었으나 병자호란 이후에는 10만 권에 이르렀다고 하니, 이로 말미암아 당시 우리나라 종이 생산이 얼마나 곤경에 빠져 있었는지 짐작할 수 있다.

16세기 후반쯤 나온 문헌에 의하면, 고려지는 견면繭綿으로 만들었는데 빛이 희고 무늬가 있으며 질기고 부드럽기가 비단 같고, 이러한 종이가 중국에는 없다고 했다. 견면 외에 다른 재료도 들어간 것으로 알려지고 있는데, 매우 질긴 것이 가죽 비슷하다 해서 중국에서는 '등피지等皮紙'라고도 불렀다고 한다. 그러나 여기서 말한 견지繭紙란 누에의 고치실을 넣어 만든 것이 아니라, 그 질이 섬세하고 질기며 명주처럼 광택이 있는 좋은 종이에 대한 명칭일 것이라는 견해도 있다.

우리나라의 종이韓紙 역사

닥나무 종이가 사용된 기록으로 신라 민정문서民政文書가 있다. 이 문서는 일본 도다이지東大寺 쇼소인正倉院 중창中倉에 보관되어 있는데, 1953년에 노무라 다다오野村忠夫가 『사학잡지史學雜志』 제62집 4월호에 「쇼소인에서 발견된 신라의 민정문서에 대하여正倉院より發見された新羅の民政文書について」라는 논문을 발표함으로써 세상에 알려졌다. 이 문서는 닥나무 종이로 되어 있고, 세로 약 30cm, 가로 약 60cm에 이른다.

이 문서가 작성된 것은 서기 755년 신라 경덕왕 때로, 근 1,300년간 그 원형을 유지하면서 오늘에 이르고 있는 것은 닥나무로 만들어진 덕택이다. 만일 이 문서가 당시 흔했던 비단, 즉 명주 천에 기록되었더라면 오늘날까지 전해지지 못했을 것이다. 닥나무의 위력을 다시 한번 생각해 볼 필요가 있다. 이 종이는 물론 신라 사람들이 만든 것으로, 중국 채륜 때보다 700여 년 뒤의 시기의 일이다. 비록 처음 사용 시기는 뒤졌으나 제지술은 중국을 능가하고 있었음을 알 수 있다.

한지의 오래된 유품으로 신라 경덕왕 10년(751)에 석가탑이 창건되었을 때 그 안에 보존해두었던 다라니경 권축卷軸이 있다. 넓이 6.5cm, 길이 약 7m의 두루마리 종이인데, 재료는 우리나라의 닥나무로 알려져 있다. 권축을 보호한 비단 천은 썩은 상태였으나, 종이는 거의 그대로였다. 이러한 용도로 종이를 만들 때 적은 양이긴 하나 비상석砒霜石을 섞었을 것으로 생각된다. 이 역시 8세기 중엽의 일이다.

닥나무는 종이 제조의 원료로서 귀중한 것이었고, 지필묵연紙筆墨硯은 문방사우文房四友로서 학문 발달의 바탕이 되었다. 『경국대전經國大典』 재식栽植 조에도 "각 고을의 옻나무, 뽕나무, 과목(과실수)의 수와 닥나무밭, 대나무밭, 왕골밭은 대장을 만들어 비치해두고 재식하며 배양한다"라고 되어 있어 닥나무의 중요성을 알 수 있다.

한편 17세기 중반쯤 영의정 김육金堉 등이 만든 책 『저죽전사실楮竹田事實』은 닥나무, 대나무, 옻나무, 뽕나무 등의 재배 현황과 생산 수량을 기록한 것으로, 닥나무가 어느 지방에 많았는지 알려준다. 영호남 지방에 닥나무가 많았고, 충청 지방에는 적었던 것으로 나타나고 있다. 곡성, 임실, 구례, 무주, 전주, 순천, 부안, 고창, 광양, 남원, 하동, 의령, 진주, 거창, 영천, 합천, 문경, 영덕, 부여, 보은 등지는 닥나무가 많은 곳으로 되어 있다. 단, 이 책에는 경기도와 강원도 지방의 통계가 없어 그 지역에 대한 것은 알 수 없다.

또한 태종 11년에는 각 도에 대호大戶 200그루, 중호中戶 100그루, 소호小戶 50그루의 닥나무를 재배하도록 했다고 한다.

종이의 종류

'창호지'로 통칭되기도 하는 우리나라 한지의 종류는 매우 다양하다. 『대전회통大典會通』에서는 나라에서 사용하는 종이의 종류를 다음과 같이 들고 있다.

① 자문표지咨文表紙: 중국과 왕래하는 문서에 사용하는 종이
② 저상지楮常紙: 일상에서 사용하는 닥종이
③ 차초주지次草注紙: 품질이 다소 떨어지는 초기草記용 종이
④ 공사지公事紙: 보통 관청에서 사용하는 종이
⑤ 관교지官敎紙: 사령장에 쓰이는 두꺼운 종이
⑥ 대호지大好紙·소호지小好紙: 과거에 응시할 때 쓰는 종이로, 소호지는 작고 질이 좀 떨어짐.
⑦ 백면지白綿紙: 중국에 보내는 예물용 종이로 목화를 섞음.
⑧ 저주지楮注紙: 두루마리 종이. 주지周紙. 권지卷紙.
⑨ 약선지藥線紙: 화승火繩에 쓰이는 종이
⑩ 장지壯紙: 두껍고 단단하며 품질이 좋은 종이

신라시대에는 종이 생산을 담당하는 지조부서紙造部署가 있었고, 고려시대에는 관영 제지공장인 지소紙所가 설치된 바 있으며, 조선시대에는 조지소造紙所, 또 앞서 말한 조지서造紙署를 두었다. 종이를 다루는 일을 맡아 하던 지장紙匠은 상당한 대우를 받았다. 민간에서도 종이를 생산했는데, 특히 승업僧業으로서 발달하였다. 이러한 종이 제조는 찬란한 우리 문화의 면모를 드러낸다.

'닥나무'라는 이름의 나무들

삼지닥나무: 팥꽃나무과에 속하는 낙엽성 관목으로 가지가 굵고 강인해서 꺾기 어렵다. 어린 가지는 흰 털이 있고, 잎은 좁고 길며 톱니가 없고 뒷면이 희게 보인다. 꽃은 봄에 피는데 모여 있어서 구상球狀처럼 보인다. 흰 털이 나고 줄기는 셋으로 갈라지는 특성이 있어 삼지三枝닥나무라는 이름을 얻었다. 중국산인데

꽃을 보기 위해서 뜰에 심는다. 노란 꽃이 볼만하며, 껍질은 제지용으로 쓰인다. 남쪽 따뜻한 곳에 식재되고 있지만, 음성 식물로서 직사광선을 싫어하기 때문에 다른 나무 아래 심어 혼식하는 것이 좋다.

산닥나무: 언뜻 보면 싸리나무처럼 보인다. 역시 팥꽃나무과에 속하는 낙엽성 관목으로 키는 1m쯤 된다. 어린 가지는 가늘고 부드러우며 마주나고對生 톱니는 없다. 잎 뒷면은 희게 보이고, 꽃은 여름에 핀다. 우리나라 남쪽에서 자라는데 일본에도 있다. 일본에서는 '황안피黃雁皮'라고 쓰고 '기간피kiganpi'라 읽는다. 꽃받침 색깔이 노랑이라서 '기黃'라는 형용어가 들어간 것으로 보이며, 이것을 '목안피木雁皮'로 쓰는 것은 잘못이다. 고급 섬유의 재료로 사용된다.

일본에서 이 종이를 '안피지雁皮紙'라고 부르는 것으로 볼 때, 산닥나무는 오래전 일본에서 도입해와 심게 된 것으로 보인다. 강화도 전등사 부근 산자락에서 이 나무 몇 그루를 보았고, 경남 남해군 고현면 대곡리에 있는 산닥나무 자생지는 절간 옆 숲속 다소 개방된 곳에 분포하고 있다.

| 산닥나무 잎과 꽃

『동국여지승람』에서 '왜저倭楮'라 하는 것은 산닥나무를 말하는데, 울산·경주·창원·고성·거제 등 외에 황해도 풍천에서도 난다고 했다. 조선조 때 일본의 발달된 닥나무 종류와 제지 기술을 도입하고자 노력했고, 세종 12년(1430)에 대마도에 사람을 보내 왜저를 도입했다고 한다. 또한 기록에 보면, 왜저로 종이를 만들면 윤택이 나고 질기며 또 생채기가 나지 않아 좋은 종이가 만들어진다고 했으며, 도입한 것을 진도·완도·거제도·창녕 등지에 심게 했다고 한다.

산닥나무는 가을에 종자를 따서 뿌리면 어렵지 않게 묘목을 얻을 수 있다. 이 나무가 있는 산에는 자연생 어린 묘도 관찰되며, 목재는 제지 원료로서 귀하게 취급되고 있다.

한편 정태현 박사는 산닥나무 중 꽃 이삭이 더 긴 것을 강화산딱나무로 이름 붙여 구별하고 있으며, 이 나무는 강화도에 야생한다고 했다.

두메닥나무: 마찬가지로 팥꽃나무과에 속하는 낙엽성 관목으로, 잎에 톱니가 없고 꽃이 가지 끝에 모여서 노란색으로 피며, 둥근 열매가 가을에 붉게 익는다. 높은 산에서 볼 수 있는데, 사할린, 캄차카, 우수리, 아무르 등 추운 지방에 분포한다. 이 나무는 관상적 가치가 있고 껍질은 제지용으로 쓸 수 있으나 희귀하다.

닥종이 문화

내가 자랄 땐 한지란 말은 쓰지 않았고 창호지라고 했다. 문틀에 붙이지 않는 것이라도 일단 창호지라는 이름으로 통용되었다.

나는 창호지와 깊은 관계를 맺으면서 살아왔다. 정월 대보름 때 서낭당에 제수祭需로 썼던 백지를 가져다 태우고 그 재를 물에 타서 마시면 두뇌가 명석해지고 공부 잘하는 사람이 된다고 알려졌는데, 그 종이는 나이 든 형님 또래의 차지가 되었고 나는 그 재를 먹어보지 못했다.

돌이켜보면 나의 일생은 종이와 함께해온 것 같다. 책과 원고지, 만년필이나 볼펜, 때로는 붓, 이런 것들은 나의 전 생애에 걸쳐 동반자가 되어왔는데, 주변 사람들은 내가 가족보다 이들을 더 가까이하고 있다고도 말한다. 이렇게 보면 종이는 분명 나에게 대단한 존재이다.

내가 종이와 처음 인연을 맺게 된 것은 예닐곱 살 때 한문 서당에 다니면서 붓글씨 공부를 할 때라고 기억한다. 선생님이 한 줄 초草(즉 起草)를 잡아 써주시면 그것을 흉내 내면서 몇 줄 쓰는 것인데, 당시 종이는 신문지였다. 어릴 때는 후각이 더 예민해서 그런지 신문지에는 독특한 현대문명의 향기가 푹 배어 있는 것을 느꼈다. 그 냄새는 시골 아이들의 후각에 찡하는 자극을 주는 데 넉넉했다.

형님 또래들은 정월 초쯤 되면 한지와 대막대기로 연을 만들었는데, 어머니에게서 얻은 밥과 단단한 무명실, 그리고 성냥 한 갑이면 연을 만드는 재료는 완비된다. 한지를 알맞은 크기의 네모꼴로 자르고, 대나무를 갈라서 가는 줄기로 만든 다음, 이 줄기를 연의 크기에 맞게 끊는다. 대줄기에 밥풀칠을 충분히 하고 한지에 붙여 늘린다. '쌀 미米'자 형으로 대나무 줄기를 배열해서 붙이고 알맞은 곳에 구멍을 뚫어 이 구멍에 실을 꿰매면 연이 완성된다. 연을 들고 그때는 한없이 넓게 보이던 밭에 가서 띄우면, 동쪽으로 불어오는 바람을 타고 산마루를 넘다시피 하며 연은 우리의 꿈을 싣고 하늘로 하늘로 올라갔다. 하늘의 높은 뜻이 연실을 통해서 손목에 와닿을 때 우리의 의지는 푸른 하늘 속으로 녹아들어갔다. 연은 동심의 꽃이 피어오르는 꿈의 장치였던 것이다. 추운 날 코를 흘려가면서 종일 연에 매달려, 점심 독촉하는 어머니의 말도 희미하게 들리곤 했다. 한지는 꿈의 비행 장치였다.

해가 지나자 제삿날 지방紙榜 쓰는 일이 나의 의무같이 된 것은 조상 숭배의 정신을 철저히 주입해보겠다는 아버지의 뜻이었는지도 모른다. 나는 제사가 끝나고 소지燒紙할 때를 생각해서, 희게 잘 표백된 깨끗하고 얇은 한지를 골라 알맞게 끊어, 끝이 가는 붓으로 '… 神位'라고 조심스럽게 써서 족보책 사이에 넣어놓고 기다렸다. 그때 지방으로 택한 종이는 화선지의 일종이었던 것 같다. 종이에는 평행선으로 자국이 나 있었는데, 지방을 쓸 때 이 자국을 따라 길게 썼다.

강신降神한 선조들이 내가 쓴 글씨를 알아보고 지방으로써 접신接神하게 될 때, 나는 그 글씨를 누가 썼는지 알아볼 수 있는 신들의 능력에 감탄했다. 제사가 끝나고 지방을 불사를 때, 그다지 연기를 내지 않고 타버린 뒤에 재도 남기지 않으면서 타올라 사라져버리는 닥나무 종이의 성분에 놀라곤 했다. 시원스럽게 하늘로 올라가 흔적을 남기지 않을 때, 제사에 바친 우리의 정성이 잘 감응된 것으로 보고 좋아했다.

젯상祭床 뒤에는 으레 병풍을 세웠다. 그때 병풍은 나에게는 너무 높게 느껴졌다. 병풍을 치면 그 앞쪽 공간은 갑자기 성스러운 공간이 되고, 조상신들이 지난날의 모습 그대로 그곳에 모여 자손들의 정성을 바라보는 듯했다. 창호지 병풍이 자아내는 신령스러운 공간 앞에서 우리의 마음은 경건 그 자체가 되어 갔다. 우리가 드리는 제찬은 깨끗한 공간에 차려져야 한다고 믿었다. 제사가 끝나고 병풍이 제자리로 돌아가면 놀랍게도 그 공간은 갑자기 우리의 일상생활의 공간으로 급변해버렸다. 병풍이 뭐길래 그렇게 신비스러운 공간을 연출하는 힘을 가지고 있는지를 생각하며 우리는 자랐다. 이것이 우리나라의 특유한 병풍 문화가 아니었을까?

그때 우리 집에는 이상한 종이독이 있었다. 독은 독인데 종이를 안팎으로 덧붙인 가벼운 것이었다. 생각건대, 속살은 대나무임에 거의 틀림없을 것 같으나 댕댕이덩굴로 편책編柵한 골격일지도 모른다. 지금으로 말하면 이런 골격이 철근에 해당하고, 종이는 시멘트의 역할을 하는 것으로 볼 수 있다. 버릴 만한 창호지 조각이 있으면 모아두었다가 풀칠해서 더덕더덕 처발라준다. 그 독의 생김새가 날씬할 수는 없으나, 옮겨놓기 쉽고 통기성이 좋아서 저장한 알곡이 상하지 않는 장점이 있었다. 다만 종종 쥐구멍이 나서 어머니는 짜증스러워 하셨다. 폐지를 이용한 선조들의 훈훈했던 슬기가 칼칼하고 날씬한 현대의 용기와 무척 대조된다. 종이독은 할머니들의 낡은 무명 치맛자락에 안겨서 사랑을 받는 것이 어울린다.

종이독에 질세라 사랑방에도 이와 비슷한 것이 하나 있었는데, 바로 갓집이다. 소나무를 켜서 가느다란 나무막대기를 만들고, 이것을 얽어서 팔각형의 틀을 짜는데, 중간은 위로 튀어올라 그 안에 갓을 넣을 수 있다. 창호지를 바르고 또 발라서 두껍게 하고 기름칠을 해 천장에 매달아둔다. 밑바탕의 반은 여닫을 수 있도록 되어 있어서, 갓집의 문을 내리고 조심스럽게 갓을 넣고는 문을 올려 닫는 것이다.

창호지 문화

무엇보다 우리 민족의 삶에 가장 큰 영향을 미친 것, 아니 삶에 동반된 것은 문살에 발라진 창호지라 할 수 있다. 지금은 유리 등 다른 것들이 창호지를 대신하고 있지만, 오랫동안 우리 조상들은 창호지 문짝 안에서 살아왔다. 얇디얇은 한 장의 창호지가 척박한 외부 환경으로부터 실내의 고요와 평안을 지켜주었던 것이다. 겨울밤, 찬바람 부는 바깥 세계와 갈라놓은 방 안의 따스한 공기는 신기하고도 이해하기 어려울 정도이다. 가을밤, 바삭 하고 떨어지는 오동나무 잎사귀 소리를 도리어 증폭해서 들려주는 창호지는 위대한 악기이자 고막처럼 생각되었다.

눈이 오고 달이 뜨면 젖빛의 창호지는 예술의 극치에 이르는 순백으로 표백되어갔다. 눈인지 달빛인지 종이인지 분간이 가지 않고 우리는 황홀한 추상의 자연공간에 떠 있는 상태에 이르렀다. 닥나무의 긴 섬유가 서로 손잡고 문살에 붙어 연출해내는 특별한 무대라고밖에 표현할 수 없다.

우리 민족은 '창호지 문짝 민족'이라 해도 좋을 것 같다. 그 은은하고 믿음성 있는, 유하면서도 강하기 짝이 없는 창호지 문을 생각해보자.

여름이 가고 가을이 오면 시골 사람들은 멀리 떨어져 있는 사람들이 더 생각나게 된다. 봄과 여름에는 논농사·밭농사에 골몰하다가 한숨 돌려 추수의 계절을 기다리는 동안, 잊었던 사람들이 생각나고 편지 보낼 마음이 절로 나게 된다. 지난날에는 전화란 게 어디 그리 흔했던가?

이럴 때면 동네 사람들은 흔히 우리 집에 찾아왔다. 우리 집 사랑방에 편지 쓰는 데 필요한 벼루와 크고 작은 붓, 그리고 두루마리가 있었기 때문이다. 두루마리는 장터에서 사온 건데, 요즘 흔히 화장실에 걸어놓고 쓰는 회전식 화장지와 같은 모양이었다. 표면은 반지르르하고 뒷면은 다소 까슬까슬한데 먹이 번지지 않고, 편지를 써내려가면서 두루마리 종이를 서서히 풀어나간다. 편지를 쓰고 나면 끊어내고 처음부터 읽어내려간 뒤에 부친께서는 더 할 말이 있느냐고 물어보시곤 했다. 읽는 도중 어머니들은 마루에 앉아서 글썽글썽 눈물을 흘리기 일쑤였다. 20세기 초반의 편지지는 이런 두루마리 형태였다.

초롱불

전기 조명기구가 없던 시절, 그때는 석유 호롱불도 감사한 시대였다. 이 호롱은 방 안에서는 등잔 위에 올려놓지만, 이웃집 마실 갈 때 또는 변소 갈 때는 호롱을 초롱 속에 넣어 들고 다녔다. 이것이 지등紙燈이다. 제사가 있는 밤이면 몇 개의 지등을 준비해야 했고, 처마에도 한두 개를 달아서 광역조명 역할을 하게 했다. 섣달그믐이나 정월 보름 때는 나쁜 귀신을 쫓아버리기 위해 초롱불을 여러 개 많이 켜두는 습속도 있었다.

초롱(지등)은 나무 막대기로 측면을 사면체로 만들고 거기에 창호지를 바른 것이다. 위쪽에는 구멍을 뚫어 그을음을 내보냈고, 밑바탕은 나무 판때기로 되어 있어 호롱을 올려놓을 수 있다. 집집마다 한두 개의 초롱은 있었다. 때로는 초롱 안에 촛불을 켜기도 했었다. 초롱의 은은한 불빛은 우리 민족의 생활사고를 유순하게 만들었으며, 중용中庸을 즐기고 극단을 피하는 생활 태도를 길러주었다.

큰 비가 온 뒤 개천 물이 불어 제방이 무너질 위험이 있는 깜깜한 밤중, 동네 어른들이 손에 초롱불을 켜들고 제방에 한 줄로 모여 서서 걱정하던 모습들이 생각난다. 붉은 불꽃에 물든 창호지 빛깔은 칠흑의 밤을 이겨내는 광휘光輝와 같았다. 그것은 또한 얇은 창호지의 위대한 힘이기도 했다.

장판지

당시 우리 마을 사람들은 주로 방바닥에 돗자리를 펴놓고 살았다. 돗자리를 살짝 들면 흙이 보이고 흙냄새가 났다. 살 만한 집에서는 장판지를 깔았으나, 장판지를 깔고 사는 집은 드물었다. 장판지는 몇 겹의 창호지로 된 것으로, 우리 생활 문화의 큰 자랑이자 종이 문화의 절정을 이루는 것이라 할 수 있다.

장판지를 바르고 콩댐질을 한 뒤 방구들에 불을 넣어 은근히 온도를 높이면 콩댐의 효과가 빨리 나타났다. 그 뒤 하루나 이틀, 사흘 동안 사용하지 않고 장판지의 안정을 기다렸는데, 장판방에만 살 수 있다면 실내환경으로선 더 바랄 것이 없었다. 부자 중의 부자도 장판방이면 그만이었기 때문이다.

불과 몇 밀리미터 아래는 흙이다. 자연의 정수精髓는 흙이고 또 자연의 꽃은 식물성 섬유라고 할 수 있는데, 흙과 장판지의 궁합이 딱 들어맞고 어색함이 전혀 없다. 장판 위에 맨살을 대고 누우면 자연의 품에 안긴 것처럼 느껴지는데, 우리나라 사람처럼 자연에 밀착된 생활을 영위해온 민족은 별로 없을 것이다.

서양 사람이나 일본 사람이나 그들의 실내공간은 흙으로부터 멀리하고자 노력한 모습을 보여준다. 흙은 인간을 낳게 한 어머니라 할 수 있다. 안방에서나 사랑방에서나, 흙과 불과 몇 밀리미터 거리를 두고 사는 우리는 친자연親自然 민족이라고 할 수 있다. 그 얇은 창호지 장판이 10년이고 20년이고 간다는 것은 기적 중의 기적이다. 쓰면 쓸수록 광택이 나고 점점 더 아름다워지는 장판방, 이것은 우리의 자랑거리임에 틀림없다.

인간은 항상 자연을 그리워한다. 우리 주변이 자연으로 차 있을 때 우리는 그만큼 더 행복하다. 유리보다는 종이를, 시멘트보다는 목재를 좋아하는 것은 인간의 본능적 욕구가 아닐까? 생각해보면 우리는 진정한 종이 민족이었다. 이것을 가능하게 해준 나무가 바로 닥나무였던 것이다.

단풍나무

단풍나무과, *Acer palmatum*

(丹楓·槭·楓, Japanese maple, Palmate maple)

전국 어디에서나 자라며 큰 나무 밑 잠깐씩 햇빛이 가려지는 곳이라야 단풍이 아름답다. 우리 단풍나무 이외에 외국에서 수입한 중국단풍, 네군도단풍, 설탕단풍 등도 흔히 심고 있다.

나무 종류

단풍나무과에는 두 가지 속이 있으나 그중 단풍나무속이 중요하다. 단풍나무속은 약 200종이 알려져 있고, 주로 북반구의 온대 지방에 분포한다. 대개가 낙엽수종이고, 잎은 손바닥 모양을 이루는 것이 많으며, 열매는 2개가 쌍으로 붙고 날개가 발달해 있어 단풍나무과의 특징을 잘 드러낸다.

단풍나무의 종류를 말할 때 우리는 흔히 열매의 모양을 든다. 단풍나무 열매는 2개가 마주 붙어서 달리는데, 날개가 있기 때문에 이러한 열매를 시과翅果(날개 열매)라고 부른다. 이때 2개의 날개가 만드는 각도가 보통 식별의 근거가 된다. 좁은 각도라든지 넓은 각도라든지, 또는 2개의 날개가 일부분 서로 포개진다든지 하고 구별한다. 예컨대, 신나무의 경우는 날개가 서로 포개진 모양을 취한다.

내가 노르웨이, 핀란드 지방에서 본 단풍 중 노르웨이단풍이라는 것은 잎이 커서 얼핏 플라타너스나 음나무 잎을 생각하게 했다. 녹음수나 공원수로 많이 볼 수 있는 이 노르웨이단풍나무의 경우 열매의 두 날개가 거의 평행임을 알 수 있다.

우리나라에는 각종 단풍나무가 자라고 있는데, 관상적 가치가 높은 것으로 단풍나무, 당단풍나무, 복자기나무, 복장나무, 고로쇠나무, 신나무, 산겨릅나무, 시닥나무 등이 있고, 외국산 수종으로 중국단풍나무, 네군도단풍나무, 은단풍나무, 사탕단풍나무 등이 있다. 단풍나무속 나무들은 대개 아름다운 조경수종으로, 원예가들이 이것을 재배하면서 많은 품종과 변종을 만들어내고 있다.

공원이나 집 주변에 흔히 심는 것으로 단풍나무가 있는데, 어린 가지는 적갈색이고 잎은 깊게 5~7개(간혹 9개)로 갈라진다. 단풍나무와 닮은 것으로 당단풍唐丹楓나무가 있으나, 장상맥掌狀脈이 9~11개로 그 수가 더 많다. 당단풍나무는 높은 산에 나는 북방 수종으로, 가을 단풍이 아름다워 설악산의 가을을 물들이는 수종이다.

장상맥(掌狀脈)
잎자루 끝에서 여러 개의 주맥(主脈)이 뻗어 나와 손바닥 모양으로 된 엽맥. 단풍잎, 포도잎 등이 이에 해당된다.

포도잎

한편 3개의 소엽小葉을 가진 것으로 복장나무와 복

| 단풍나무 날개 열매와 씨앗

자기나무가 있다. 복장나무는 북한의 추운 곳에 자라고 잎에 가는 톱니가 있는 반면, 복자기나무는 잎에 가는 톱니가 없다. 특히 복자기나무의 단풍이 유명한데, 산과 바위와 계곡의 물과 어울려 한 폭의 빼어난 그림을 연출하곤 한다.

잎이 세 갈래로 얕게 갈라지는 신나무는 그렇게 크게 자라지 않지만 보기 좋은 단풍을 만들어내며, 밀원수목으로서도 한몫을 한다.

고로쇠나무는 수액을 채집하는 자원식물로, 줄기에서 받은 물을 흔히 약수 또는 골리수骨利水라 부르고 있다.

높은 곳에 나는 산겨릅나무는 잎이 3~5갈래로 얕게 갈라지며, 어린 가지는 녹색이고 줄이 나 있는 것이 특징이다.

네군도단풍은 미국 원산으로 외국에서는 조경적 가치를 높이 평가받는 반면, 우리나라에서는 그에 미치지 못하고 있다. 어린 가지는 녹색이고 3~5개의 소엽으로 되어 있으며 가지가 성큼성큼 뻗어 자잘한 기교가 없으나, 크게 자라서 좋은 녹음을 만들어낸다.

은단풍도 미국 원산인데, 가지가 길게 쭉쭉 자라서 시원스러운 맛은 있으나 뿌리가 얕게 들어가서 바람에 잘 넘어가는 단점이 있다. 자람이 빨라서 "키 큰 사람치고 싱겁지 않은 사람 없다"는 인상을 풍겨주는 나무이다.

북미주 북쪽 지대에 분포하는 사탕단풍은 단풍 든 잎새가 캐나다 국기에 들어가 있을 정도로 캐나다를 상징하는 나무이다. 줄기에서 수액이 채집되는데, 이 수액은 메이플시럽maple syrup으로 잘 알려져 있다. 미국이나 캐나다를 여행하다보면 아침식사에 팬케이크가 종종 나오는데, 버터와 메이플시럽을 발라 먹는다. 캐나다에서는 많은 양의 메이플시럽이 생산되고 있다. 가을에 비행기로 캐나다 상공을 날게 되면 사탕단풍나무의 붉은 단풍으로 전 국토가 불타는 것같이 보인다. 이러한 황홀경 때문에 국기에 그 잎새의 모양이 들어가지 않았을까 생각해본다.

특징

단풍나무는 모양이 단정하고, 잎은 완전한 것을 모색하는 듯한 구도構圖로 되어 있다. 단풍나무에 대하여 다음과 같이 서술한 내용은 음미할 만하다.

| 당단풍나무 잎과 꽃

> 완전한 것을 보고 싶다면 단풍나무를 보라. 그것은 마치 진실이라는 것을 하나의 나무라는 틀로 다듬어놓은 것같이 보인다. 큰 것에서부터 작은 것에 이르기까지 모든 것이 균형을 잊지 않고 있다. 생물의 몸이 세포 하나하나가 모여 이루어지듯이, 단풍나무의 건축 양식은 감탄하고도 남음이 있다. 그것은 건강이라는 힘의 상징이며, 알맞은 조화를 뜻하는 미美로 가득 차 있다.

단풍나무는 땅속에 어느 정도 물기가 있어야 건강하게 큰다. 쉽게 건조해지는 곳은 알맞지 않다. 햇볕이 바로 쪼이는 곳이라든가 서쪽 해가 쪼이는 곳도 피하는 것이 좋다. 큰 나무 밑이나 나무와 나무 사이에 심는 것이 좋다. 여름에 뜨거운 햇볕을 받으면 가을에 단풍이 아름답게 들지 않는다.

어떤 나무든지 가을이 되면 나뭇잎은 노랗게 또는 붉게 단풍이 든다. 이와 같이 나뭇잎 색깔이 변하는 것을 단풍이 든다고 한다. 은행나무의 단풍은 매우 아름답다.

설악산, 내장산, 한라산 등이 단풍으로 이름나 있다. 단풍나무도 물론이지만 옻나무, 붉나무, 화살나무, 벚나무, 감나무 등의 단풍은 높게 평가된다. 이 밖에도 참나무 종류, 포플러 종류, 백합나무, 마로니에, 낙엽송, 플라타너스, 낙우송, 진달래 종류, 담쟁이덩굴, 산포도 모두 단풍이 아름답다.

사람은 나이가 들면서 대체로 후줄근해지는데, 나뭇잎은 늙어가면서 점점 아름다워진다. 아무래도 나무 쪽이 더 좋은 것 같다. 우리도 늙어가면서 화려한 색의 옷도 입고 멋을 내보자. 여기서 화려한 색이란 곧 성숙한 색이라고 말할 수 있다. 우리는 이것을 나무들에게서 배웠다. 고마운 나무들이 아닌가?

명칭

단풍나무는 한자로 '丹楓'으로 쓸 수 있으나, 흔히 '단풍나무 척槭'자를 쓴다. '색목色木'이라고도 하는데, 색목이라 하면 중국 쪽에서는 주로 신나무를 뜻한다. 신나무 잎은 염료가 되고, 중국인들이 감색으로 옷감을 물들였기 때문에 얻은 이름이다. 신나무의 목재는 재질이 단단하고 치밀해서 물지게 같은 막대기의 재료로 흔히 사용되었다.

복자기나무는 '우근자牛筋子'라 칭하기도 하는데, 재질이 질겨 소의 힘줄 같다는 뜻에서 얻어진 한자명이 아닌가 한다. 지난날 만주 지방에서는 복자기나무로 마차 바퀴의 나무굴대軸木를 만들어 썼다. 그들의 경험에 의하면 바퀴 재료로는 박달나무가 제일이고, 시무나무가 그다음이며, 복자기나무가 세 번째라 했는데, 이는 복자기나무 목재의 성질을 말해주고 있다.

한편 '풍수楓樹'라 하면 특히 신나무를 뜻하는데, 이때 조심해야 할 것이 있다. 『물명고物名考』에 '풍楓'자에 대한 설명이 다르게 되어 있기 때문이다. 즉 그 책에서는 '풍'은 높게 자라고, 보기에 사시나무를 닮았으며, 잎은 둥글고 세 갈래로 갈라졌으며, 꽃색은 희고 열매는 계란만 하며, 목리木理(나뭇결, 나이테)는 푸른색을 띤다고 했다. 이것은 단풍나무가 아닌 외국 수종의 하나인데, 영어명으로 스위트검Sweet gum이라 하며 미국과 중국에 분포하고 있다.

따라서 '풍나무'라 하면 현재 우리가 말하고 있는 단풍을 뜻하지 않고 스위트검을 지칭하는 것으로, 이 나무는 어린 가지에 코르크질의 날개가 발달해 있어 식별이 잘 된다. 스위트검의 가을 단풍도 일색이다.

일본 사람들은 단풍나무류에 대한 명칭으로 두 가지를 쓰고 있다. 하나는 '모미지'이고, 다른 하나는 '가에데'인데, 한자로는 각각 홍엽紅葉과 와수蛙手(개구리 손)라고 쓴다. 모미지류는 잎의 열편裂片이 깊게 갈라지는 종류에 붙이는 명칭이다. 예를 들어 단풍나무 같은 것은 잎이 깊게 5~7갈래로 갈라지는데 이를 모미지라 부른다. 그러나 이는 식물학상으로 붙인 정확한 용어는 아니라 예외의 경우가 있다. '가에데'라 하면 잎의 모양이 개구리 손을 닮아 열편이 얕게 갈라지는 것을 말한다. 고로쇠나무의 잎이 그 대표적인 예라고 할 수 있는데, '가에데'라는 말을 이타야板屋라는 명사에 붙여 '이타야가에데'를 고로쇠나무를 가리키는 이름으로 사용한다.

『물명고』에 또한 '하마수수蝦蟇手樹'라는 나무 이름이 등장한다. '하마'라 하면 두꺼비를 말하니, '하마수수'는 두꺼비손나무라는 뜻이다. 두꺼비나 개구리 손발과 생김새가 비슷한 하마수수 잎에 대해 다음과 같이 설명되어 있다.

> 잎 모양이 흡사 두꺼비의 손바닥과 닮았고,
> 가을이 되면 선홍색의 단풍을 이루어 감상할
> 만하다. 우리나라 사람들은 이것을
> 단풍나무라 하는데, 그중 중국에서
> 들어왔으며 사시사철 붉은 잎을
> 다는 것이 있다.

그러나 이러한 설명 중 현재 우리가 알고 있는 단풍나무 잎은 두꺼비 손바닥과 다르기에, 『물명고』의 설명을 조심스럽게 해석하면서 이해해야 한다. 다음과 같은 '다조수茶條樹'라고 하는 단풍나무류 나무에 대한 설명은 우리가 납득할 만하다.

> 이 나무도 하마수의 유類이다. 그러나 잎이 좀 긴 편이다. 조선말로 신나무라 부른다.

신나무 잎은 얕게 갈라져서 두꺼비 또는 개구리 손을 많이 닮았다. 그래서 하마수류(두꺼비손나무류)로 한 것은 타당하다.

이러한 내용으로 보아 일본 명칭 가에데(개구리 손)는 하마수(두꺼비 손)에서 유래된 것으로 볼 수 있다. 사실 두꺼비보다는 개구리 쪽이 더 흔하고, 두꺼비처럼 징그럽지도 않다. 일본의 나무 이름은 이렇게 우리나라나 중국에서 건너간 것으로 해석되는 경우가 종종 있다.

단풍나무의 아름다움을 노래한 시

단풍나무의 아름다움을 담은 한시로는 장계張繼의 「풍교야박楓橋夜泊(풍교에 밤배를 대고)」과 두목杜牧의 「산행山行」을 들 수 있다. 모두 당나라 명시로서 오늘날까지 사람들에 의해 회자되고 있다.

月落烏啼霜滿天	달 지고 까마귀 우는데 하늘 가득 서리 내리고
江楓漁火對愁眠	강가의 단풍과 고깃배 등불 바라보다
	시름 속에 잠을 청한다
姑蘇城外寒山寺	고소성 밖 한산사에서
夜半鐘聲到客船	한밤중에 울리는 종소리 나그네의 배에까지 들려온다

위의 시에서 장계가 어떤 심정으로 시를 읊었는지는 잘 알 수 없지만, 황

홀한 단풍나무 숲을 떠오르게 하는 매력이 있다.

遠上寒山石徑斜　　비탈진 돌길로 저 멀리 차가운 산을 오르자니
白雲深處有人家　　흰 구름 이는 곳엔 인가가 있네
停車坐愛楓林晩　　수레를 멈추고 해질녘 단풍 숲을 즐기자니
霜葉紅於二月花　　서리 맞은 나뭇잎이 봄꽃보다 더 붉네

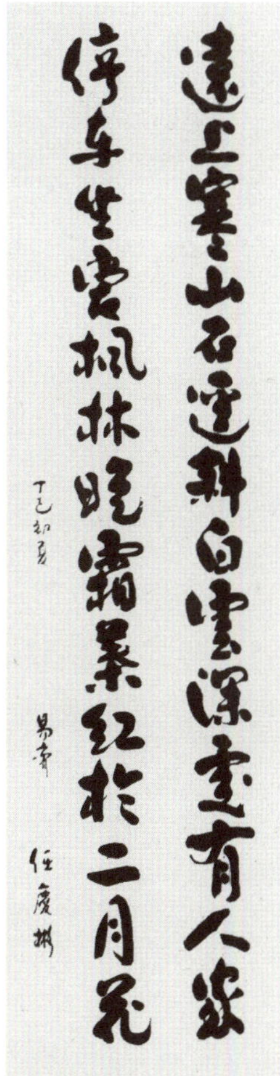
| 임경빈 휘호 (정사년(1977) 초여름)

이 「산행」 시의 마지막 구 '霜葉紅於二月花'라는 대목은 서리 맞은 단풍잎이 봄꽃의 아름다움을 능가한다는 뜻이다. 두보는 타는 듯이 붉은 단풍의 경치를 바라보고 할 말을 잊은 듯, 봄꽃보다 더 아름답다며 감탄하고 있다. 봄꽃의 아름다움도 서리 맞은, 시들기 직전의 잎에 견줄 바가 아니라는 것이다. 산에 올라가서 보는 가을의 단풍은 봄꽃보다도 우리의 숨통을 더 막히게 하는 것이 사실이다.

단풍나무 감상

설악산 백담사 입구 쪽에 있는 은선도에서 가장 볼만한 단풍 숲을 감상할 수 있었다. 양쪽으로 시내가 흐르고, 온갖 나무들이 모여 단풍으로 덮인 섬을 만들었다. 단풍이란 생애의 종말을 장식하고자 하는 나무들의 몸부림이라고도 표현할 수 있지만, 그들의 절규가 오히려 삶의 여유처럼 보이는 것은 인간의 오만한 감상일까? 은선도의 단풍은 능히 그 안에 선인을 숨겨둘 만한 몸차림으로서 부족함이 없다.

해도 어슷어슷 산 저쪽을 향하고 있는데, 나는 백담사 길이 먼 것을 잊고 은선도에 빨려들어가고 있었다.

| 창경궁의 단풍나무 숲

岸樹倒枝皆入水　　시냇가 나뭇가지는 물속으로 처지고
野花傾萼盡迎風　　들꽃 기울어져 바람을 반긴다
霜燃爛葉寒暉外　　서리에 타는 붉은 잎은 찬 기운에 섰고
客送殘鴉夕照中　　석양 나그네는 돌아가는 까마귀를 보낸다
古寺尋來無古佛　　낡은 절간에 노승은 없고
倚槓獨立斷橋東　　지팡이 짚고 외로이 끊어진 다리 동쪽에 섰다

가을 단풍은 화사하고 영광스러운 것처럼 보이지만, 사실 추창惆愴한 조락凋落을 앞둔 서글픈 순간에 망설이고 있는 것이다. 봄꽃의 아름다움도 오래가지 않지만, 가을 단풍의 아름다움도 오래가지는 못한다. 찬란한 시간은 원래 오래 계속되지 못한다. 무지개와 마찬가지다.

떨어진 꽃도 꽃이고 보니 쓸어 무엇하리오, 하며 낙화落花를 그리는 심정이 있듯이, 떨어진 단풍잎도 그대로 두어 보여주고 싶다는 가난한 선비의 토로가 있어서 좋다.

유장경劉長卿의 한시 「수리목견기酬李穆見寄」의 일부분을 음미해본다.

欲拂柴門迎遠客　　사립문을 쓸어 먼 곳 손님을 맞이하고자 하는데
青苔黃葉滿貧家　　가난한 집 마당에 푸른 이끼 끼고 단풍잎만 가득하구나

이것으로 손님맞이에는 족하지 않은가? 지나온 긴 인생을 고요히 살피고 앞으로도 욕심 없이 지내겠다는 깨끗한 마음을 갖고 어슬렁거리는 한 인간의 모습이 눈앞에 떠오른다.

내장산 단풍이 좋단 말은 수없이 듣고 있었고 그 풍치를 보고자 몇 번인가 시도했지만, 그때마다 때를 놓치곤 했다. 단풍의 계절은 짧고 금방 왔다가 곧장 떠나가버리기 때문이다.

외국산 단풍나무

네군도단풍은 예전에는 우리나라에서 많이 볼 수 있었으나 이제는 그 식재가 좀 뜸한 상태이다. 한때 미국흰불나방의 해가 심할 때 특히 네군도단풍이 공격의 표적이었고, 이 때문에 모두들 골치를 앓았다. 학교 운동장 주변에 있는 네군도단풍은 교장 선생님이 가장 짜증스럽게 여기는 나무가 되었고, 때문에 그 수가 줄어들게 되었다.

흰불나방의 해가 거의 없다시피 된 지금에 와서는 조경수로서 네군도단풍의 가치가 다시 평가되어야 할 것이라 생각한다. 대기오염에 대한 저항력이 있고, 좋은 녹음을 만들어주며, 수세가 건강하다.

여러 해 전 만주 길림에서 가로수로 심은 멋진 네군도단풍을 본 적이 있다. 추위에 견디는 힘이 무척 강한 것으로 생각되었다. 서울 여의도 길에도 네군도단풍이 줄지어 서 있고 한여름에는 이들이 보도를 덮어 초록의 터널을 만들어서 그곳을 지나는 사람들의 마음까지 시원하게 해주고 있다.

독일 프라이부르크 시와 가까운 프랑스 국경 지대에서 잎에 흰 무늬가 있는 네군도단풍 품종을 본 적이 있는데, 이 나무는 좋은 조경수의 역할을 하고 있었다.

가로수로서 훌륭한 중국단풍을 본 것은 무주에서 덕유산 리조트로 들어가는 양 길가에서였다. 우리나라 고유의 산천 경관을 찾아 들어가는 길가에 중국 수종이라니, 이는 민족정신을 흐려지게 한다는 평도 있었으나, 나의 의견으로는 성공한 가로수라고 본다. 나무의 모양이 좋았고 건강했으며, 봄·여름·가을 잎의 채색이 좋았다.

이 외에도 중국단풍을 심은 곳이 있는 것으로 알고 있는데, 외국종이라고 딱히 싫어할 이유가 없다. 그들을 우리 경치에 귀화시키면 되는 것이다. 생태계에 이질성이 도입되어 걱정스럽다는 염려가 있으나, 꼭 우리 것만 가지고 살아가야 한다는 폐쇄적인 생각은 떨쳐버리는 것이 좋다. 물론 경우에 따라 다른 이유가 있을 수는 있다.

유럽을 여행하다 보면 공원 가로수에서 단풍나무 종류를 만나게 된다. 어디

| 노르웨이단풍(모스크바 가로수)

에서나 많이 볼 수 있는 종으로 노르웨이단풍*Acer platanoides*이 있다. 잎 모양이 플라타너스를 닮아서 학명 안에 그 뜻이 들어 있다. 북쪽에서는 스칸디나비아 반도, 남쪽으로는 그리스 및 이탈리아에서 심고 있다. 나무높이가 25m에 달해 더욱 플라타너스를 생각나게 한다. 그러나 줄기 색깔이 검정이고 수피가 벗겨지지 않는 특성으로 플라타너스와 쉽게 식별할 수 있다. 가을에 붉게 단풍이 든다.

유럽에 많은 것으로 필드단풍나무*Acer campestre*가 있다. 나무높이가 15~20m에 이르고, 흔히 줄기가 꼬이는 모양을 보이며, 잎은 3~5갈래로 비교적 얕게 갈라진다. 열매는 수평으로 벌어진다. 나는 독일 프라이부르크에서 이 나무를 볼 수 있었다.

복자기나무와 눈병

복자기나무는 우리나라 중부와 북부에 많이 분포하고 만주에서도 볼 수 있다. 잎은 3개의 소엽小葉으로 되어 있고, 각 소엽에는 1~3개의 큰 톱니가 발달해 있으며, 잎 뒤의 맥 위에 가는 털이 나 있다. 큰 나무로 자라고, 열매는 가을에 익

| 서울시 삼청공원의 가을 단풍(2021. 11.)

는데 털을 덮어쓰고 있다.

복자기나무라는 이름과 유사한 나무로 '복장나무'가 있는데, 잎 모양은 비슷하지만 잎에 가는 톱니가 많이 나 있어 쉽게 구별된다. 복장나무도 우리나라 전역에 걸쳐서 나고 있다.

복자기나무의 한자명은 '우근자牛筋子'이고, '뉴杻' 또는 '뉴근자杻筋子'로도 쓴다. 어느 사전에 보면 "뉴杻는 억檍으로서 일명 우근牛筋이라고도 하며, 이 나무로 활을 만들 수 있다"라고 되어 있다. 억檍은 '참죽나무 억'으로 읽는다.

또한 1683년 편찬된 『성경통지盛京通志』라는 책에 다음과 같은 내용이 있다.

> 뉴杻는 『이아』라는 책에는 억檍('참죽나무 억' 또는 '감탕나무 억')으로 부르고 있는데, 나무껍질이 꼬이고 목재는 가장 단단하며, 일반적으로 '뉴근자杻筋子'로 부른다. 큰 나무는 수레바퀴의 축으로 쓸 수 있는데, 차축으로는 느릅나무 다음으로 좋다(가장 좋은 것은 박달나무의 목재이다.)杻 爾雅謂之檍 皮理糾結 質最堅 俗呼杻筋子 木大者爲車軸 次於軸楡.

그러나 복자기나무의 한자명은 '우근자牛筋子'로 쓰는 것이 옳다. 소 힘줄처럼 강인하다는 뜻이 담겨져 있는 것 같다.

우리나라 복자기나무를 일본 사람들은 오니메구스리鬼目藥라고 한다. 일본에는 메구스리노키目藥木(안약나무)라고 불리는 일본복자기나무가 있는데, 이 나무의 껍질에 물을 붓고 달여 그 물로 눈을 씻으면 눈병이 낫는다 해서 얻어진 명칭이다. 조초노키蝶蝶木라고도 부르는데, 잎이 3장으로 되어 있는 복자기나무가 나비 무리가 나는 모양과 닮아서이다.

일본에 나는 메구스리노키의 잎 뒤에는 털이 많이 나 있으나, 우리나라의 복자기나무는 잎 뒤의 맥 위에 가는 털이 있을 뿐이다. 털이 많으면 대개 '귀신 귀鬼'자를 붙이는데, 오히려 털이 거의 없다시피 한 우리나라의 복자기나무를 '도깨비안약나무鬼眼藥木'라 칭한 것은 격에 맞지 않는 것으로 생각된다.

대나무

벼과, *Phyllostachys bambusoides*
(竹, Asian bamboo)

곧은 늘푸른나무라서 옛사람들은 변치 않는 지조의 상징으로 여겼다. 땅속줄기地下莖로 번식하며 수십 년 만에 꽃이 피고 나면 죽어버린다. 식물학적으로는 풀로 취급한다.

풀 같은 나무

대나무가 나무인가? 그렇지 않으면 풀인가? 이에 대한 대답은 쉽지 않다. 나무라는 것은 겨울철 얼어 죽지 않는 줄기를 가지고 있고, 그것이 땅 위에서 해마다 굵어져가는 것이 특성이다. 반면 풀이란 것은 땅 위에 있는 줄기가 1년 동안은 계속 자라지만, 다음 해 또 그다음 해 계속해서 자라지는 않는다.

이와 같이 생각한다면 대나무는 땅 위에 줄기가 나타난 그해 동안에 높이나 굵기가 다 크기 때문에 풀이라고 해야 옳다. 그렇다고 해서 대나무를 풀로 취급하기에는 무언가 받아들이기 어려운 점이 있다. 줄기가 풀치고는 너무 굵고 높으며 단단하다. 또 몇 해를 두고 잎이 죽지 않고 줄기도 살아 있으니 나무라고 본다. 그러나 특별한 나무로 취급한다. 대나무는 목재라 하지 않고 죽재라고 부른다. 『본초강목本草綱目』에는 대나무가 풀이라고 쓰여 있다. 풀은 여름철 푸른 잎을 가지고 있다가 겨울이 되면 죽게 된다. 그런데 대나무는 이상한 풀이라서 겨울에도 잎이 푸르다. 풀치고는 무언가 맞지 않는다. 거꾸로 된 풀이다.

풀은 한자로 '草' 또는 '艸'로 쓴다. 뒤의 글자가 풀의 모양을 더 잘 나타내고 있다. 이때 '풀 초艸'자를 거꾸로 쓰면 '대 죽竹'자가 된다. 즉 대나무라는 것은 거꾸로 된 풀이라는 뜻이다. 예전 사람들은 글자를 만들 때 이상한 점에 착안해서 서슴지 않고 글자를 디자인했던 것 같다. 대나무는 글자만 보면 풀처럼 생각된다. 그러나 대나무가 나무냐 풀이냐를 두고 옥신각신할 필요는 전혀 없다. 나무면 어떻고 또 풀이면 어떤가? 이것을 판가름하기 위해서 노심초사하는 것은 할 일이 없거나 또는 토론 자체를 좋아하는 사람만이 즐길 일이다. 옛날 우리 선조들은 대나무를 '비목비초非木非草(나무도 풀도 아닌 것)'라 했다.

나무는 겉씨식물裸子植物과 속씨식물被子植物로 나눌 수 있다. 겉씨식물은 잎이 대체로 바늘처럼 생겼다고 해서 침엽수, 속씨식물은 잎이 넓다고 해서 활엽수라 부른다. 활엽수종은 종자가 2개의 떡잎子葉을 가지고 있어 쌍자엽식물이라고 부른다. 반대로 침엽수종은 예외가 없는 것은 아니지만 대체로 떡잎이 많으며, 그래서 다자엽식물이라고 부른다.

대나무는 떡잎이 하나밖에 없다. 잔디, 벼, 보리, 밀같이 대궁이 대나무처럼 비어 있고 마디가 있는 것禾本科植物(벼과식물)은 모두 떡잎을 하나만 가지고 있는 단자엽식물이다.

대나무는 원래 열대성 식물이다. 이것을 사람이 북쪽으로 옮겨다 심은 것이다. 대나무 잎에 눈이 쌓여 있는 경치를 흔히 볼 수 있다. 열대와 한대가 이와 같이 접근해서 아름다운 조화를 이룬 것은 드물다.

명칭

대나무를 영어로 뱀부bamboo라 하는데, 이 말은 말레이어로 대나무가 불 속에서 탈 때 나는 소리를 나타낸 것이라 한다.

대나무는 크게 두 가지로 나눌 수 있는데, 하나는 열대와 아열대 지방에서 자라는 남방죽南方竹이고, 다른 하나는 우리나라 등 온대 지방에 나는 북방죽北方竹이다. 북방죽은 죽순이 봄에 나오지만, 남방죽은 늦여름과 가을에 돋아난다. 남쪽 지방에서는 그때부터 장마철로 접어드는 까닭에 '비 온 뒤의 죽순

| 울산 태화강의 십리대숲

雨後竹筍'이란 말에 맞아떨어진다.

우리나라의 대나무는 땅속줄기나 땅위줄기가 비슷한 생김새로 되어 있지만, 남방죽의 땅속줄기는 양쪽이 가늘고 중간이 굵어서 고구마처럼 생겼다. 북방죽은 대줄기가 이곳저곳 고루 떨어져서 나오고, 따라서 사람이 대발 속에 들어갈 수 있다. 남방죽은 벼포기처럼 줄기가 다발로 모여서 나기 때문에, 사람이 대발 속에 들어간다는 것은 생각할 수 없는 일이다. 이때 남방죽은 줄기가 다발로 모여서 나는 총경성叢莖性이고, 북방죽은 대줄기가 하나하나 떨어져서 단경성單莖性이다.

또한 북방죽은 땅위줄기의 삽목이 어렵지만, 남방죽은 습도 높은 곳에 대줄기 토막을 두면 마디에 있는 눈에서 뿌리와 줄기가 나와 훌륭한 죽묘竹苗가 된다. 이와 같이 남방죽과 북방죽은 서로 많은 차이가 있다.

대나무는 중국 서부에서는 판다의 먹이가 되고 있는데, 대나무와 대숲을 주식住食의 근거로 하고 있는 동물은 이 밖에도 많다.

종류

대나무는 종류가 매우 많다. 첫째로 맹종죽孟宗竹이란 것이 있는데, 죽순이 굵고 먹을 수 있기 때문에 흔히 식용죽食用竹(혹은 죽순대)이라고 부른다. 중국이 원산지이며, 우리나라에는 약 120년 전(1898년) 일본에서 건너왔는데, 부산시 대신동에 처음으로 이식되었다는 기록이 있다. 그래서 한때 일본대라고도 했다. 중국에서는 양쯔강 남쪽에 많다고 해서 강남죽江南竹이라고 한다. 맹종죽은 죽피竹皮(대줄기를 감싸고 있는 껍질, 뒤에 곧 떨어짐)가 녹색이며 흑갈색의 반점이 있다. 대나무 중 가장 굵어질 수 있는 것으로, 일본에서는 대의 지름이 약 20cm에 이르는 것도 있다. 그러나 키는 왕대보다 작은 편이다.

대나무에는 마디가 있다. 마디는 대나무의 종류에 따라 특색이 있다. 맹종죽은 한 마디에 테輪가 하나밖에 없다. 말하자면 한 개의 가락지를 끼고 있는 셈이다. 그러나 왕대王竹는 한 곳에 2개의 테가 있는데, 위쪽에 있는 마디上節가 아래쪽에 있는 마디下節보다 밖으로 더 튀어나와 있다. 맹종죽은 이와 반대이다. 그래서 맹종죽은 일륜상一輪狀, 왕대는 이륜상二輪狀(쌍가락지)이라고 표현한다. 맹종죽은 우리나라에서도 흔히 볼 수 있다. 왕대는 참대라고도 하며, 중국 원산으로 남쪽 지역에 많이 심는다. 죽순은 맹종죽보다 더 늦게 발생하여 늦죽으로도 불린다.

또한 솜대淡竹, 粉竹라는 것이 있다. 이것도 중국 원산으로 죽피에 반점이 없다. 번식력이 강하고 추위에 잘 견딘다. 죽간은 마디 사이가 짧아서 10~35cm 정도이다. 왕대보다 살이 가늘며 광주리, 바구니, 우산대, 부챗살 등에 쓰인다.

한편 이대矢竹, 山竹는 추위에 강하고 죽간이 가늘어서 붓대, 담뱃대, 화살 등의 재료로 쓰이며, 오구대라고도 부른다. 이대는 죽피竹皮가 오래도록 줄기를 감싸고 있다. 울릉도에 이대가 많다고 하며, 또 그 옆에 있는 죽도竹島에도 이대가 있었다고 한다. 그래서 죽도라는 이름을 얻은 것으로 생각된다. 한라산에는 제주조릿대가 있다.

오죽烏竹은 흑죽黑竹 또는 자죽紫竹이라고도 부른다. 이것도 중국이 원산지인데, 관상용으로 가치가 있다. 죽간이 첫해에는 푸른색을 띠고 있으나, 해를 거듭할수록 검은색이 더해지며 음지일수록 더 검어진다. 죽순이 많이 돋아나고 키도 높게 큰다.

검은색이 고르지 못하고 얼룩이 질 때 이것을 얼룩대斑竹라고 부른다. 얼룩대나무와 검정대나무는 솜대와 같은 종류에 속한다.

조릿대는 키가 1~2m로 작지만 내한성이 커서 평안남도와 함경남도까지 분포하여 한죽寒竹으로도 불린다. 조리를 만드는 재료로 쓰여 붙여진 이름이다. 꽃이 곧잘(5~10년마다) 피어 그 열매를 산골에서는 식량으로 이용하였다. 약한 광선 조건 아래에서도 자라는 능력이 있는데, 땅속줄기가 빽빽이 땅을 덮고 죽간이 밀립함으로써 다른 수종의 침입을 배척하게 된다. 전남 승주군 선암사 부근의 산에는 조릿대가 무성하게 자라 밀집식생密集植生을 형성하고 있다. 조릿대류를 우리는 산죽山竹이라고 칭하기도 한다.

대나무의 마디에서는 가지가 난다. 줄기 맨 아래쪽에 있는 마디의 가지를 암대나무 또는 수대나무로 부르기도 한다. 즉 가지가 나 있는 최하단의 마디에서 두 개의 가지가 나 있으면 암대나무이고, 한 개의 가지가 돋아나 있으면 수대나무라고 한다. 보통 하나·셋 등 홀수는 양으로 보고 둘·넷 등 짝수는 음으로 보는데, 이때도 비슷한 이야기가 된다. 수대나무라도 맨 아랫마디에만 곁가지가 하나이고 그다음부터는 두 개씩 나면 암대나무와 다를 바 없다.

암대나무나 수대나무가 원래 다른 것이 아니고 한 뿌리에서 두 가지가 생겨난 것이다. 암대나무가 자람이 더 왕성하다고 하는데, 이는 더 과학적으로 조사되어야 할 것으로 보인다. 옛책에 암대나무는 죽순을 내고 수대나무에는 죽순이 생기지 못하는 것으로 기록한 대목이 있는데, 이 역시 정확한 내용이라고 볼 수 없다.

죽순

죽순 요리는 맛이 좋다. 죽순에는 검은색을 더 띤 검정 죽순이 있고, 흰색을 더 띤 흰 죽순이 있다. 흰 것이 더 많은 양분을 지니고 있어서 값진 것으로 알려져 있다.

죽순은 죽맹竹萌, 죽아竹芽, 죽태竹胎, 죽자竹子라고도 부른다. 『본초강목』은 '筍' 대신에 '笋'으로 쓰는 것은 옳지 못하다고 기록하고 있다. 죽순이 땅 위에 나타나기 전에 캐낸 것을 동순冬筍 또는 포순苞筍이라 한다.

| 죽순

죽순은 땅속줄기地下莖에서 생겨나는 것이다. 땅속줄기 마디에는 눈芽이 한 개씩 있으며, 이 눈은 아래 위로 어기어기 난다. 즉 한 마디에 달려 있는 눈이 위에 있으면 그다음 마디에 달려 있는 눈은 아래쪽에 있다는 말이다. 이 마디에 달려 있는 눈은 자라서 죽순이 되는 일도 있고, 또는 새로운 땅속줄기를 만들기도 한다.

올해 나는 죽순은 대체로 3~5년생의 땅속줄기에서 나오게 된다. 땅속줄기가 이보다 더 늙으면 죽순이 생겨날 기회는 확연히 줄어든다. 굵은 죽순은 비교적 젊고 굵은 땅속줄기에서 생겨난다. 땅속줄기가 가늘면 작은 죽순이 나온다. 한번 자라난 땅속줄기는 그 뒤에 더 굵어지지 않으므로, 굵은 죽순을 만들려면 새로 생겨나는 땅속줄기가 굵게 되도록 노력해야 한다. 올해 땅속줄기를 굵게 해주어도 굵은 죽순을 얻는 효과는 2~3년 뒤에 나타나게 된다.

| 대나무 꽃

땅속줄기에 달려 있는 마디 눈은 1m의 길이에 약 20개인데, 이 중 죽순이 되는 것은 약 10~20%이다. 대나무를 5년 이상 남겨두면 죽순 생산량이 줄어드는 까닭에 오래된 대나무는 잘라주어야 한다. 6~7년생쯤 된 나무가 서 있으면 그 땅속뿌리는 매우 노쇠해 있기 때문에 죽순이 나오기 어려워진다.

대나무는 성장이 매우 빨라, 죽순이 땅 위에 나타난 뒤 약 30~50일이면 높이와 굵기 성장을 완료하게 된다. 나는 예전에 맹종죽의 성장을 측정해본 일이 있었는데, 24시간 동안 가장 많이 자란 기록이 54cm였다. 1시간에 2cm도 넘게 자란 셈이 된다. 그때의 측정에 의하면 밤보다도 낮에 더 빠른 성장을 보였다. 일본에서의 기록을 보면 24시간 동안 100cm나 자란 것도 있다. 한 시간에 평균 4cm 신장伸長된 것이다. 이와 같은 왕성한 성장은 땅속줄기 속에 저장되어 있는 양분을 소모함으로써 이루어지는 것이며, 또한 마디마다 생장점이 있기 때문에 가능하다.

대나무를 한자로 '낭간琅玕'이라고도 쓴다. 표준국어대사전을 보면 낭간이란 '중국에서 나는 경옥硬玉'이라고 되어 있다. 예전 책에는 용궁에 가면 화려한 건물이 있고 용의 뼈와 낭간으로 건축이 되어 있다는 기술이 있다. 또한 다음과 같은 시 구절도 있다.

鳳飢不啄粟　　　봉황새는 배가 고파도 시시한 것은 먹지 않고
所食唯琅玕　　　다만 대나무 열매琅玕만 먹는다

봉황새는 곤륜산崑崙山에 살면서 황하의 물을 마시고 고고하게 혼자 사는 귀한 새라고 한다. 이 새가 대나무 열매를 먹고 산다는 것은 대나무가 그만큼 귀한 존재라는 인식을 바탕에 두고 있다. 그런데 대나무는 꽃이 피면 죽고 마는데, 따라서 이를 개화병開花病이라고 부른다. 벼, 보리, 밀, 잔디 같은 대나무 친척들도 꽃을 가지고 열매를 맺게 되면 그 줄기(대궁)는 죽고 만다. 우리나라에서도 남쪽 지방에 있는 대나무 밭에 꽃이 피어서 죽림竹林이 죽어간 일이 많다.

용도

대나무는 일찍부터 인류의 생활에 기여한 바가 컸다. 청간靑簡이나 간찰簡札, 또는 죽간竹簡이란 대나무 줄기를 얇게 깎아 이어서 엮은 지금의 공책 비슷한 것으로, 옛날에는 이곳에 무엇인가를 기록하였다고 한다. 어린 대나무의 섬유로 만든 종이를 죽지竹紙라 하는데, 이것은 훨씬 뒤에 발명된 것이다. 『시경』에도 대나무로 만든 그릇, 대나무로 만든 낚싯대, 대나무 피리 등이 곳곳에 등장하고 있어 예전부터 대나무를 폭넓게 이용하고 있었음을 짐작할 수 있다.

'관성管城'이란 글씨 쓰는 붓筆을 말하는데, 대나무가 없었더라면 붓을 만드는 데 어려움이 있었을 것이다. '붓 필筆'자는 '대 죽竹'자와 '붓 율聿'자를 합해서 된 글자이고, 목련의 꽃봉오리가 붓과 닮아 목련을 '목필木筆'이라고 하였다. 또 쇠뜨기의 어린 순(일본 사람들은 이것을 '쓰쿠시'라 하여 나물로 먹음)을 필두채筆頭菜 또는 토필土筆이라고도 한다. 지금의 옥천을 예전에는 관성군管城郡이라고 했는데, 관성으로 한 연유에 대해서는 잘 알 수 없지만 그곳에 그때는 대나무가 있었던 것이 아닐까?

이처럼 대나무는 종이 등 필기도구의 재료가 되어 인류의 문명과 문화의 발전에 큰 공헌을 해왔다. 그뿐만이 아니라 피리 등 악기의 재료가 되어 인간의 심정을 울리기도 했다. 순임금은 대나무로 식기食器를 만들었고, 우임금은

제기祭器를 만들었으며, 또 순임금은 수산壽山에서 대나무 그릇을 만들었다고 하니, 대나무는 먼 옛날부터 인간생활의 이기利器로서 큰 역할을 해왔다고 할 수 있다. 죽비竹篦는 선가禪家에서 수행승修行僧을 지도할 때 사용되는 할죽割竹(쪼갠 대)으로 불사佛事를 행할 때 쓰이고 있다.

전설

『삼국유사』에 나오는 만파식적萬波息笛의 전설은 신라시대부터 대나무가 큰 관심의 대상이었음을 말해주고 있다. 대나무가 천지의 오묘한 운행을 다스렸다는 점은 기억해둘 만하다.

> 신라 31대 신문대왕 때 동해 바다에 작은 산이 물에 떠서 왔다 갔다 하고, 그 산 위에 대나무가 있었는데 낮에는 둘이 되었다가 밤에는 합쳐서 하나가 되는 신기한 현상을 보였다. 이때 한 마리의 용이 나타나서 왕에게 아뢰기를, "두 물건이 합치면 소리를 만들게 되는 법이니, 왕께서 이 대나무로 피리를 만들어 불면 그 소리로 천하가 잘 다스려질 것입니다"라고 했다. 그래서 왕이 그 대나무로 피리를 만들어 부니, 적군이 도망가고 질병이 치유되고 가뭄에는 비가 내리고 장마는 개이고 바람은 멎고 파도는 잔잔해지는 위력이 나타나 이 피리를 '만파식적'이라고 이름 지었다. 그 뒤 이 신적神笛을 책호冊號하여 '만만파파식적萬萬波波息笛'이라 했더니, 하늘의 별들이 좋아하면서 이것을 알아주었다.

또 다른 이야기로 김유신이 충남 서천에서 경주로 돌아올 때 길가 나무 밑에서 쉬고 있는 나그네를 보았는데, 이 사람이 품속에서 대통竹筒을 꺼내어 흔들어 아름다운 여자를 나오게 해서 이야기를 나누고 뒤에 다시 대통으로 돌아가게 했다. 김유신은 남산으로 이 나그네를 데리고 와서 소나무 밑에서 잔치를 벌여 대접했는데, 그때 대통의 여자도 나와 함께 놀았다고 한다. 이 나그네는 신인神人으로 짐작된다.

중국에서는 옛날 죄인을 사형에 처할 때 자라고 있는 죽순 위에 올려놓아

죽순이 몸을 뚫고 올라가게 했다고 하는데, 이것은 대나무가 곧게 커 올라가는 힘이 매우 강하다는 것을 뜻하는 것으로, 실제 그러한 일을 했는지는 알 수 없다.

대나무 숲 관리

대나무 밭을 금전金田이라고도 부르는데, 이는 죽재가 큰돈이 되기 때문이다.

대나무는 너무 빽빽하게 자라게 하지 말고 오래된 대나무를 알맞은 때 솎아주어야 한다. 또한 해마다 흙을 추가해 뿌리를 보호하고, 퇴비와 거름을 넣어 땅을 기름지게 해주며, 함부로 대나무 밭을 발로 밟지 말아야 한다.

잔디 뿌리도 그러하지만 대나무 뿌리(사실은 땅속에 있는 줄기)는 새 뿌리가 나올 때 반드시 옛 뿌리의 위쪽으로 뻗는다. 따라서 해가 갈수록 새 뿌리가 위로 올라와 드디어 땅 밖으로 나오게 되면 뿌리가 물기와 양분을 빨아들일 수가 없게 된다. 이러한 이유가 있기 때문에 해마다 대나무 밭에 흙을 추가해줄 필요가 있다. 한 평에 한 짐의 흙을 넣되, 3~4cm는 덮이도록 해준다.

대나무는 줄기가 땅 위에도 있고 땅속에도 있다. 땅 위에 있는 우리가 흔히 볼 수 있는 죽간을 지상경地上莖이라 하고, 이것이 땅속에 있을 때 지하경地下莖 또는 땅속줄기라 한다. 땅 위쪽의 줄기는 속이 비어 있지만, 땅속에 있는 줄기는 속이 차 있다. 땅속줄기에도 마디가 있는데, 이 마디에서 뿌리가 난다. 또 마디에서 눈이 생기고 이것이 땅 위로 돋아나면 죽순이 되며, 이것이 자라서 대나무 줄기가 된다.

정원에 키우는 잔디도 가을이 되면 흙을 넣어주는 것이 좋다. 대나무와 마찬가지로 땅속줄기가 위로 올라오고 겨울에 추위의 영향을 받을 수 있기 때문이다. 벼, 보리, 밀 같은 것은 한 해에 일생이 끝나는 까닭에 흙을 넣어주어야 하는 걱정은 없다.

대나무 찬가

대나무는 상록성이고 줄기가 곧아 흔히 굳은 절개에 비유된다. 대쪽 같은 성격이라든가 대나무 같은 정조라는 말들이 그렇다. 대나무와 대숲의 모습은 맑고 품위가 있는 까닭에 옛적부터 사람들의 사랑을 받아왔다.

대나무는 서상식물瑞祥植物 취급되어 시와 문장, 그림, 그리고 일상생활에서 다양하게 숭상되었다. 서상식물에는 소나무 · 대나무·매화나무·오동나무·회나무槐·버드나무·목련·무궁화·월계수·동백나무·산수유·치자나무·은행나무·모과나무·느릅나무·진달래·해당화·살구나무·등나무·인동덩굴·장미 등 매우 많다. 이는 우리나라와 중국, 일본 등에서 공통되는 사항이다.

대나무가 소재로 나오는 시 역시 『시경』에서 찾아볼 수 있다. 소아小雅 홍안지십鴻雁之什 사간斯干(산골 개울물)에 나오는 다음 시는 대나무와 소나무를 사이좋은 형제간의 우애에 비유한 것으로 유명하다.

秩秩斯干	산골 개울에는 물이 흐르고
幽幽南山	남산 그윽한 곳에는
如竹苞矣	대숲이 우거지고
如松茂矣	소나무 또한 무성하다
兄及弟矣	형과 아우들이여
式相好矣	서로 화목하구나
無相猶矣	미워하고 시기하는 말 없구나

산 아래쪽에는 대나무가 나서 산을 보호하고 그 위에는 소나무가 나서 잘 자란다는 것은 대나무와 소나무가 서로 도와주고 있는 상황 또는 우애를 말하는 것이다. '죽포송무竹苞松茂'란 말은 아래쪽은 대나무처럼 견고하고 위쪽은 소나무처럼 무성하다는 뜻인데, 이는 새로 지은 집에 대한 낙성 축사에 흔히 쓰여지며, 출처는 역시 『시경』으로 짐작된다.

이 외에도 대나무를 소재로 한 한시와 문장, 그리고 시조는 너무 많아서 어느 것을 음미해야 할지 알 수 없을 정도이다. 그중 김삿갓金笠의 대나무 시 일부를 감상하는 것이 좋을 것 같다. 재치 넘치는 명시다.

此竹彼竹化去竹	이대로 저대로 되어가는化去 대竹로
風打之竹浪 打竹	바람 부는 대로 물결치는 대로
粥粥飯飯生此竹	죽이면 죽 밥이면 밥 그런대로 살고
是是非非付彼竹	옳고 그르고는 저대로 붙여두고
…	
然然然世過然竹	그렇고 그런 세상 그런대로然竹 지나세

백거이의 「양죽기養竹記」도 대나무에 대한 찬사로 또한 유명하다.

…	
竹本固	대나무는 본디 단단하여
固以樹德	이 단단함으로 덕을 세우고
…	
竹性直	대나무의 성품은 곧고 곧아
直以立身	이 곧음으로 몸을 세우며
…	
竹心空	대나무의 속은 비어 있어
空以體道	이 빈 것으로 길을 얻고
…	
竹節貞	대나무 마디는 곧고 곧아
貞以立志	이 곧음으로 뜻을 세운다
…	
夫如是故	대저 이러하기에
君子人多樹之	군자들은 (대나무를) 많이 심어
爲庭實焉	정원을 채운다

한편 「고시십구수古詩十九首」에 산을 둘러싸고 있는 대나무를 여자로 보고

산을 남편으로 보아, 대나무와 산이 떨어지지 않음을 사랑이 극진한 부부로 비유하여 읊은 시가 있다.

冉冉孤生竹　　부드럽고 날씬한 한 그루의 대나무
結婚泰山阿　　큰 산 기슭에 뿌리를 내린 것처럼
…
夫婦會有宜　　부부라면 서로 함께하는 것이 옳은 것을
千里遠結婚　　천 리 멀리 이곳에 와 부부가 되었건만
悠悠隔山陂　　그대와 나는 지금 산과 물을 사이에 두고
　　멀리 떨어져 있구나

조선시대 시조 시인 윤선도尹善道는 「오우가五友歌」에서 대나무를 다음과 같이 노래했다.

나무도 아닌 것이 풀도 아닌 것이
곧기는 뉘 시켰으며 속은 어이 비었느냐
저러고도 사계절에 푸르니 그(대나무)를 좋아하노라

대나무는 소나무, 해와 달, 산과 물 등과 함께 십장생十長生의 하나로 되어 있어, 이는 지난날 우리에게 비친 대나무의 모습을 짐작할 수 있게 한다. 대나무는 그 종류가 무엇이든 우리 주변 생활공간에 많이 들어와서 함께 살아갔으면 하는 마음이다.

소동파는 「녹균헌綠筠軒」이라는 시에서 다음과 같이 대나무의 가치를 잘 나타내고 있다.

可使食無肉　　고기는 먹지 않아도 되지만
不可居無竹　　대나무 없이 살아갈 수는 없다

無肉令人瘦	고기를 먹지 않으면 몸이 야위게 되고
無竹令人俗	대나무가 없으면 사람은 속되어 교양을 잃어버린다
人瘦尙可肥	수척한 사람을 살찌게는 할 수 있으나
俗士不可醫	일단 사람이 속俗되어지면 다시 고칠 수가 없다

별명

대나무는 그 별명도 여러 가지가 있다. 대나무에 다음과 같이 '군자君子'라는 별명을 지어준 시도 있다(『시경』 위풍衛風 기욱淇奧).

瞻彼淇奧	저 기수 가의 물굽이를 바라보니
綠竹猗猗	푸른 대나무가 우거져 있네
有斐君子	훌륭하신 군자시여
如切如磋	깎고 다듬은 듯하시네

왕자유王子猷는 집에 반드시 대나무를 심고 하루라도 차군此君(이 친구, 대나무를 친근하게 부른 말) 없이는 살 수 없다고 읊음으로써 사군자四君子의 하나인 대나무에 '차군此君'이라는 이름을 주기도 하였다.

중국 위·진 시대에 노자와 장자의 허무 사상을 숭상하여 유교의 형식주의를 무시하고 대나무 밭에 모여 청담淸談하던 7명의 선비 — 혜강嵇康, 완적阮籍, 산도山濤, 왕융王戎, 유영劉伶, 향수向秀, 완함阮咸 — 들은 대나무 밭에서 청유淸遊함으로써 '죽림칠현竹林七賢'이라는 칭호를 얻었다. 이는 대나무가 세속과 멀다는 것을 의미한다.

시인 이태백은 중국 산둥성山東省의 명승지 죽계竹溪에서 산속에 숨어 5명의 선비와 술을 마시고 벗 삼으니, 이들을 죽계의 '육일六逸'이라고 불렀다.

또한 소나무, 대나무, 매화나무를 '삼우三友'라고 하여 기쁜 뜻을 나타내는 데 쓰며, 매화, 난초, 국화, 대나무를 매란국죽梅蘭菊竹이라 해서 '사군자四君子'라 부른다.

대나무의 별명은 또 있다. '포절군抱節君'이란 말은 대나무의 모습에서 온 것이다. 이태백의 다음 시에서는 대나무를 '옛 친구故人'라고 표현하였다.

開門風動竹	문을 여니 바람에 대나무가 흔들리길래
疑是故人來	혹여 옛 친구가 찾아왔는가 했네

대나무 막대기를 연못에 던졌더니 그것이 용으로 변하였다고 해서 화룡火龍이라고도 부른다. 또한 대나무를 투모초妬母草라고도 하는데, 이는 어머니의 키를 시샘하여 빨리 자라서 어머니처럼 되겠다고 하는 풀이라는 뜻이다. 그래서 대나무 순이 땅 위에 나타나면 열흘하고 6일 만에 어머니 대나무 키와 같아진다는 말이 있다. 이 밖에도 별명은 많다.

어린 시절에는 잎이 달린 대나무 막대기를 말이라고 하여 두 다리 사이에 끼우고 논다고 해서 죽마지우竹馬之友라는 말을 만들었다. 이때 나무가 반드시 대나무는 아니었지만, 막대기를 타고 시골 담모퉁이 길을 친구들과 놀고 다니던 그때의 일이 생각난다.

대나무가 추운 겨울에도 죽지 않는다는 것은 신라시대의 생각이었다. 그러나 신문왕 12년 봄에는 대나무가 죽고 애장왕 2년 10월에도 대나무가 죽었다고 『삼국사기』에 기록되어 있다.

이와 같은 기록은 추위 때문이었다기보다는 꽃이 피어서, 즉 개화병으로 죽은 것으로 생각된다. 대나무가 충성스러운 대상으로 취급되었다는 것은 이 나무가 가진 힘의 위대함을 알려준다.

분포

예전에는 지금보다 대나무 밭이 더 많았던 것으로 보인다. 기록을 보면, 경남 양산에는 고려 말과 조선 초에 넓은 죽림이 있었고 이 사실이 명나라에까지 전해져 장청張淸이란 사람은 양산의 죽림을 노래로 읊었다고 한다. 거제도, 밀양, 청송, 예천, 김천 등지에도 많은 죽림이 있었던 것으로 되어 있다.

낙동강 연안에는 대나무가 우거져서 호랑이가 그 안에서 숨을 곳을 찾았다고 한다. 예전 동양화에 자주 호랑이와 대나무가 함께 나온 것으로 보아 호랑이가 많았던 것으로 생각된다. 신라, 백제 등의 국기國記를 보면 종종 호랑이가 왕궁에 들어왔다는 기록이 있다. 조선 순조 12년 정월에도 호랑이가 경희궁에 들어왔다고 적혀 있다. 강릉, 함흥, 종성, 명천, 울릉도 등 북쪽에서도 대나무가 많이 생산되었다고 한다. 명천의 고려조릿대가 유명한데, 추위에 견디는 힘이 매우 강하다. 울릉도는 섬대로 이름이 나 있다.

특성

포플러, 개나리 같은 것은 줄기를 끊어서 흙 속에 묻어줄 때 뿌리가 잘 내린다. 뿌리가 잘 내리고 안 내리는 것은 나무 종류에 따라 다르다. 우리나라에서 나는 대나무의 줄기를 잘라서 꺾꽂이揷木를 하면 뿌리가 거의 내리지 않는다. 그러나 땅속줄기는 그 안에 영양분을 많이 간직하고 있고 뿌리와 눈을 달고 있어 쉽게 꺾꽂이 번식이 된다.

음력 5월 13일은 죽취일竹醉日 또는 竹迷日로, 이날 대나무를 심으면 잘 살아난다고 한다. 그리고 2월에서 5월까지 매달 용날辰日에 대를 심는 것이 좋다 해서 용생일龍生日이란 말도 생겨났다. 2월 2일, 3월 3일, 4월 4일 등을 본명일本命日이라 하는데, 이날도 대나무를 심기에 좋다고 한다. 그러나 어떤 특정한 날이 과학적으로 대나무 심기에 이롭다고 주장하기는 어렵다.

대나무 열매

『증보문헌비고』에 대나무에 대한 내용이 있다. 태종 때 강원도 강릉 대령산大嶺山의 대나무가 열매를 맺어 그 모양이 보리와 같고 찰기粘性가 있으며 그 맛은 수수와 같아서, 동네 사람들이 이것을 따서 술도 빚고 식량으로 하였다는 것이다.

예전에 지리산에 올랐을 때, 그곳에 사는 어떤 집에서는 산죽山竹(조릿대)의 열매를 몇 가마니인가 따서 저장하고 있었다. 밥으로 지어 먹고, 떡이나 국수로도 만든다고 했다.

대나무 열매(종자)를 죽실竹實, 죽미竹米, 야맥野麥, 죽실만竹實滿, 연실練實 등으로 부르는데, 종류에 따라 모양이 달라 밀알과 닮은 것, 보리알과 닮은 것 등 여러 가지가 있다.

대나무의 개화 결실은 예전부터 사람들의 관심사였는데, 우리나라와 중국, 일본 등에서 여러 책에 이에 대해 기록하고 있다. 중국 책 『문헌통고文獻通考』에는, 서기 292년 진晋나라 혜제왕惠帝王 때 대나무 꽃이 피었는데 꽃 색깔은 보라색이었다 한다. 그리고 정화政和 4년(1014)에는 중국 남쪽 지방에 "죽생미수천석竹生米數千石"이라 하여, 정확한 수는 알 수 없지만 하여간 많은 대나무가 열매를 맺었던 모양이다. 또 『향우외집香宇外集』이란 책에서는 대나무 열매가 몸을 가볍게 하고 기운을 돋군다고 했다.

한편 예전 사람들은 대나무가 열매를 갖게 되는 것을 흉년의 징조로 알았다는 기록이 있다. 이것도 과학적으로 믿기 어렵다. 반면에 열매인 죽실만竹實滿을 가지고 상서로운 것으로 믿은 기록도 찾아볼 수 있다. 이것도 물론 근거 없는 이야기이다.

대나무 열매는 싹이 터서 대나무로 자랄 수 있다. 진나라의 대개지戴凱之가 쓴 『죽보竹譜』에는, 대나무는 60년마다 꽃이 피며, 이때 종자가 땅에 떨어져 6년이 지나면 새로운 대밭이 된다고 했다.

한편 죽순이 자라다가 죽어서 검게 된 것을 선인장仙人杖이라 부르는데, 어린아이들이 젖을 토할 때나 경기를 할 때 쓰면 효험이 있다 한다. 대나무 줄기에 기생하는 균이 발달하면서 황토 흙처럼 보이고 굵게 된 것을 천죽황天竹黃이라 해서 역시 약으로 쓴다. 대줄기를 불에 구우면 기름이 나오는데, 이를 죽력竹瀝이라 하며 담痰을 없애는 효과가 있다고 한다.

세계의 대나무

대나무과는 세계적으로 70속 1,200종, 그 외 변종이 있다고 한다. 그중 초본성 대나무류Herbaceous bamboo는 25속 100종으로 주로 남아메리카에 분포하고 있다.

대나무류는 열대에서 온대 지역에 이르기까지 자라는데, 세계적으로 아시아·태평양, 남아메리카, 아프리카 총 3대 지역으로 나눌 수 있다. 이 중 아시아에는 45속 약 800종과 변종이 있고, 분포 면적은 1,800만 ha에 이른다. 중국은 대나무의 주산지로 33속 약 400종과 변종이 분포하고 있는데, 33속 중에는 남방죽Sympodial bamboos도 있고 북방죽Monopodial bamboos도 있다. 오히려 열대성 죽류와 온대성 죽류로 분별하는 것이 더 타당한 명칭일지 모른다. 전 세계 죽류의 분포 면적은 약 2,100만 ha로 추정된다.

앞에서 아시아·태평양 지역이라 함은 한국, 일본, 중국, 동남아, 호주, 뉴질랜드, 태평양 제도를 말한다. 그중 한국, 일본, 황하와 양쯔강 유역은 온대성 대나무의 주요 분포 지역이다. 남북 아메리카에는 17속 약 270에 이르는 종과 변종이 있는데, 주로 소죽종小竹種인 초본성 죽종으로 경제성이 낮다. 북미 대륙에는 대나무류가 거의 없다. 아프리카 대륙의 경우 세네갈과 모잠비크에 분포하고, 마다카스카르에는 11속 40종이 있다.

유럽에는 1827년에야 비로소 오죽*Phyllostachys nigra*이 들어갔다. 영국에는 중국과 일본 등지에서 14속 75종의 대나무가 도입되어 자라고 있다 한다.

대나무에 대한 연구는 다른 식물에 비해서 그 연구가 매우 어려운 편이다. 형태 연구에는 꽃의 구조가 중요한데, 대나무 꽃은 자주 피는 것이 아니기 때문이다.

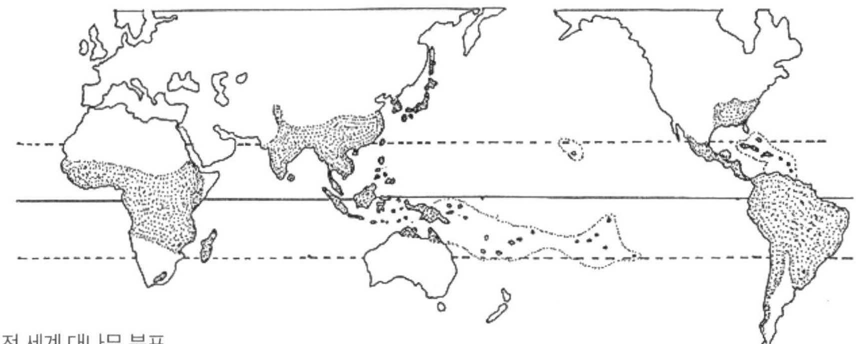

| 전 세계 대나무 분포

세계적으로 보아 가장 경제성이 높은 대나무는 맹종죽(죽순대)이다. 맹종죽 죽간의 생산성은 재배의 집약도와 환경에 따라 달라질 수 있는데, 중국에서의 대나무 생산성이 단연코 높다. 죽순은 고급 식료품으로서 영양가가 매우 높고 건강에 도움이 된다고 한다.

대나무를 인류가 사용한 역사를 추적해본 결과, 약 5천 년 전 신석기 시대부터라고 한다. 일찍이 종이가 없을 때 인간은 대나무 조각에 문자를 기입했다. 이것이 바로 죽간竹簡이다. 중국, 인도 등지에서는 대나무를 제지 원료로 많이 쓰고 있다. 생중량 4톤의 대나무로 1톤의 비표백 펄프(기계 펄프에 해당)를 얻을 수 있다.

| 전남 담양의 솜대 숲

대추나무

갈매나무과, *Zizyphus jujuba* var. *inermis*

(大棗, Common jujube, Chinese date)

달콤하고 감칠맛이 나는 붉은 대추는 제사상에 꼭 올리며
약밥에도 넣는다. 목재도 붉은색을 띠고 단단하여
악귀를 쫓는 부적으로도 쓰인다.

유럽의 동남부에서부터 아시아 동남부에 걸쳐 분포하고 있는 대추나무는 그 종류만도 약 40종이 있으며, 주로 열대 지방과 아열대 지방에 많다.

대추나무의 열매는 모양이 알맞게 둥글고 색깔이 고우며, 재롱스러운 생김새라든가, 풋대추 때의 푸름과 익어갈 무렵 알맞게 얼룩진 붉음이라든가, 익었을 때 빛나는 홍적색이 대추나무를 나무랄 데 없이 자랑스러운 나무로 떠올리게끔 한다. 수백 수천 개의 대추 열매는 대롱대롱 붙어서 가을 하늘의 한구석을 동요처럼 만들어줌으로써 어른들에게 어린 시절의 순수함을 맛보게 한다. 대추나무에 달린 열매를 보고 누구든지 싱긋 웃게 되는 것은 그것이 앳된 아름다움을 가지고 있기 때문일 것이다.

빙례聘禮(물건을 권하고 선사하는 데 관한 예절)를 보면, 집에 찾아온 손님을 대접할 때 그 집 부인은 오른손에 대추를 담은 대나무 그릇竹譜을 들고, 왼손에는 밤을 담은 그릇을 든다는 기록이 있다. 대추를 오른손에 드는 것은 그 열매가 한층 더 아름답기 때문이라고 한다. 그런 것을 보면 대추 열매는 여성적인 미를 갖추고 있는 것 같다.

대추는 한약재로 쓰이며, 또 조동율서棗東栗西라 해서 제사 때 대추는 동쪽에, 밤은 서쪽에 차리는 원칙도 있다는 걸 보면 우리 생활과 가까운 것을 알 수 있다.

명칭

대추나무의 한자명은 대조大棗이다. 대조가 있으면 소조小棗라는 대추나무도 있을 것 같으나, 이런 이름의 대추나무는 찾아볼 수 없다.

'대추나무 조棗'자는 '자朿'자를 아래위로 포개놓은 모양이다. 이것을 옆으로 놓으면 '가시나무 극棘'자가 된다. 어느 것이나 가시가 많은 나무를 뜻하고 있다. '棘'자도 때에 따라서는 대추나무를 뜻하기도 한다.

중국 명대의 학자 이시진李時珍은 대추나무를 한자로 '棗'라 쓰고 산대추나무는 '棘'으로 나타낸다고 하면서, 대추나무는 키가 큰 나무이므로 '朿'자를 아래위로 놓아야 그 글자의 높이가 높아질 수 있고, 산대추나무는 키가 작게 크는 나무이므로 '朿'자를 옆으로 두어야만 글자의 높이가 낮아져 나무의 모양을 더 잘 표현할 수 있다고 했다. '朿'자는 나무木에 2개의 가시가 중간 부분에 달린 모양이다. 정말 비상한 착상으로 글자를 만들고 나무 이름을 붙인 것 같다.

중국에서는 예로부터 대추나무에 관한 관찰이 비교적 세밀하다. 예를 들어, 열매의 아랫부분이 크고 위로 가면서 가늘어진 것이 병 모양과 닮았다고 해서 '호조壺棗'라 했고, 열매의 크기가 계란만 한 것이 있는데 이것을 '세견조洗犬棗'라 했으며, 씨 없는 대추를 '무실조無實棗'라 했고, 쓴맛이 나는 대추를 '고조苦棗'라 했다. 이 밖에도 여러 가지 이름이 등장한다.

우리나라의 대추나무는 가시의 발달이 약한 것이 특징이다. 이 나무의 학술상 이름에 이네르미스*inermis*란 말이 들어 있는데, 이 말의 뜻은 '가시가 없다', 또는 '무기를 가지고 있지 않다'는 뜻이다. 가시의 발달이 미약하다는 것이다.

대추나무의 일본 이름은 나쓰메夏芽이다. 이는 대추나무의 눈芽이 초여름이 되어야 트게 된다는 데서 온 명칭이다. 흥미로운 이름이다. 한편 대추나무는 다른 나무의 눈을 밖으로 쫓아내 놓고 맨 나중에 천천히 나온다는 말이 있다. 또한 대추나무 가지는 늦봄까지 죽은 것처럼 보여 대추나무를 양반나무라고도 한다. 양반이 행동을 느릿느릿하게 꾸며서 하는 것을 비유한 것이다.

일본 문헌인 『대화본초大和本草』에는 대추가 굵다고 해서 이것을 대조大棗라고 표현하는 것은 잘못이고, 대조라는 것은 한국 대추나무의 이름(즉 고유명사)으로 쓰이고 있을 따름이며, 이것은 다른 대추와 달라서 잎과 열매가 크고 열매의 아랫부분이 끝부분보다 더 굵다고 기록되어 있다.

대추나무 중 가장 대표적인 것은 영어로 'Common jujube'(일반적인 대추나무라는 뜻)이다. 다음으로 유명한 것이 예수의 형관荊冠, Christ's Thorn(가시가 난 나뭇가지로 만든 머리에 쓰는 관)을 만드는 데 썼던 나무로, 팔레스타인 지방에서 나는 키가 작은 대추나무의 일종이다. 우리나라의 대추나무棗木는 추운 고산 지방을 제외한 각처에서 찾아볼 수 있다.

붉은 열매, 홍조

중국에서는 기원전부터 대추나무를 재배해온 기록이 있다. 전국시대에 소진蘇秦이 연燕의 문후文侯에게 "북쪽에는 대추나무와 밤나무가 있어 백성들은 농사를 짓지 않더라도 먹고 살 수 있습니다. 즉 곡식의 창고天府와도 같습니다"라고 말한 것을 보더라도 이를 짐작할 수 있다(『전국책戰國策』).

대추나무 열매는 비교적 일찍 익는다. 눈芽은 늦게 트지만 열매는 빨리 딸 수 있다. 『시경詩經』에 보면 8월에는 대추를 따고 10월에는 벼를 거둔다는 말이 있다. 우리나라에서는 양력 9월이 되면 열매가 익는다.

| 대추와 묏대추

열매가 특히 붉은 것을 홍조紅棗라 해서 하나의 품종으로 내세우기도 한다. 반면 산조酸棗라는 것이 있는데, 묏대추나무 또는 산대추나무라고 부른다. 이것은 가시가 발달되어 있는데, 시골에서 자란 사람이면 누구나 이 가시에 몇 번인가는 찔린 경험이 있을 것이다. 이 나무는 대추나무보다 추위에 견디는 힘이 더 강해 보이며, 열매는 둥글고 더 작은 편이다.

한약재

산대추나무 열매의 속胚乳 또는 仁은 약으로 쓰인다. 이것을 산조인酸棗仁이라 하는데, 껍질이 적갈색이고 둥글고 납작하다. 산조인은 신경을 안정시키고 잠을 잘 오게 하며, 히스테리나 노이로제 치료약으로 효과적이다. 어린아이가 밤에 잘 울 때, 위경련, 근육의 통증, 신경의 흥분 등에 주로 이 약재를 쓴다.

대추 열매 중 붉게 익은 것을 따서 말리고 저장해서 약으로 쓰는데, 한약에는 대개 몇 알의 대추와 생강이 항상 따라다닌다. 대추 열매는 진정과 수렴收斂, 자양강장의 효과가 있다. 감맥대조탕甘麥大棗湯이란 것이 있는데, 감초 5g, 대추 6g, 밀 20g을 물 240cc에 넣어 120cc가 될 때까지 끓여서 만들며, 신경의 흥분을 가라앉게 하는 효과가 있어 신경쇠약이나 불면증, 급박증상急迫症狀의 치료에 사용된다.

| 대추나무와 묏대추나무

| 대추나무 꽃

옛 책에서는 대추만을 쓰는 것은 위가 약한 사람에게 좋지 않으며, 파와 함께 먹어서는 안 된다고 하였다.

충북 보은과 경북 예천에서 주로 나는 보은대추나무는 가시가 발달한 것은 산대추나무와 닮았으나, 열매가 둥글지 못하고 타원형인 것이 다르다. 또한 열매에 살이 많고 씨에 인仁이 거의 없는 것이 특징이다. 인은 단단한 대추씨를 깨뜨려보았을 때 그 속에 들어 있는 부드러운 조직으로, 사람이 먹을 수 있는 것이다. 산대추나무는 이것이 발달한 까닭에 산조인酸棗仁을 얻을 수 있다. 보은대추나무는 열매가 탐스럽고 살이 많아서 인기가 많다.

재배 역사

우리나라에서는 예전부터 과실수 재배가 숭상되고 권장되었다. 고려 명종 18년(1188)에 국가 정책으로 대추나무 식재가 권장되었다는 기록을 보면, 그 목적은 열매를 약 또는 식용으로 쓰기 위한 것이었고, 또 목재가 치밀하여 인쇄용 판재板材로도 쓰였다. 따라서 집 부근 밭두렁 등에 많이 심었고, 아울러 방풍림防風林과 방수림防水林을 만들 때 대추나무를 곁들여 심었다고 한다. 다음은 『고려사高麗史』 지志 31에 전하는 내용이다.

> 시절에 맞추어 권농勸農하고 힘써 둑堤偃을 수축하여 저수하고 물을 대게 하고 불모지荒耗地가 없도록 하여 백성들의 먹을거리를 풍족하게 하라. 또한 뽕나무를 철에 따라 심으며, 옻나무漆, 닥나무, 밤나무, 잣나무, 배나무, 대추나무 등의 과실수에 이르기까지 각각 때를 맞춰 심어서 이롭게 하라以時勸農 務修堤堰 貯水流潤 無令荒耗 以給民食 亦以桑苗 隨節栽植 至於漆楮栗栢梨棗菓木 各當其時 栽以興利.

신라 말기에 궁예가 송악에 태봉泰封이란 나라를 세웠을 때(910년경), 식화부植貨府를 두어 과목의 식재를 담당하게 한 기록이 있으나, 그때 어떠한 종류의 과실수를 심었는지는 알 수는 없다. 조선시대에는 궁궐의 정원을 관리하던 관리上林苑監가 세종 12년(1430)에 꽃 심을 것을 청하였을 때, 왕이 "나는 원래 꽃을 좋아하지 않는다. 그러나 뽕나무, 닥나무, 과실수는 좋아하고 이는 백성들의 생활에 극히 필요한 것이므로 이러한 것에 뜻을 두기 바란다"라고 한 기록이 있다.

세종 8년에는 각 도에 과실수를 심으라는 공문을 발송하고, 아울러 각 도에서 과실을 바치게 하는 법進貢法을 제정하였다. 감, 모과, 석류, 배, 유자, 밀감, 대추, 개암, 잣, 호두, 밤 등 그해의 결실량을 참고하여 알맞은 양을 책정해 상림원上林園에 바치도록 하였다.

『동국여지승람東國輿地勝覽』에서는 주요 대추 산지로 경상도의 하양·대구·경산·창녕·함안, 충북의 제천·단양·음성, 충남의 온양 등을 꼽고 있다.

대추나무 시집보내기

대추나무는 습한 땅을 싫어한다. 따라서 배수가 잘 되는 모래가 있는 땅에 심어야 한다. 이 나무는 '빗자루병'이라 해서 가지가 무수히 갈라져 못 쓰게 되는 병에 걸릴 수 있다.

대추나무는 정원수나 가정 과수로, 그리고 좋은 경치를 위해서 심을 수 있다. 또한 아이들 훈계용으로 "너희들도 대추방망이(또는 대추씨)처럼 단단해 보아라. 왜 그렇게 헤벌쭉하냐?" 하고 대추를 언급하는 말들이 있다. 그렇지만 다 큰 어른을 보고 "자네 인격이 대추방망이 같네" 하면 대개 듣기 싫어한다. 같은 말도 쓰기 나름인 것 같다.

대추나무는 열매가 많이 달려야 가치를 발휘한다. 열매를 많이 맺게 하는 데에는 몇 가지 방법이 있는데, 그중 하나는 '대추나무 시집보내기嫁法'라는 것이다. 이는 흔히 정월 대보름날 또는 단옷날 이루어진다.

대추나무는 줄기가 아래쪽에서 흔히 두 갈래로 갈라진다. 사람이 물구나무서기를 해서 두 다리를 벌린 것과 같은 형상이다. 이러한 경우 굵고 긴 돌을 갈라진 줄기 사이에 끼워준다. 이것이 바로 대추나무 시집보내기인데, 이렇게 하면 그 나무는 더 많은 열매를 맺게 된다.

시집보내기의 효과를 더 높이려면 나무줄기가 갈라진 것보다 더 굵고 큰 돌로 위에서 힘을 주면서 꽉 끼워야 한다. 이것을 헐겁게 끼워 쉽게 빠져나오게 해서는 안 된다. 두 갈래로 갈라진 줄기가 돌을 꽉 물고 있어야 좋다. 돌을 내려쳐서 그 사이에 끼울 때 나무줄

| 전북 진안 무릉리의 대추나무 고목

| 대추나무로 만든 모시 베틀

기의 껍질이 약간 벗겨지는 것이 오히려 바람직하다. 다시 말해서 나무가 다소 파열상破裂傷을 입는 것이 좋다. 나무줄기의 갈라짐이 너무 넓어 돌을 끼워도 계속 헐렁한 상태일 경우, 그 나무는 시집을 보내도 큰 효과가 없다.

이와 같은 행사가 특히 대보름과 단옷날에 행해진 것, 집에서 따분하게 지내던 젊은 사람들이 모여 흥겹게 노는 동안 이성異性에 대한 감정을 표현하겠다는, 또는 놀이의 방향을 더 한층 진하게 몰고가겠다는 의도였을 것이라고 추정된다.

그러나 이와 같은 시집보내기 행사는 과학적으로도 효과적인 것으로 입증되어 현대 학술 서적에서도 이 방법을 적어놓고 있다. 나무줄기 껍질의 일부를 칼로 깎아내는 환상박피법環狀剝皮法, 철사줄로 줄기를 감아 조직을 긴박시키는 긴박법緊縛法, 나무뿌리의 일부를 끊어주는 단근법斷根法, 나무뿌리 부근에 소금을 뿌려 나무뿌리가 물을 잘 빨아올리지 못하게 하는 방법(물을 흡수할 때 질소가 함께 들어가게 되므로), 줄기에 칼자국을 넣어주는 절상법切傷法, 나뭇가지 끝에 줄을 매고 가지를 아래로 휘어지게 해 나뭇가지 조직이 긴축되어 수액의 이동이 잘 안 되게 되는 굴지법屈枝法 등이 모두 대추나무 시집보내기와 비슷한 의미를 가지고 있다.

독일가문비나무

소나무과, *Picea abies*

(歐州唐松, 黑皮木에서 유래, Norway spruce)

북유럽이 고향이며 노르웨이를 비롯하여 원산지에서는 아름드리나무로 자라 큰 숲을 이룬다. 질 좋은 목재를 생산하는 나무이지만, 우리나라에서는 주로 조경수로 심는다.

독일가문비는 일찍부터 우리나라에 들어와 곳곳에서 심고 있다. 이 나무는 북구 여러 나라와 독일, 폴란드, 러시아 등 넓은 지역에 퍼져서 난다. 유럽의 산림 문명이라고 하면 소나무와 가문비나무로 만들어진 것이라고 할 수 있다. 독일 산림의 90% 이상이 소나무와 가문비나무 두 가지로 되어 있을 정도이다.

독일가문비라는 이름은 좀 잘못된 것이다. 이 나무의 본고장 유럽에서는 노르웨이가문비Norway spruce라고 부르고 있다. 과거 일본 사람이 독일에 가서 이 나무를 가져왔는데, 그때 독일에서 온 나무라는 이유만으로 독일가문비라고 부르게 되었다고 한다.

처진 가지

내가 이 나무를 처음 본 것은 수원에서였다. 서울대학교 농과대학 정문 앞에는 상징적으로 독일가문비 한 그루가 서 있었다. 잎이 바늘같이 생겼고, 곁가지가 거의 수평 방향으로 나며, 그 곁가지에 달린 작은 가지는 모두 아래로 처진다. 노르웨이의 푸름으로 겨울을 굳세게 지내는 아름다운 나무이다. 수관이 알맞은 원뿔 모양이고, 가지의 굳셈과 유연함은 마치 음악과 같다. 강인한 곁가지와 유연한 작은 가지가 서로 어울려서 조용한 그림을 만든다.

북극의 빙하라든가 높은 산의 만년설을 이웃하는 독일가문비는 조용할 수밖에 없다. 느린 속도로 흐르는 빙하에 물결 소리가 있을 리 없고, 그 옆에서 이 나무가 떠들어댈 필요도 없다. 몇백 년의 침묵이라도 좋다는 나무가 바로 독일가문비이다. 잔가지가 아래로 처지고, 긴 열매球果 역시 아래로 드리운다. 고개를 아래로 숙인다는 것은 침묵이나 고요함을 뜻한다.

독일가문비가 자라는 지방에는 눈이 많이 온다. 만일 독일가문비 가지가 힘을 갖고 위로 쳐든다든가 그 구과가 빳빳하게 위로 선다면 바람과 눈 때문에 부러지거나 꺾일 것이다. 나무의 곁가지가 짧은데, 만일 그 곁가지가 길었더라면 눈이 그 위에 쌓여 가지가 꺾일 것이다.

생물은 살아가기 위해서 알맞은 몸가짐을 고안해낸다. 그런데 눈이 오고 쌓이는 까닭에 독일가문비가 이처럼 몸의 구조를 변형시킨 것은 아니다. 원래

| 독일가문비나무의 잎과 열매

이 나무는 여러 종류가 있어 곁가지가 길고 굵은 경우도 있었다. 그러한 나무는 눈 때문에 살아남지 못하고 도태된 반면, 곁가지가 가늘고 잔가지가 처지는 것들은 살아남을 수 있었다. 적응할 수 있는 구조를 가진 나무만이 살아남게 된 것이다. 아래로 처지는 모양이 힘없어 보이기는 하지만, 사실 이는 무서운 것을 이겨내는 장치이다. 그래야 춥고 무서운 바람이 부는 북쪽에서 견딜 수 있다. 약하게 보이지만 사실은 강한 것이다. 약하게 보이는 것이 이기고 강하게 보이는 것이 지는, 그런 특이한 원칙을 이 나무가 알려주고 있다.

원산지에서의 모습

독일가문비는 노르웨이에서 보아야 실감이 난다. 1961년 초봄, 나는 스톡홀름에서 친구와 노르웨이 쪽으로 자동차 여행을 했다. 오슬로 교외에 있는 스키장 부근의 가문비나무 숲은 절경이었다. 오슬로시는 독일가문비 숲속에 싸여 있었다. 얼마나 아름다운 나무들인가? 크리스마스트리의 주인공이 바로 이 가문비나무이다. 독일가문비는 종교적인 침묵과 사색, 명상, 그리고 고요함을 담고 있다. 그러한 나무숲 안에 살고 있다는 게 얼마나 영광스러운 일인가? 나는 그곳에서 나무가 연출하는 수풀의 예술을 볼 수 있었다.

1973년, 다시 노르웨이를 찾을 기회가 있었다. 8월 31일 오슬로를 거쳐 서해안 쪽에 있는 베르겐으로 향했다. 약 만 년 전인가 몇천 미터의 두께에 이르는 얼음덩이가 유럽의 천지를 덮었다가 천천히 후퇴하면서 북극으로 옮겨갔다. 이때 얼음덩이는 유럽 대륙을 대패질하듯이 깎아버렸다. 노르웨이 국토에는 이 얼음에 할퀸 자리가 남아 있었다. 남쪽에서 북쪽을 향하여 줄을 그은 듯 할퀸 자리가 뚜렷이 보였다. 언덕도 바위도 산도 평야도 모조리 깎여 있었다. 빙하의 위대한 힘을 볼 수 있었다. 이러한 땅 위에 가문비나무와 유럽소나무가 뿌리를 박고 있었다.

지구의 절경, 피오르

베르겐에 도착한 후 다시 배를 타고 협만峽灣(피오르)에 떠 있는 작은 섬으로 갔다. 노르웨이 서북쪽에 협만이 있고 그것이 절경을 이루고 있다는 말을 들은 적이 있고 그림으로 보기도 했지만, 직접 내 눈으로 그것을 볼 수 있다니 꿈만 같았다. 내 생애 이보다 더 아름다운 자연 풍경을 본 적이 없다. 스위스의 알프스, 독일의 라인강변 모두 아름다웠으나, 노르웨이의 협만을 당할 곳은 없다고 본다.

협만峽灣(피오르)
빙하의 침식으로 만들어진 골짜기에 빙하가 없어진 후 바닷물이 들어와서 생긴 좁고 긴 만. 양쪽 해안은 경사가 급하며 횡단면은 U자 모양을 이룬다. 노르웨이 해안에서 볼 수 있다.

| 노르웨이 요정의 길, 피오르

| 천연 가문비나무 숲

북해의 물은 푸르디푸른 빛이었고, 그 깊이는 알 수 없을 정도로 깊었다. 깎아지른 화강암 절벽은 후퇴하는 빙하가 마지막 힘을 다해서 절단한 것이 아닐까? 빤히 건너다보이는 양쪽 절벽 사이에 푸르다 못해 검게 보이는 깊은 바다가 굽이굽이 내륙으로 들어가고 있었다. 100m 높이를 넘는 그 절벽에는 가는 곳마다 폭포가 걸리고 무지개가 협만 위에 서 있었다. 폭포에서 생기는 물안개는 아침·낮·저녁 할 것 없이, 봄·여름·가을·겨울 할 것 없이 그 위치에 그대로 무지개를 걸어놓고 있었다.

가문비나무는 이런 곳에서 살고 있었던 것이다. 가문비나무 고향의 영광을 모르고선 이 나무를 말할 수 없다.

노르웨이의 인심

나는 섬에 있는 호텔에 여장을 풀었다. 여기서 약 2주일간 머물 예정이었다. 호텔 직원에게 노르웨이 돈으로 환전할 것을 부탁했다. 호텔에 그날의 환율 시세가 표시되어 있었다. 돈을 바꾸어주는 직원의 말에 나는 감격하지 않을 수 없었다.

"선생님, 이 호텔에서도 돈을 바꿀 수 있지만, 베르겐 시내에 있는 은행에서 환전을 하면 선생님에게 더 유리합니다. 내일 아침 제가 배를 타고 나가서 돈을 바꾸어 오겠습니다. 조금만 기다리시기 바랍니다."

이와 같은 친절을 우리 주변에서 얼마나 찾아볼 수 있을까? 이러한 인정이 바로 노르웨이가문비나무의 인정인 것이다. 가지가 아래로 드리우는 부드러움과 그 여직원의 부드러움은 서로 통하고 있는 것이 아닐까? 이 가문비나무 숲에서 인간성이 형성되었기 때문에 그렇게 된 것이 아니었을까? 거만이라든가 고개를 빳빳이 세우는 모습은 생각할 수 없었다.

나는 협만의 호텔을 떠나 노르웨이를 동서 방향으로 횡단했다. 베르겐과 오슬로의 중간 지점에 예일로Geilo라는 작은 도시가 있었다. 높은 산 위 평원에 있는 교통의 요지이자 관광도시로 발달한 곳이었다.

도중에서 본 보링포센Voringfossen 폭포는 높이가 182m로서 이 폭포에는 아래위로 무지개가 겹쳐서 걸려 있었고, 물은 협만의 바다 위로 떨어지고 있었다.

노르웨이 사람들은 예전에 가문비나무로 통나무집을 만들어 살았다. 물론 유럽소나무도 통나무집을 만드는 재료가 되었을 것이다. 백두산 근처에서 통나무집에 살아본 경험이 있는 나는 이곳 노르웨이의 통나무집 건축 양식이 우리나라의 것과 비슷하다고 느꼈다. 그러나 노르웨이의 통나무집은 그 규모가 훨씬 컸다. 지붕 위에 흙을 얹고 풀이 나 있는 것으로 보아 비가 많이 오지는 않는 모양이었다.

캔들 트리

높은 산에 자라는 가문비나무의 수관은 정말 좁다. 곁가지가 매우 짧다는 것이다. 줄기는 곧다. 줄기가 굽었다간 눈 때문에 당장 꺾일 판이다. 우리나라에서도 눈이 많이 오는 지역의 나무는 곧은 줄기를 가지고 있다. 그래야 살아남을 수 있기 때문이다. 그러나 눈이 적은 곳에서는 줄기가 조금 굽어도 상관없다. 그래

| 스웨덴의 가문비나무 숲

| 국립수목원의 독일가문비나무

서 굽은 나무를 더 많이 볼 수 있다. 수관이 좁은 가문비나무를 흔히 '캔들트리 candle tree'라고 부른다. 불을 켜는 초처럼 가늘고 길다 해서 캔들이라 한 것이다.

나는 스웨덴과 핀란드, 그리고 폴란드에서 가문비나무 수풀을 볼 수 있었다. 핀란드에서 거의 북위 70도 되는 곳까지 가보았는데, 북쪽에 자라는 가문비나무는 생장이 매우 늦었다. 150년생 나무의 줄기를 기념으로 받았는데, 그 지름이 15cm가 되지 않는다. 15cm 되는 줄기의 횡단면에서 300개의 나이테를 읽어야 하지 않는가? 이것은 나무가 자란 것이 아니라, 세월을 그대로 지내온 것으로 보아야 할 것 같다. 나는 그 줄기의 원판을 귀중하게 보관하고 있다.

독일가문비는 종자로 번식이 잘 된다. 뿌리가 땅속 깊게 들어가는 일이 없기 때문에 바람이 적은 곳에 심어야 한다. 서양식 정원을 꾸미는 데 알맞은 나무이다. 물론 독일가문비는 종류가 많고 쓰임새도 많지만, 풍치의 나무라는 것이 더 적당한 표현일 것이다.

동백나무

차나무과, *Camellia japonica*

(冬柏·椋柏·山茶木·茶梅, Japanese camellia, Common camellia)

겨울에도 피는 진한 붉은 꽃은 정열적인 사랑의 상징이고,
꽃이 질 때는 통째로 떨어지는 모습이 깔끔하다.
남부의 따뜻한 곳에만 자란다.
알사탕 굵기의 씨앗으로 머릿기름을 짠다.

떨어지는 동백꽃 — 춘수락椿首落

우리나라 중국, 일본 등 따뜻한 지역에 나는 동백나무는 그 꽃도 아름답지만, 윤이 나는 진한 녹색의 잎이 빽빽이 난 것이 더욱 아름답다. 잎 좋고 꽃 좋고 한 것이 동백나무이다.

우리나라에서는 남쪽 해안가를 따라 분포하는데, 내륙에서는 월동에 문제가 있어서 식재 범위에 제한이 있는 것이 안타깝다. 제주도, 홍도, 흑산도, 거문도, 거제도, 충남의 외연도, 경남 동해안에 있는 목도目島(눈섬 또는 동백섬), 울릉도, 경기도 서해안에 있는 대청도, 남해안에 있는 보길도, 오동도 등 섬에 많고, 육지에서는 백양사, 천은사, 선운사, 백련사(전남 강진) 등 절간 주변에 숲을 이루고 있는가 하면, 충남 서천군 마량리 해안 가까운 곳에도 동백나무 숲이 있다. 마량리의 것은 사람이 심은 것 같고, 육지에서는 전북 선운사의 숲이 가장 북쪽에 위치해 있는 것으로 보인다.

동백나무에 관한 신석정辛夕汀의 아름다운 시 「빙하氷河」(1956)가 있다.

동백꽃이 떨어진다
빗속에 동백꽃이
시나브로 떨어진다

수水
평平
선線
너머로 꿈 많은 내 소년을 몰아가던
파도 소리
파도 소리 부서지는 해안에
동백꽃이 떨어진다

억만 년 지구와 주고받던

회화에도 태양은 지쳐
엷은 구름의 면사포를 썼는데
떠나자는 머언 뱃고동 소리와
뚝뚝 지는 동백꽃에도
뜨거운 눈물 지우던 나의 벅찬 청춘을
귀대여 몇 번이고 소근거려도
가고 오는 빛날 역사란
모두 다 우리 상처 입은 옷자락을
갈가리 스쳐갈 바람결이여

생활이 주고 간 화상火傷쯤이야
아예 서럽진 않아도
치밀어 오는 뜨거운 가슴도 식고
한 가닥 남은 청춘마저 떠난다면
동백꽃 지듯 소리 없이 떠난다면
차라리 심장도 빙하氷河 되어
남은 피 한 천년 녹아
철 철 철 흘리고 싶다

동백꽃이 소리 없이 뚝뚝 떨어진다는 표현은 동백나무 꽃의 성상을 그대로 잘 말해주고 있다. 살구꽃, 매화꽃, 벚꽃 같은 것이 떨어지는 모습은 우리의 마음을 고요하게 불러내지 못한다. 화사하게 피어 있을 때의 아름다움이나 땅 위에 수북이 떨어져서 지면을 덮고 있는 상황은 시와 문장에도 나타나지만, 동백나무가 나뭇가지에서 떨어져 땅 위에 도달하는 그사이의 동적인 과정이 시에서 주목의 대상이 된다.

동백꽃은 뚝뚝 시나브로 떨어진다. 동백나무 이외 나무의 꽃들은 이렇게 떨어지는 일이 없다. 구태여 찾아보려면 동백나무와 근친관계에 있는 노각나무

| 전남 나주 금사정 동백나무의 낙화(천연기념물 제515호)

쯤이 아닐까? 그래서 일본 사람들은 노각나무를 여름동백나무라고 부른다.

동백꽃은 한겨울에 뚝뚝 떨어지지만, 노각나무의 꽃은 한여름에 뚝뚝 떨어진다. 이처럼 뚝뚝 떨어지는 쓸쓸한 상황이 때로는 허무한 느낌으로 이어져서 춘수락椿首落(떨어지는 동백꽃)은 단절되는 인연을 상징하기도 했다.

"선운사에 가신 적이 있나요?"로 시작되는 유행가에도 비슷한 내용이 나온다. "눈물처럼 후두둑 지는 꽃 말이에요"라는 가사에선 '후두둑'이라며 움직이는 과정을 표현하였는데, 역시 동백꽃의 속성을 그대로 나타내고 있다. 비 뿌리

| 전북 고창 선운사의 동백나무 숲(천연기념물 제184호)

듯이 흩날리는 꽃잎을 맞는다는 많은 수의 꽃잎을 떠올릴 수도 있으나, 동백의 경우는 꽃 한 송이의 떨어짐이 주체가 된다. 떨어져가는 판에 구태여 동반자를 가질 필요를 느끼지 않는다.

한자 표기

동백나무는 한자로 동백冬柏, 冬栢, 棟栢으로 쓰고 산다목山茶木으로도 표현한다. '겨울 동冬'자가 들어간 것은 잎의 푸름이 겨울을 이겨내고, 주먹눈이고 가루눈이고 간에 눈 뿌리는 겨울에 붉은 꽃을 피우는 데서 연유한 것으로 생각된다. 강희안姜希顔이 『양화록養花錄』에서 동백나무에 대해 기록한 것을 풀이해보면 다음과 같다.

> 동쪽 나라에 나는 … 눈 속에서 능히 꽃을 피우는 것을 동백나무라 한다. 홑잎 동백은 남쪽 섬 지방에 많이 나며 봄철에 꽃을 피우는 것을 특히 춘백이라 한다
>
> 東國之産 … 雪中能開者 俗稱冬柏 單葉者 好生南方海島中 或有春花者 曰春柏.

나는 오래전 전남 돌산도의 남쪽까지 간 적이 있는데, 동백꽃이 피는 아름다운 이 마을에는 동백나무 노거목이 많았고, 동네 사람들의 말에 따르면 그중 늦가을에 꽃이 피는 나무, 한겨울에 꽃이 피는 나무, 그리고 봄에 피는 나무 등 꽃 피는 시기에 차이가 있다고 했다. 그래서 그곳 사람들은 추백秋柏, 동백冬柏, 춘백春柏이라는 명칭으로 구별해서 부르고 있었다.

한편 동백冬柏을 '춘椿'자로 쓰는 일도 있는데, 사전을 찾아보면 이 글자는 '참죽나무 춘'으로 되어 있고 동백나무라는 뜻은 찾아볼 수 없다. 그러나 '춘椿'자에도 동백나무의 뜻이 없는 것이 아니고, 이 글자는 참죽나무 또는 동백나무 두 가지 뜻을 가지고 있는 것으로 해석된다. 동백은 '棟柏'을 표음한 것이고 '冬柏'으로도 쓴다. 학단鶴丹이라 말하는 것은 그 꽃색의 붉음 때문이고, 산다목山茶木이라 말하는 것은 차나무와 인연이 가까운 데에서 온 것으로 생각된다. 학정홍鶴頂紅 또는 내동화耐冬花라는 명칭도 글자 그대로의 뜻이다.

정열의 꽃

눈이 흩날리는데도 피어나는 동백꽃은 그 안에 무서울 정도의 정열이 있어 그런 게 아닐까? 가지 끝에 꽃이 붙는 것도 줄기를 타고 올라오는 정열의 폭발을 의미하는 것임이 틀림없다.

붉다 못해 토해버린 피처럼 진하고, 진하다 못해 흰색까지 마셨으며, 부드럽다 못해 아직은 햇빛을 못 본 젖가슴을 부끄럽게 만든다. 수줍어 눈을 감고 내미는 첫 입맞춤에서 감미로움을 느낀 것은 꽃잎이라기보다 오히려 어린 소녀의 입술 같았다. 색깔 중에서 색깔을 골랐고 부드러움 중에서 부드러움을 골라낸 동백꽃잎에는 무언가 말 못할 사연이 있는 것일까? 그것은 아름다움의 절정이요, 부드러움의 종착역이라고 할 수 있다.

불 같은 사랑의 꽃, 그것이 동백꽃이다. 소나무, 대나무, 매화나무를 세한삼우歲寒三友로 묶는 것에 동백나무로선 불만이 없지 않다. 추운 겨울이 소나무와 잣나무의 절개를 알아본다歲寒知松柏지만, 그들은 혹한에 꽃을 피워보기까지는 못하지 않았던가? 이 점을 내세운다면 동백꽃 쪽이 훨씬 뛰어나다. 잎보다

는 꽃잎으로 추위를 견디는 그 기개가 더 높이 찬양되어야 하지 않겠는가?

무엇보다도 동백은 겨울을 상징하는 꽃을 맺는다. 동매冬梅와 함께 나란히 서고 싶다. 추위를 이긴다는 점에선 동백꽃이 더 상징적일지도 모른다. 추위와 어려움을 극복하면 으레 아름다움이 나타나게 마련이다.

겨울이 철학의 계절이라면 동백꽃은 철학을, 즉 냉철冷徹과 냉락冷落을 몸속에 숨기고 있을 것이다. 청적淸寂과 적조寂照의 분위기를 자아내는 동백꽃을 특히 중국의 시인들은 사랑했으며, 문학에 있어서도 혹한에 늠름하게 견디어내기에 동백꽃을 세한歲寒의 친구로 칭했다.

동백을 청렴과 절조, 굳은 인간의 이상적인 모습으로 보고 거기에서 높은 가치관을 뽑아내려는 풍조가 있었다. 때로는 동백나무를 엄한지우嚴寒之友에 넣어 제일화第一花로 추켜올린 것도 이유가 없는 것은 아니었다.

이와 같이 청순淸純과 아취雅趣를 바라보는 강렬한 동경에도 불구하고, 동백나무의 벌거벗은 아름다움이라고도 말할 수 있는 우미優美와 선려鮮麗를 응시하면서, 이 두 가지 면을 모아 한층 더 높은 자리에 올려놓고 바라보는 미美의 의식도 배양되어 왔다.

화사한 봄날에 피는 개나리, 살구나무, 벚나무, 앵두나무, 진달래 등은 그 꽃에서 고요함을 찾기 어려우나, 동백나무에선 소리 없는 고요함을 찾을 수 있다. 화려하면서도 고요하기란 어려운 것인데, 동백나무 꽃은 그것을 훌륭하게 해내고 있다. 고요하지 못한 것은 대체로 전시적인 느낌이 더하다. 적막함, 그것이 동백꽃의 매력이다. 동백꽃보다 더 숨막히게 아름다운 꽃은 따로 없다고들 한다. 맞는 말이다.

특수한 동백

눈동백나무(雪東伯, 雪椿): 이 나무는 원래 일본의 것인데, 혼슈本州 서쪽 해안에 위치한 표고 300~1,000m 산허리에 분포하는 생태품종이다. 그곳은 겨울 동안 눈이 많이 쌓여 눈동백나무는 눈에 눌려서 높이 자라지 못하며, 가지가 유연해서 눈에 눌리면 지면에 닿고, 그 닿은 곳에 뿌리를 내리는 특성이 있다. 그 밖에 형태적으로도 일반 야생 동백나무와는 구별된다.

눈동백나무가 자라는 산허리 이하 부분에는 일반 동백나무가 나타나고, 두 종이 접해 있는 곳에서는 잡종 동백이 만들어지고 있다.

애기동백나무(山茶花, 사잔카): 내가 처음 이 나무를 본 것은 1960년대에 도쿄에 있는 메구로目黒 임업시험장 구내에서였다. 가을인데도 한량없는 꽃이 나무를 덮고 있었다. 사잔카는 일본 원산으로 현재는 우리나라 남쪽에도 도입되어 심고 있다. 제주도 서귀포 폭포 주변과 만장굴 입구 주변에서 이 꽃을 볼 수 있다. 도감에는 애기동백나무라는 명칭으로 되어 있다.

애기동백나무는 동백나무와는 종이 다른 것으로 되어 있다. 이 나무는 교목이지만 키가 작고 수피가 황갈색 또는 흑갈색이어서 회백색인 동백나무와 구별되며, 꽃봉오리는 겉으로 나타나서 잘 볼 수 있다. 동백나무의 꽃은 잎 뒤에서 숨어서 핀다. 애기동백나무는 꽃이 가을에 피고 씨방子房에 흰 털이 빽빽이 나는 것이 동백나무와 다르다. 일본에서는 이 나무를 조경 목적으로 많이 심고 있다.

울릉도의 동백

울릉도 도동 뒷산 낮은 밭 언덕에 동백나무가 줄지어 자라고 있었다. 동해 한복판에 우뚝 솟아오른 울릉도. 북쪽에서 내려오는 찬 바닷물과 남쪽 해협에서 올라가는 따뜻한 바닷물이 만나서 소용돌이치는 곳에서 화산이 폭발해 성인봉을 만들고 그 기슭에 동백나무를 키우고 있다는 것은 울릉도가 동해 바다의 꿈이란 것을 말해준다. 산꼭대기에는 흰 눈이 길길이 쌓여 있는데 아래쪽에서는 피를 토한 듯 붉은 동백꽃이 피어나 꿈 같은 색채 대비를 보여준다. 눈 녹은 찬물을 마시고 꽃을 피우는 동백나무가 신비스러운 설계雪溪(눈이 녹지 않은 산골짜기) 위에 서 있다.

동해에 내려 쪼이는 햇볕을 모조리 모으는 울릉도에서, 동백나무는 그 잎으로 태양의 영광과 은혜를 한없이 즐긴다. 번쩍이는 두터운 잎이 그것을 말해주는데, 햇볕을 즐긴다는 것은 모든 생명의 바람이고, 그것을 등진다는 것은 참담한 일이 아닐 수 없다. 이러한 의미로 볼 때 동백나무는 행복하기 짝이 없는 나무이다. 그래서 지난날 혼례상에는 동백나무와 대나무 가지를 꽂아놓곤 했다. 사시사철 변함없이 태양의 뜨거운 열기를 구가하는 데는 이유가 있다. 또한 장수의 영광을 상징하는 데에도 부족함이 없다.

| 울릉도의 동백

동백나무 기행

나는 우리나라에 있는 동백나무 숲을 몇 곳 답사했다. 1950년대 후반쯤 전남 광양시 옥룡면에서 본 오래된 동백나무 숲이 인상 깊게 기억에 남아 있다. 그 숲이 지금도 남아 있는지 때론 궁금해진다.

서해 홍도는 수차 찾은 일이 있으나, 1982년 7월 말 찾은 홍도와 1992년 겨울의 홍도가 기억에 남는다. 1982년 여름, 나는 다도해 해상공원 설계용역 책임자 자격으로 다도해를 답사하면서 홍도에 들렀는데, 당시 기행 내용이 수첩에 남아 있다.

》홍도의 동백

1982년 7월 26일(월). 임술년 기망旣望이 멀지 않은 때에 홍도의 아름다운 절벽을 찾아 떠났다. 먼저 목포의 유달산을 답사하고 이튿날 홍도로 갔다. 홍도 1리 뒷산 낮은 곳에 있는 상엽활엽수림에는 동백나무, 잣밤나무 등이 많았다.

7월 29일(목). 새벽에 장대 같은 비가 오고 있었다. 힘찬 빗줄기 속에 잠겨 있는 홍도가 볼만하다. 남해의 고도가 호우의 한복판에서 그 지질시대의 얼굴을 세척하면서 유구의 역사를 이어가고 있었다. 한순간 한순간 모든 것이 변화하고 있지만, 인간의 수유須臾로서는 항재불변恒在不變 같은 것을 느낀다. 애인생지수유哀人生之須臾하고 선홍도지항재羡紅島之恒在라 할까? 잠깐 동안의 인생이 홍도의 영원을 부러워한다. 동백 숲도 아직 죽죽 내리는 빗줄기 속에서 새벽잠을 깨지 못하고 있었다.

1992년 겨울. 떨어져 있는 붉은 꽃을 볼 수 있었다. 진하게 빛나는 잎의 푸름을 고향으로 해서 피처럼 붉은 영광의 색깔을 방산시키며 생명의 환희에 취해 어쩔 줄 모르다가, 스스로 모르는 사이에 저세상의 나라으로 곤두박질해서 지금은 땅 위에서 썩게 되는 운명을 기다리며 훈장 같은 최후의 색깔이 변해가고 있었다. 화무십일홍花無十日紅(꽃이 열흘 동안 피는 것은 없다), 바로 그들이 즐비하게 깔려 있었다.

》돌산도의 동백

9월 2일(목). 다시 다도해를 답사하기로 하고 서울을 떠났다. 3일 여수시에서 배를 타고 돌산도 남단 임포부락으로 갔다. 그곳에는 해발 323m인 금오산이 있고, 섬 남단 절벽 부근에 향일암(일명 영구암)이란 암자가 있으며, 산으로 약간 오르는 곳에 흔들바위가 있다. 향일암은 서기 639년에 원효대사가 창건했다고 한다. 이 산에는 큰 굴피나무가 많은 것이 인상적이었다. 산딸나무도 많았는데 마을 사람들은 박달나무로 부르고 있었다. 아이들이 산딸 열매를 모으고 있었다. 맛좋은 열매이다.

임포부락이 바로 동백나무 마을이다. 춘백春栢과 추백秋栢이 주이고 한겨울에 꽃피는 동백冬栢은 적다고 한다. 이 마을의 동백은 심은 것이 아니고 자연생이라고 한다. 임포마을 앞에는 밤섬이 있는데, 이 섬에서 발달한 상록활엽수림은 원시림에 가까운 것으로 학술적 가치가 매우 높게 보였다.

》거문도의 동백

9월 4일(토). 여수를 떠나 나로도(나라도), 손죽도, 초도를 지나 거문도로 갔다. 거문도는 동도, 서도, 안노루섬 등 몇 개의 섬으로 되어 있다. 거문리 마을 뒤에는 우거진 동백 숲이 있다. 철 이른 때라 간혹 붉은 꽃이 드문드문 선을 보이고 있었다. 거문도 서도에는 1904년에 점등된 유명한 등대가 있다. 등대로 오르는 오솔길을 따라 많은 동백나무가 나타난다. 그곳 흰꽃동백나무*Forma albipetala*는 줄기가 두 갈래로 갈라지고 각각의 가슴높이 지름은 20cm쯤 되었다. 12월부터 피기 시작해서 다음 해 2월까지 계속 핀다고 했다.

흰 동백의 자생은 보기 쉽지 않다. 거문도는 동백나무의 섬이라 해도 좋다. 더운 곳의 섬은 더운 꽃으로 장식되는 것이 격에 맞다.

》여수 오동도의 동백

여수의 오동도에는 동백나무가 많다. 전설에 의하면 아름다운 아낙네가 도둑에게 쫓겨 물에 빠져 죽었는데, 그 뒤 그녀의 무덤에서 동백나무가 생겨났다는 것이다. 그래서 동백꽃의 아름다움은 그 여자의 미모에서 온 것이라고 한다. 여자가 죽어서 꽃으로 되었다는 이야기는 있어도, 남자가 그렇게 되었다는 전설은 들어보지 못했다.

》목도의 동백

1985년 6월 2일(일). 경남 울주군 온산면 방도리 앞바다에 있는 목도目島를 찾아갔다. 섬 모양이 사람의 눈과 같다고 해서 눈섬으로 불린다. 또 동백나무가 많아서 동백섬으로도 부르고 있다. 이 섬에는 후박나무, 다정큼나무, 사철나무, 송악 등 상록활엽수림이 발달해 있어 동해안 섬으로는 특이하여 천연기념물 제65호로 지정되어 있다.

동해안에는 섬다운 섬이 거의 없는데 유일하게 이 목도는 상록수림으로 덮여 있다. 멀리는 울릉도가 있긴 하다. 목도는 육지에서 300m 거리에 있고 많은 사람이 찾아 유원지 비슷하게 되었다. 엄격하게 보호되어 사람의 출입이 통제되어야 하는데 무언가 잘못되고 있었다. 지금쯤은 바른 질서를 찾았을지 모른다. 목도를 춘도공원椿島公園, 동백나무공원으로도 부르고 있는데, 공원의 성격을 부여하는 것은 잘못이다. 목도 안에는 그때 술집이 많았다.

> 지금은 엄격한 통제로 학술조사 목적 외에는 들어갈 수 없다.

군청 조사 자료에 의하면, 목도에는 414그루의 동백나무가 있다고 한다. 단, 줄기의 가슴높이 지름 3cm 이상의 것이 조사 대상이다. 사람들이 발로 밟아 많은 나무들이 고사하고 있었다. 섬 안에 사찰이 있었는데 지금은 다른 곳으로 옮겨갔다고 들었다.

목도의 귀중한 동백나무는 잘 보호되어야 한다. 목도에는 우리나라에서 가장 굵은 칡이 있는데, 뿌리목 줄기둘레가 127cm에 이르고 있다. 이 부분이 지난날에는 뿌리였을지도 모른다. 이 칡 옆에 나무높이 12m, 줄기 가슴높이 지름 25cm의 큰 동백나무가 있다.

》지리산의 동백

지리산에는 단풍과 깨끗한 계류를 자랑하는 피아골의 웅장한 신비가 있고, 그 안에 유명한 사찰 연곡사鷰谷寺가 있다. 이 절 옆에는 굵은 동백나무 4~5그루가 있는데, 수백 년은 묵은 것으로 생각되었다.

한편 지리산 천은사泉隱寺 주변에는 소나무, 느티나무, 서어나무, 졸참나무, 은행나무의 거목들이 있어 이곳이 예사로운 곳이 아니라는 것을 말해준다. 우리나라에서 가장 큰 영산홍이 방장선원方丈禪院 앞에 한 그루 서 있는데, 수령이 100년이 넘으며 나무높이는 3.5m쯤 되어 보였다. 나지막한 돌담 위에 큰 동백나무 한 그루가 있는데, 뿌리목 줄기 지름이 25cm쯤 되는 거목으로 앞에는 '산왕지위山王之位'라고 새긴 돌이 서 있다. 산신령이란 뜻이다. 소원 성취를 위해서 이 동백나무에 치성을 드리는 사람들이 있어 이 나무에 영성靈性을 주고 있다.

동백나무는 사찰과 잘 어울린다고 생각된다. 화려했던 꽃이 아직은 때가 이른 듯한데 어느 순간 뚝 떨어져 그 무상無常이 불법佛法의 분위기를 도와주는 것 같기 때문이다. 생生의 영광과 나락奈落이 간일발間一髮의 사이에 있다는 것을 동백꽃에서 배울 수 있다.

고전에 나타난 동백나무

조선 숙종 때 실학자 홍만선洪萬選이 엮은 『산림경제山林經濟』에서는 동백冬栢을 '산다화山茶花'로 표현하면서 동백나무의 품종과 키우는 요령을 설명하고 있다. 또한 동백과 춘백을 서로 다른 품종으로 다루고 있다. 『임원경제지林園經濟志』에서는 동백이 취급되지 않는 것이 좀 이상할 정도이다.

순조 9년(1809) 여성 실학자인 빙허각 이씨가 부녀자를 위해 엮은 『규합총서閨閤叢書』에 이르기를, "산다화山茶花는 동백꽃을 말하는데 이 나무는 성미가 조燥하니 차고 덥기를 알맞게 하고 화기火氣를 가까이 말며 잎과 가지에 다른 것을 대지 말고, 가지 세 치를 꺾어 분에 심고 낮에는 햇볕을 가리고 밤에는 이슬을 맞게 하면 반달 만에 뿌리가 내리게 된다"고 했다.

또한 중국 명나라 왕상진王象晋이 지은 『군방보群芳譜』에는 '산다山茶'라고 해서 동백나무의 품종과 재배법을 설명하고 있다.

한편 임업시험장 시보 제5호(1926년)에서는 "산다山茶는 동백棟栢나무인데 가지가 많고 자람은 느리다. 목재는 기구재, 기계재, 농구재, 악기재, 빗櫛, 신탄재 등으로 쓰이고, 종자에서 기름을 얻는데 이것이 동백기름이다. 제주도, 울릉도, 옥구군의 어청도에 분포하는데, 특히 흑산도에 가장 많다. 바닷바람을 잘 막으므로 해안 식재에 알맞은 수종이다"라고 하였다.

중국 명나라 때의 『삼재도회三才圖會』를 보면 역시 동백나무를 '산다山茶'라 하고 품종명을 들며 꽃의 특성을 설명하고 있다. 모란, 목련, 해당화, 진달래, 자귀나무, 치자, 능소화, 장미 등과 함께 화류花類로 분류했다.

마지막으로 1712년 일본에서 간행된 백과사전 『왜한삼재도회倭漢三才圖會』의 내용이 재미있어 소개한다. 이 책은 1607년 중국에서 간행된 왕기王圻의 『삼

| 전남 광양 옥룡사의 동백숲(천연기념물 제489호)

재도회』를 일본에서 수정·보완하여 간행한 것이다. 이 책에서는 중국 사천四川에 나는 당해석류唐海石榴를 칭찬하면서 별항으로 동백나무를 설명하고 있다.

동백나무류, 즉 해석류海石榴는 참죽나무椿와는 다른 것이나, 일본 사람들은 동백나무에 춘椿자를 쓰고 있다. 해석류는 동백나무과를 뜻하는 것이고, 그 안에 한 종인 산다화山茶花가 있다. 열매로 기름을 짜는데, 이것을 목실유木實油라 한다.

| 동백나무의 꽃과 잎

칼에 칠하면 녹이 슬지 않고, 이것으로 칠기를 닦으면 윤이 난다. 머리에 칠해도 윤이 나는데, 머리에 손상을 주지 않는다. 들깨기름과 섞어서 머릿기름으로 하면 좋다. 겹꽃동백은 열매를 맺지 않는다. 꽃은 아름다우나 시들 때에는 보기에 흉하다. 홑겹의 붉은 동백꽃을 산춘山椿이라 하는데, 이것이 동백나무의 본원本源이다.

겨울 일찍 피는 것은 조개早開라 해서 숭상한다. 동백나무 곧은 줄기를 끊어 불로 구우면 껍질이 잘 벗겨지고 표면이 맨들맨들해지는데, 승려들은 이것을 지팡이로 사용한다. 승려의 지팡이 주장자柱杖子는 좌선이나 설법할 때 지니는 것이다.

들메나무

물푸레나무과, *Fraxinus mandshurica*

(花拒柳·蠟條, Manchurian ash)

나무가 단단하고 질겨서 도리깨를 비롯한 농기구로 널리 쓰였다.
껍질은 진피秦皮라고 하여 안약으로 이용되었다.
서양에서도 쓰임이 많아 유럽의 신화에도 등장한다.

도리깨

지금도 농가에서 가끔 도리깨를 볼 수 있지만, 예전에는 도리깨가 한 집에 여러 개씩 있었다. 닷새에 한 번씩 서는 장에 가면 으레 도리깨채와 도리깨말의 재료가 되는 물푸레나무나 들메나무의 긴 휘추리를 얼마든지 구할 수 있었다. 물푸레나무 휘추리를 구해오면 그것을 물에 담가 부드럽게 한 다음, 도리깨장대에 꼭지를 끼우고, 이 꼭지에 3개의 휘추리를 고정시켜 도리깨를 완성한다. 알맞은 위치에 새끼나 칡으로 치마를 입히는데, 이때 도리깨발이 벌어지도록 한다. 물론 도리깨발은 들메나무 또는 물푸레나무 가지로 만드는데, 이것을 도리깨 삼형제라고도 하고 표준어로는 도리깻열이라 한다. 도리깨 삼형제 중 가운데 것은 양쪽 것보다 약간 더 짧다. 도리깨채를 들고 도리깨발을 돌리면 신명나게 잘도 돌아간다. 도리깨는 쓰기 전에 물속에 잠시 담그는데, 그렇게 하지 않으면 칡으로 묶은 치마가 쉬 상해서 깨지기 때문이다. 쓰는 도중에 종종 물에 담근다.

지난날 도리깨는 농가의 필수적인 농구였으므로 누구든지 물푸레나무 휘추리쯤은 익히 알고 있었다. 이처럼 들메나무와 물푸레나무는 우리 민족과 함께해 온 소중한 것이었다. 들메나무와 물푸레나무는 매우 닮아 있고 쓰임새도 비슷하다.

도리깨

콩·보리 등 곡식을 두들겨서 탈곡하는 농기구의 일종. 1.5~2.0m의 작대기 끝에 대나무 또는 철제의 타곡부가 회전 자재로 부착된다.

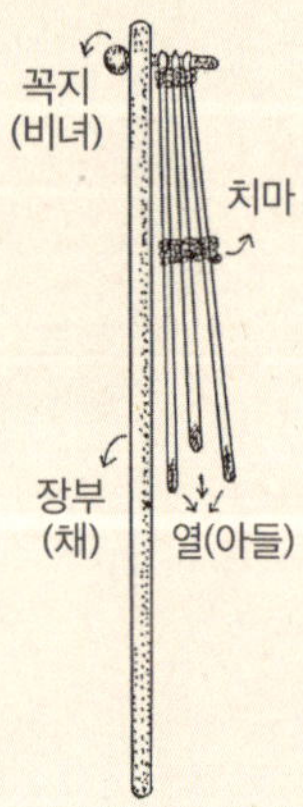

도리깨질하는 모습
(1900년경 김준근 풍속도)

들메나무와 물푸레나무

들메나무와 물푸레나무는 매우 닮았다. 들메나무는 잎 뒤 중앙맥의 기부基部에 다갈색 털이 무더기꼴로 나타나기 때문에 잎 뒤 중앙맥이나 곁맥에 흰색 털이 나 있는 물푸레나무와 쉽게 구별할 수 있다.

들메나무와 물푸레나무는 꽃이 달리는 성질 면에서 차이가 있다. 물푸레나무는 그해에 자란 가지에 꽃대궁花序이 달리지만, 들메나무는 지난해에 자란 가지에 꽃대궁이 달린다. 이러한 개화開花 습성으로 물푸레나무와 들메나무를 구별할 수 있으나, 쓰임새에 있어서는 거의 차이가 없다. 즉 나무가 단단하고 무겁고 질기며 탄력성이 있어서 농기구의 자루나 특히 야구 배트로는 최상의 재료이다. 이들 나무의 목재는 마찬가지로 물기 있는 곳에서 견디는 성질도 강하다.

들메나무도 물푸레나무처럼 우리나라 전국에 걸쳐 나고 일본, 중국, 만주, 사할린 등에도 분포한다. 두 수종은 모두 계곡이나 낮은 땅에 잘 나타나고, 어릴 때의 자람이 매우 빠르다.

물푸레나무 종류는 북반구에 약 70종이 있다고 하며, 그중 유럽들메나무와 미국들메나무는 유명하고 쓰임새가 다양하여 귀중한 생활자원이 되어왔다. 이 두 가지 외국 들메나무는 우리나라의 들메나무처럼 지난해에 자란 가지에 꽃을 다는 성질이 있다. 그래서 물푸레나무속屬을 다시 물푸레나무절節과 들메나무절節로 나누는데, 미국종이나 유럽종은 들메나무절에 속한다. 이러한 외국종의 들메나무도 야구 배트, 스키 등에 널리 쓰이며 귀중한 목재로 인정되고 있다. 미국들메나무는 1920년쯤 전후해서 우리나라에 들어와 있다. 물푸레나무류는 생것으로도 잘 타기 때문에 북쪽에 사는 민족, 예를 들어 아이누족에게는 소중한 땔감이었다.

물푸레나무속 꽃은 꽃잎이 없는 것이 특징이다. 대개 자웅이주雌雄異株이지만 양성화陽性化, 즉 꽃 하나에 암술과 수술을 함께 가지고 있는 경우도 있다.

| 들메나무의 꽃달림

다양한 한자명

물푸레나무는 한자로 '물푸레나무 침梣'(또는 물푸레나무 진)으로 쓰는데, 보통 침목梣木이라 하면 물푸레나무를 뜻한다. 『훈몽자회訓蒙字會』에도 '물푸레나무 침梣'으로 쓰고 있다. 침피梣皮라 하면 약으로 쓰이는 물푸레나무의 껍질을 말한다. 이를 진피秦皮라고도 하는데, 중국의 진秦이란 지방에 많이 나기 때문에 그러한 이름을 얻었다고도 한다.

물푸레나무는 줄기와 가지에 흰색 반점이 있는데, 이러한 이유로 백침목白梣木이란 이름도 얻고 있다. 또 어린 가지가 녹색을 띠고 있어서 청피목靑皮木, 동과수東瓜樹, 수동과水東瓜라는 이름으로도 불린다. 그리고 이 나무의 껍질을 물에 담그면 푸른 색깔이 나온다고 해서 수청목水靑木, 수창목水蒼木이란 이름도 있다. '물푸레나무'라는 우리말 이름은 수청목水靑木을 그대로 옮긴 느낌이 든다.

가지를 씹으면 쓴맛이 난다고 해서 고수苦樹 또는 고력苦櫪이라는 이름도 있고, 잎이 박달나무檀와 닮았다고 해서 석단石檀으로 부르기도 하며, 분계盆桂라는 이름도 있다. 수거류水柜柳라고도 불리는 것은 이 나무가 습기를 좋아하기 때문일 것이다. 들메나무는 화거류花柜柳로도 쓰며, 백랍白蠟을 얻을 수 있어 납조蠟條라는 한자명도 사용되고 있다.

백랍은 물푸레나무의 진을 말하며, 상처에 새살이 나게 하고 지혈止血과 접골接骨, 또 기침을 멎게 하는 효과가 있다 한다. 이는 광나무, 쥐똥나무, 들메나무, 물푸레나무 등의 가지에 기생하는 벌레가 몸에서 분비하는 납물질로, 약으로도 쓰이고 초를 만들어 불을 켜면 매우 밝으며, 제주도 지방에서 많이 얻을 수 있다는 기록이 있다. 이 벌레를 백랍충白蠟蟲이라 해서 그것을 방사放飼하는 방법까지 소상하게 기록된 것을 보면, 지난날 우리 민족은 이 백랍을 소중히 여긴 것이 틀림없다.

신화 속 들메나무

들메나무 자원은 압록강, 두만강, 송화강, 그리고 요하遼河의 오지에 많다고 전해진다. 또 일본 홋카이도에도 많은데, 옛날 그곳에 살고 있던 아이누족은 이 나무와 관계가 밀접했던 모양이다. 들메나무에 관련된 아이누족의 전설에 다음과 같은 이야기가 있는데, 유럽 민족의 들메나무에 얽힌 신화와 통하는 점이 많다. 추운 지방인 북구의 신화가 오랜 세월을 두고 아시아 북부 지방에 사는 민족에게 흘러들어왔는지도 모른다.

> 오랜 옛날 하늘나라에 살고 있던 신의 명령으로 큰 부엉이가 떡느릅나무 위에 앉아 인간세계를 내려다보면서 악령이 인간에게 접근하는지 지켜보고 있었다. 그런데 인간의 수가 늘어나서 낮은 떡느릅나무 위에서는 인간들을 모조리 내려다볼 수가 없어서 더 높은 나무를 찾게 되었는데, 이 나무가 바로 들메나무이다.

들메나무는 대체로 떡느릅나무보다 더 높게 큰다. 그래서 들메나무에 앉아 있는 부엉이는 아이누족을 수호하고 있는 고마운 존재라는 것이다. 그뿐만

| 1690년 『에다』 필사본에 실린 이그드라실

이 아니라 들메나무는 이들이 살아가는 데 필요한 각종 목재 자원으로 이용되었는데, 특히 땔감으로 많이 쓰였다.

유럽에는 유럽들메나무가 있는데, 이들은 Common ash, Weeping ash 또는 Bird's tongue 등으로 불린다. 유럽 남쪽에는 만나들메나무, 미국에는 미국들메나무가 있는데, 이들은 각각 White ash, American ash 등으로 불리고 있다.

유럽물푸레나무와 관련된 북구의 신화가 또 있다. 인간이 어떻게 시작되었는지 고민하게 되면서 인류의 기원이 나무에 있었을 것으로 보는 시각이 있었다. 초봄에 피어나는 나무의 잎이나 자라나는 가지를 보고 그 안에 생명이 숨어 있다고 여겼고, 그래서 인간은 나무를 숭배하기 시작했다. 또한 나무와 숲에는 님프가 살고 있고, 나무가 죽으면 반신반인半神半人의 님프는 함께 죽어가는 것으로 믿었다. 나무의 님프를 '하마드리아드hamadryad', 숲의 님프를 '드리아드dryad'라고 불렀다. 이 밖에도 나무와 숲에 각종 신과 악령惡靈이 살고 있는 것으로 생각했다.

북유럽 신화는 우주목宇宙木 또는 세계목世界木이라는 것을 가상하고 있다. '이그드라실Yggdrashl'이라는 이름의 이 나무는 매우 큰 들메나무로 상상되었다. 그만큼 들메나무는 자연의 생명력을 상징하는 것으로 인간으로서는 상상할 수도 없는 위대한 힘을 가진 나무로 여겨졌다. 사람들은 이 나무가 가지와 줄기로 하늘을 떠받들고 있고, 뿌리는 땅속 황천黃泉에 이르며, 사방으로 터진 가지는 우주의 공간이고, 꽃과 열매는 별, 잎

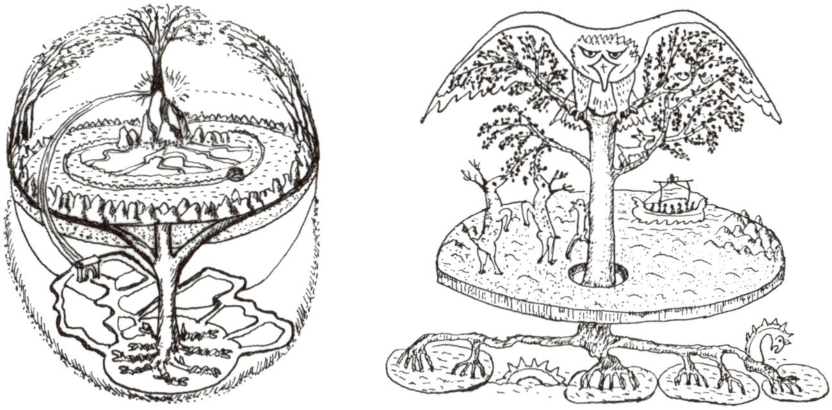

| 우주목 스케치

은 구름이라고 믿었다. 또한 이 나무에서 떨어지는 이슬은 꿀이며 벌들이 모으는 식량이라고 해석하였다.

신이 땅을 창조하고 그곳이 너무 쓸쓸해서 물푸레나무를 남자로, 느릅나무는 여자로 변화시켰다는 북구 신화는 인류의 기원이 나무라는 믿음을 강조하고 있다. 그리스·로마의 사람들도 인류는 들메나무 열매가 변한 것이고, 이 나뭇가지와 잎은 하늘의 구름이며, 들메나무의 님프는 구름 속에 살고 있는 여신이라고 풀이하기도 했다.

진피목과 약용

물푸레나무 껍질을 물속에 넣으면 녹색 물감이 우러나오는데, 진피의 감정 방법으로 이것이 쓰이는 모양이다. 『본초강목』에 다음과 같은 내용이 나온다.

> 이 나무는 박달나무檀와 닮아 잎이 작고, 껍질에 흰색 무늬가 있으며 거칠지 않고, 껍질을 물속에 넣으면 벽색(푸른색)이 되는데, 이것으로 종이에 글씨를 써보면 푸른색이 나타난다. 이와 같이 되면 틀림없는 진피이다.

한편 좋은 아교 다섯 냥쭝을 물푸레나무 껍질의 즙액 속에 담그고 이것을 재료로 해서 먹을 만들면 먹墨 색깔이 더 검어지며 탈색되지 않는다고 한다.

물푸레나무 껍질은 충혈된 눈을 씻어 치료하는 귀중한 약으로 사용되었다고 한다. 『동의보감東醫寶鑑』에 진피는 성질이 차고 맛이 쓰며 독이 없어, 눈이 붉게 되고 눈물이 흘러내릴 때 쓰는 세안약洗眼藥으로 눈을 맑게 하는 효과가 있으며, 오래 쓰면 머리털이 희게 되지 않고 남자의 정력을 돕고 여자의 대하帶下를 치료한다고 했다. 이처럼 물푸레나무의 용도는 다양했다. 진피는 2월과 8월에 채집해서 응달에서 말린다.

유럽에서도 들메나무의 수피는 값비싼 약재로 이용되었고 수렴제로서도 효과가 있다고 전해진다. 껍질에는 쓴맛이 나는 프락신fraxin, 타닌, 말레인산 등이 함유되어 있어, 이러한 성분은 강장제로서 효과가 있었고 기타 각종 병을 치유하는 데 이용되어왔다. 그 잎도 발한제, 이뇨제 및 통풍·수종·비만 치료제와 하제 등으로 효과가 있어서 매일 아침 잎차를 마시면 좋다고 한다. 잎을 술에 담가서 마시면 결석과 황달증을 치유한다. 잎은 6월 중에 따서 건조하고 가루를 만들어 병에 넣어 보관한다. 들메나무 열매는 껍질과 잎보다 더 약효가 있는 것으로 알려져 있는데, 특히 헛배 부른 증세의 치유에 좋다. 열매는 건조시키면 오래 저장할 수 있다.

만나들메나무

유럽 남부 지방에 자라는 만나들메나무Manna ash의 이야기는 흥미롭다. 만나는 위성류渭城柳의 일종인 나무Tamarisk manna의 어린 가지에 기생하는 곤충의 배에서 분비되는 달콤한 물질로, 낮에는 끈끈한 액체이지만 아침에 기온이 낮을 때에는 단단해지는데 굵은 것은 콩알만 하다. 많이 수집하는 사람은 한 해 동안 1.5kg을 얻는다고 하는데, 시나이Sinai반도 계곡에는 만나 위성류가 많이 자라고 있다고 한다.

나무 줄기에 상처를 넣어 수액이 흘러나오게 해서 이것이 굳어지면 흰색 또는 황백색 덩어리가 되는데, 맛이 달고 강장제 또는 하제로서 선호된다. 지중

| 만나들메나무

해 시칠리아에 이 나무가 많은데, 9~10월에 채집한 것이 가장 좋고, 7~8월 중 채집한 것이 다음으로 좋다고 한다. 들메나무에 함유되어 있는 프락신 성분이 만나에 많이 들어가면 만나는 더 녹색을 띠게 된다. 나무에서 채집한 만나 덩어리는 70%의 만나당糖을 함유하고 있다.

이처럼 들메나무와 물푸레나무는 동서를 막론하고 귀중한 목재를 제공하고 약으로도 넓게 쓰여왔으며, 기교가 없는 야생적인 나무이자 우리나라의 대표적인 활엽수종의 하나로 자리를 지켜오고 있다.

등(등나무)

콩과, *Wisteria floribunda*

(藤·女蘿, Japanese wisteria)

쉼터의 그늘을 만들어주며 연보랏빛 꽃이 주렁주렁 매달리는 아름다운 덩굴나무이다. 껍질을 벗겨 닥나무와 함께 종이를 만들었고, 줄기는 등공예에 이용되었다.

'등나무 등藤'자는 '풀 초艸'자와 '물 솟을 등滕'(또는 오를 등騰)자가 합쳐져 만들어진 글자인데, 위로 감아 올라가는 식물이란 뜻을 가지고 있다. 등나무의 생태적인 성질을 말하는 형성문자이다. '등滕' 또는 '등騰'자는 모두 무엇을 감고 올라간다는 뜻이 있으며, '등登'자나 '승繩'자와 같은 계통의 글자이다.

옛책에서 칡葛은 풀로 취급하고 등藤은 나무로 취급한 것을 볼 수 있는데, 사람들의 눈에 등은 역시 둥치가 굵어서 풀로는 도저히 볼 수 없었던 것 같다. '등'이 덩굴나무蔓木라 하면 구태여 등나무나 칡만을 일컫는 것이 아니고 목본의 모든 덩굴식물을 포괄하여 표현하기도 한다.

좁게는 꽃이 아름다운 '참등'을 말하지만, 일반적으로 '등'이라 하면 등 종류로 통용되고 있다. 영문명은 위스테리어Wisteria인데 위스타리어Wistaria로 써도 무방하다.

자생지

내가 참등의 엄청난 자생지를 본 곳은 부산 동래의 범어사 주변이였다. 범어사는 의상대사가 창건한 절로, 해발 약 800m인 금정산金井山에 위치하고 있다. 산허리 경사가 거의 평평한 편이며 계곡에는 물이 흐르고 큰 바위가 수없이 지면에 노출되어 있는데, 그 넓은 면적에 걸쳐서 등이 자라고 있다. 그 사이사이에는 소나무, 팽나무 등 큰 나무들도 자라고 있는데, 등나무가 이들 나무를 감고 올라가서, 특히 소나무 중에는 죽은 것들이 있었고 등나무의 압박을 받고 있는 큰 소나무도 볼 수 있었다. 이곳은 등의 군생지로 천연기념물 제176호로 지정되어 보호를 받고 있다. 등나무의 기세가 너무 등등해서 사찰의 중요한 경관을 이루고 있는 소나무 노거목은 그 기세에 눌려 있는 모습이었다.

범어사 주변의 소나무림은 매우 아름다웠고 소나무 고유의 미를 아낌없이 나타내고 있었다. 등나무도 중요하지만 소나무 또한 그 못지않게 값진 존재이므로 소나무 줄기를 타고 올라가는 등에 한해 그 위쪽 덩굴의 일부를 끊어서 세력을 줄여주고 소나무가 그 상태에서 벗어날 수 있도록 하였다. 몇 해 지나면 등이 다시 그 소나무를 타고 올라가겠지만 그때 다시 이와 같은 작업을

| 부산 범어사의 등 군락(천연기념물 제176호)

해주어 소나무를 보호하고, 때로는 큰 나무를 무섭게 감고 올라가는 용과 같은 등나무의 모습을 남겨 그것을 보는 것도 가치가 있을 것으로 보인다.

그 뒤에도 범어사에 갈 일이 있었는데, 등나무가 아니었다면 아직까지 범어사 주변의 아름다운 사찰림을 보지 못했을 것으로 생각되어 등나무에 감사하는 마음이다.

전설

범어사 말고도 경주 오류리五柳里에 있는 큰 참등 네 그루 역시 천연기념물로 지정되어 보호를 받고 있다. 그중 큰 나무는 가슴높이 줄기의 지름이 약 50cm에 이른다.

이 등나무에는 아름다운 전설이 있다. 신라시대에 용림龍林이라 해서 임금이 사냥을 즐기던 이곳의 등을 용등龍藤으로 부르는데, 혼기를 앞둔 두 자매가 죽어서 이 등나무로 변했다고 한다. 내용인즉, 두 자매가 동시에 옆집 총각을 사랑하였고 그 총각이 싸움터로 나가게 되자 삼각관계의 사랑을 알게 된 두 자매가 연못에 몸을 던져 등나무가 되었다는 것이다. 총각은 전쟁터에서 돌아와 이 사실을 알고 슬퍼하다가 그도 역시 연못에 몸을 던졌는데 그 몸이 팽나무로 변했으며, 그래서 지금 이 등나무는 큰 팽나무를 감고 올라가고 있다는 이야기이다.

이 등나무의 꽃을 말려서 신혼부부의 금침 속에 넣어주면 애정이 더해지고, 잎을 따서 물에 삶아 마시면 애정이 되살아난다고 하여 지금도 이곳을 찾는 사람이 있다고 한다.

이와 비슷한 그리스 신화가 있다. 하늘에서 내려온 제우스와 헤르메스 신을 극진히 대접한 보답으로 바우치스와 그의 남편 필레몬이 오래도록 행복하게 살다가 죽어서 부인은 피나무가 되고 남편은 참나무가 되어 줄기가 서로 붙어 한 나무가 되었다는 이야기이다. 지금도 각처에서 사람들이 찾아와서 이 훌륭한 부부를 흠모하는 뜻에서 꽃다발을 가지에 걸어준다고 한다.

한편 경주에 서부엽림西部獵林이란 숲이 있었는데, 이 숲에는 큰 등이 많았

| 경주 오류리의 등나무(천연기념물 제89호)

다고 한다. 예전의 시에 "평평한 수풀을 바라보니 끝없이 넓고 그 안에는 울밀한 백년의 등넝쿨, 천년을 넘긴 나무들이 자욱하며 온갖 짐승이 우글거린다"는 내용이 있다. 지금과는 엄청나게 다른 아득한 옛날의 경주 주변 자연상태가 연상된다.

한시 속의 등나무

등나무는 흔히 경관 조성용으로 심는데, 꽃이 무척 아름다워 시로도 읊곤 한다. 다음 시는 매우 고결하고 무언가 인간의 참모습을 보여주는 것 같아서 좋다. 당나라 때 장적張籍의 시이다.

獨向雙峯老	홀로 두 개의 산봉우리를 보면서 사는 동안에 늙었구나
松門閉兩涯	두 언덕 사이에 소나무 문이 있어 길을 막고 있다
翻經上蕉葉	경전을 번역해서 파초잎 위에 글을 쓰는데
掛衲落藤花	가사袈裟 걸어둔 곳에 등꽃이 떨어지고 있구나

甃石新開井　　　돌을 다져서 새로 우물을 만들고
穿林日種茶　　　숲을 끊어 날마다 차나무를 심는다
時逢海南客　　　때로 해남에서 손님이 찾아와
蠻語問誰家　　　사투리로 누군가의 집을 찾는구나

경전을 읽는 동안 파초잎이 길게 자랐고, 가사를 걸어놓고 산속에 있는 동안 벌써 등꽃이 진다는 것인데, 이는 산속에 오래 머물고 있음을 암시하는 표현으로 가난하지만 깨끗하고 향기 나는 생활을 하고 있는 모습이 보이는 듯하다. 지금은 어디에서 이러한 분위기를 찾아볼 수 있을까?

현실적으로 이렇게 한적한 분위기에만 젖어 있을 수는 없지만, 마음으로나마 이러한 상황을 음미해보는 것은 나름대로 의미가 있다고 생각한다. 우리에게는 고요한 명상에 잠길 수 있는 시간이 어느 정도 필요하다.

다음은 백거이白居易가 쓴 늦봄 자은사慈恩寺 등나무에 관한 시이다. 이 시에서는 흐르는 세월을 원망하며 온종일 산속을 헤매고, 황혼과 더불어 등나무 꽃으로 인해 초여름이 닥쳐온 것을 느끼고 있다.

慈恩春色今朝盡　　　자은사의 봄기운은 이제 끝나고
盡日徘徊倚寺門　　　온종일 돌아다니다가 지금 절간 문에 이르렀다
惆悵春歸留不得　　　슬프다 봄은 떠나가고 그 봄을 붙잡지 못했구나
紫藤花下漸黃昏　　　등나무 꽃 피고 있는데 황혼이 드리운다

두 시에서 모두 등나무는 잡다한 일상생활을 떠나 있다는 점에서 서로 통하고 있다. 우리나라에서도 등나무는 흔히 절간에 자주 심어졌다.

등의 줄기는 섬유로 이용될 수 있다. 칡만큼은 쓰임새가 많지 않지만, 『계림유사鷄林類事』에 "신라에서 등포藤布가 난다"라고 기록되어 있고 『고려도경高麗圖經』에 "고려의 종이는 모두 닥나무를 쓰는 것이 아니라 때로 등의 섬유로도 만든다", "등으로 각종 그릇을 만든다"라고 한 것을 보면, 신라 때부터 고려

| 하얀 꽃이 특색인 흰등나무

초에 걸쳐 등은 필수 재료품 중 하나였을 것으로 짐작된다. 지금도 등공예의 인기는 대단하다.

또 전남 담양의 소쇄원 및 전남 강진군 다산 초당의 정원에 심었다는 기록이 있다고 하니, 등나무는 옛날부터 관심의 대상인 정원수였다고 생각된다

떡갈나무

참나무과, *Quercus dentata*

(槲·柞·大葉櫟·枹木, Daimyo oak, Korean oak)

참나무 종류 중에서 잎이 가장 크고 두꺼우며
뒷면에 갈색의 짧은 털이 융단처럼 깔려 있다.
잎에 떡을 싸서 쪄 먹는 쓰임으로 인해
'떡갈이나무'라 하다가 떡갈나무가 되었다.

갈잎나무

줄기와 가지에는 성큼성큼 생략이 많으나 잎과 열매에는 섬세하게 신경을 쓰고 있는 떡갈나무. 산속에서 조용히 생각하면서 살아가는 기품 있는 나무. 잔재주가 없고 금선琴線이 가늘지 않으며 번화한 것을 피하고 잡다스러운 것을 좋아하지 않는 성격으로, 은둔해서 한적한 세월을 보내는 깨끗한 자세이다.

떡갈나무는 잘 뛰어다니는 산토끼도 아니고, 배고픈 이리도 아니며, 무서운 호랑이도 아니다. 지혜로운 곰으로 보는 것이 마땅하다. 또한 떡갈나무는 날씬한 장도리가 아니고, 대장간에서 땀 흘리는 쇠망치도 아니며, 무게 있는 나무 떡메로 보는 것이 좋다. 떡갈나무는 오래 못 가는 짚신이 아니고, 배 타고 건너온 고무신도 아니며, 더벅더벅 걸어가는 나막신으로 보면 좋다. 종이로 말하면 닥나무 섬유 뭉치가 몰려서 드문드문 박혀 있는 창호지에 어울린다. 이러한 말들로 떡갈나무의 성품을 다 표현할 수 없지만, 어지간한 사람이라면 대충 짐작할 수 있을 것이다.

| 전북 순창 옥산리의 떡갈나무 보호수(수령 약 400년)

나는 떡갈나무를 볼 때마다 치장하지 않은 아름다움을 느낀다. 자질구레한 걱정일랑 해서 무엇하겠는가? 시끄럽고 화사한 것이 그렇게도 좋을까? 떡갈나무가 던지는 표정은 '그렇게도 분주하게 설쳐야 하나, 그렇게도 방정맞게 주둥이를 놀려대야 하나' 하는 것이다.

떡갈나무는 우리나라 참나무 종류 중에서 가장 큰 잎을 달고 있다. 어느 해 초여름 경기도 여주의 숲을 조사하다가 큰 떡갈나무 잎 한 장을 채집했는데, 잎이 너무 커서 가지고 오는 도중에 잎의 끝쪽이 좀 떨어져나갔다. 성장이 왕성한 움가지에서 얻었던 것으로 기억하고 있다.

떡갈나무를 갈잎나무라고도 부른다. 누구나 알고 있는 김소월의 「엄마야 누나야」라는 시에서 갈잎나무가 나온다.

엄마야 누나야 강변 살자
뜰에는 반짝이는 은모래 빛
뒷문 밖에는 갈잎의 노래
엄마야 누나야 강변 살자

이 나무에는 봄의 신록보다도, 여름의 성록盛綠보다도, 가을의 단풍보다도, 가지에 붙어서 찬 바람에 노래하는 겨울 갈잎이 더 어울리고 더 아름답게 느껴진다. 그래서 우리나라 사람이라면 누구든지 떡갈나무에 정을 느끼게 된다. 갈잎의 우수수 하는 소리는 생의 철학을 다시 한번 표백해내면의 색깔을 들여다보게 한다.

참나무류 열매 도토리

표준국어대사전에 갈참나무·떡갈나무 따위의 열매는 '도토리'이고, 상수리나무의 열매는 '상수리'이며, 졸참나무의 열매는 '굴밤'이라고 되어 있지만, 우리나라에서는 뚜렷이 구별하여 쓰지는 않고 일반적으로

'도토리'로 통용되고 있다. 참나무류에 속하는 다른 종류의 열매는 어떻게 불러야 할지 하는 문제가 생겨날 수 있기 때문이다.

일본 사람들은 '동구리'라는 말을 쓰는데, 이것이 우리나라의 도토리에 대응하는 말이다. 일본어 사전에 보면 동구리란 "물참나무, 떡갈나무, 가시나무 등 너도밤나무과 식물 중 종지 모양의 껍데기, 즉 깍정이 안에 들어 있는 열매"라고 설명하고 있다. 이때 각이란 우리말로는 도토리 깍정이 또는 도토리 종지라고 부르는 것이다. 이런 걸 보면 일본 사람들은 참나무류의 열매를 수종에 따라 다르게 부르는 일이 없는 것 같다.

영어로는 에이콘acorn이라 쓰는데 수종에 따라 이를 구별하는 말은 없는 것으로 알고 있다. 유독 우리나라 사전이 이와 같이 적어도 서너 가지 어휘를 가지고 있는 이유가 무엇일까? 상수리나무와 떡갈나무가 지역적으로 선별적으로 자라고 있어서 지역마다 다른 말이 생겨났을까? 상수리나무와 떡갈나무 열매의 식용적 가치가 뚜렷이 다르기 때문에 그런 것일까? 참나무 열매가 우리의 식생활 또는 식량으로 큰 가치가 있기 때문에 그 구별이 생겨났을까? 『동의보감』에 포함되어 있는 위업을 생각한다면, 또 기년飢年의 소중한 식량이 되었던 일을 생각한다면, 과학적 소산으로 밀어붙일 수도 있을 것 같다. 그만큼 관심이 많았다는 이야기이다.

요즈음 산이 푸르러지고 또 각종 농약이 발달하고 저수지가 곳곳에 만들어져 흉년이란 말을 듣기 힘들어졌지만, 예전에는 흉년이 되면 참나무류 열매인 도토리는 배고픈 사람들을 살리는 소중한 식품이었다.

어느 해 늦겨울 계룡산 동학사를 찾았을 때, 계류의 곳곳이 얼음장을 덮어쓰고 있고 높은 산마루는 흰 눈을 그대로 남기고 있었는데, 길가에 도토리묵집이 이어졌다. 차가운 도토리묵

| 떡갈나무 도토리와 깍정이

에 싸늘한 막걸리, 그리고 산에서 내려오는 눈 씻은 바람이 계룡산의 겨울 풍속을 실감케 했다. 아주머니는 반죽된 도토리의 앙금을 프라이팬에 알맞게 부어 도토리 빈대떡을 부쳐내고 있었다. 붉은 기운이 도는 찰기 있는 갈색의 도토리 빈대떡을 양념간장에 찍어 입속에 넣고 막걸리를 한 모금 들이킨다. 수려하고 장엄한 산에는 도토리 식품과 막걸리가 제격이었다.

도토리 식용의 역사

도토리는 선사시대부터 식량으로 이용되었을 것으로 추측된다. 이는 우리나라뿐 아니라 참나무류가 자라는 북반구 온대 지방에서는 어디에나 적용할 수 있다.

『조선왕조실록』 세종 16년(1434)에 "경상도 진제경차관이 계를 올려 말하기를, 구황식품으로 도토리가 으뜸이고 소나무 껍질이 그다음입니다…慶尙道賑濟敬差官啓 救荒之物 橡實爲上 松皮次之…"라고 나와 있다. 생명의 줄을 이어나가는데 도토리가 큰 공을 세울 수 있었다는 내용이고 보면, 이때부터 도토리 이용 방법이 꽤 연구·개발되었을 것으로 보인다. 기록을 더 찾아보면 이보다도 훨씬 더 이전으로 거슬러 올라갈 수 있을 것이다.

세조 원년(1455)에도 도토리를 모아서 흉년에 대비해야 한다는 상소 내용이 있고, 또 선조 26년(1593)에는 정책적으로 기민飢民을 구제하는 데 도토리가 항상 소중한 것으로 등장하고 있다.

구황청救荒廳은 조선시대 흉년에 백성을 구제하던 관청으로, 이후 이름이 진휼청賑恤廳으로 바뀌었다. 구황 방법을 서술한 『구황촬요救荒撮要』는 조선시대 때(1554) 간행되었다. 따라서 오래전부터 도토리의 식용 방법이 연구되고 그 경험이 전파되었을 것으로 짐작된다.

일본에서도 16세기 말경 우리나라에서 발달된 도토리 식품 가공 기술이 고치현高知縣 일대에 전해져, 우리나라의 도토리 가공 기술은 오래전부터 매우 발달하였던 것으로 짐작된다. 약 200년 전의 책인 『산림경제山林經濟』에서도 마떡, 마죽, 밤죽, 밤떡 만드는 방법이 설명되어 있는데, 그러한 가공 과정은 도토리를 음식으로 사용하는 것에도 그대로 적용될 수 있다. 요즈음 사용되고 있는

| 충남 옥천 평계리 떡갈나무의 여름과 겨울

방법도 그 테두리를 크게 벗어나지 않은 것으로 보인다.

제주도에서는 1794년 갑인흉년甲寅凶年 때 물참나무의 열매가 구황에 큰 도움이 되었기에, 한라산 중턱에 있는 큰 물참나무에 해마다 감사제를 올리고 있다. 이것을 보더라도 제주도에서도 오래전부터 도토리를 식용하고 있었던 것으로 추측된다.

우리나라에서는 옛적부터 "도토리나무는 들판을 내다보고 열매를 맺는다"라는 말이 전해져온다. 흉년이라 생각하면 떡갈나무, 상수리나무가 많은 열매를 맺어서 백성을 살린다는 말이다. 우리 민족이 흉년을 넘기는 데 도토리에 의지한 바가 얼마나 크면 이러한 말이 남았을까?

흉년에 도토리나무가 일제히 다량의 결실을 보여 백성의 기아를 구제하는 데 적극적인 태도를 보여준 것은 충분한 일사량과 광합성으로 아직 익지 않은 열매가 떨어지는 일이 방지되었기 때문이라고 생각된다. 벼논을 말리는 가뭄일지라도 도토리나무의 결실에는 오히려 좋은 영향을 주었다고 풀이할 수 있다.

도토리묵 만드는 방법

나는 시골에서 어릴 시절을 보냈고 동네에는 상수리나무가 많았다. 그때 우리는 '상수리'라는 말은 전혀 몰랐고 꿀밤나무라고만 알고 있었다. 초겨울이 되면 우물가에는 도토리가루를 넣은 시루 몇 개가 Y자형으로 된 쳇다리나무 위에 얹혀져 있었다. 그래서 '꿀밤묵' 맛을 톡톡히 보게 되었다.

지역에 따라서 그 과정에 다소 차이가 있지만, 내가 알고 있는 도토리묵 만드는 과정을 소개하고자 한다.

① 도토리 채집하기

먼저 도토리를 채집해야 하는데, 나무(주로 상수리나무) 줄기를 돌이나 떡메로 쳐서 익은 열매를 떨어지게 한다. 이렇게 하면 나무 줄기에 상처가 나 그 부분 목재의 이용가치는 떨어지지만 도토리 결실과 채집에는 도움이 된다.

② 도토리 건조하기

다음은 도토리를 건조시켜야 한다. 멍석에 널어서 2~3일간 햇볕에 쪼이면 된다. 도토리는 바깥쪽 단단한 껍질이 과피果皮, pericarp이고, 그 안쪽에 있는 갈색의 얇은 막이 종피種皮, seed coat이며, 그 안에 있는 것이 육질부肉質部인 떡잎 부분과 씨눈 부분이다. 늦게 성숙하는 도토리일수록 묵이 많이 나고 맛도 좋다고 한다.

③ 과피 제거하기

다음은 과피를 제거하는 일이다. 절구에 넣어 힘을 주지 않고 실근실근 찧으면 과피가 떨어져나간다. 과피가 제거된 알맹이를 '도토리살'이라고 부르는 지역도 있다.

④ 물속에 담가두기

다음은 침수연화沈水軟化 처리를 해야 한다. 과육부果肉部를 찧기 쉽게 하기 위해서 하루 이틀 동안 물속에 담가둔다.

⑤ 찧기

다음이 찧기 과정인데, 물속에 담가 부드럽게 된 것을 절구(또는 디딜방아)에 넣어 찧는다. 어레미와 도드미로 치면서 되도록 곱게 찧는다. 쌀알은 어레미를 지나가지만 도드미는 쌀알을 통과시키지 않고 좁쌀만 통과시키는 크기의 눈을 가지고 있다.

⑥ 우려내기

다음은 우려내는脫澁 과정이다. 도토리살에는 타닌 성분이 많아서 그대로 먹을 수 없다. 따라서 시루 안에 도토리살을 넣고 물을 부어 2~3일간 놓아두어야 한다.

⑦ 맷돌로 갈기

다음은 맷돌로 가는 일인데, 우려낸 도토리살을 맷돌로 간다.

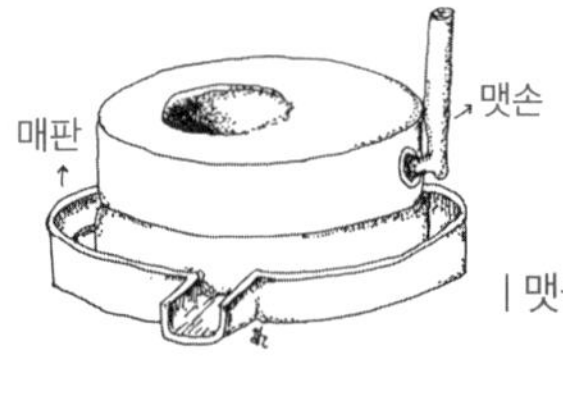

| 맷돌 모식도

| 떡갈나무 고목의 줄기

⑧ 삼베자루로 짜내기

도토리물을 삼베자루 속에 넣고 물을 쳐가면서 손으로 주물러 앙금을 짜낸다.

⑨ 묵 쑤기

마지막 과정으로 묵 만드는 작업이다. 묵을 쑬 때에는 물을 적당히 잡아 알맞게 끓이고 나서 그릇에 부어 모양을 만든다. 도토리살 소두 한 말에 보통의 국그릇으로 묵 40~50그릇쯤 나온다.

이상 설명한 과정은 기본적인 것으로 다소의 변법이 있을 수 있다.

미국의 메리엄 박사Hart Merriam에 의하면, 서부산 도토리는 지방과 탄수화물의 함량이 높고 단백질 함량이 비교적 낮은데, 구체적으로 탄수화물 62%, 지방 19.8%, 단백질 4.5%, 정유 2.1%로 옥수수와 밀에 버금가는 수치이다. 스페인이나 이탈리아의 경우 한때 빈민의 약 20%가 스위트 에이콘sweet acorn을 식량으로 해서 흉년을 넘겼다 한다. 이 '스위트 에이콘'이 무엇이었는지 잘 알 수 없으나, 발로타참나무*Quercus ballota*의 열매로 추정된다.

우리나라에서는 도토리로 엿, 묵, 떡, 빈대떡, 국수 등 못 만들어 먹는 것이 없었다. 떡갈나무 열매가 우리 민족의 삶에 미친 영향은 실로 지대했다. 예전에는 떡갈나무 잎을 따서 증기로 찌고 말려서 포장한 후 일본으로 수출해 돈을 꽤 벌기도 했다. 일본 사람들은 단옷날 떡갈나무 잎에 싼 떡을 즐기는 습속이 있다. 또 떡갈나무의 수피는 적룡피赤龍皮라 해서 염료를 얻는 소중한 자원이기도 했다. 이처럼 떡갈나무는 우리의 삶과 큰 인연을 맺어왔으니 고마울 뿐이다.

리기다소나무

소나무과, *Pinus rigida*
(剛松 · 三葉松 · 美國三葉松, Pitch pine)

미국이 원산지이며 20세기 초 황폐한 우리 산을 복구하기 위해 도입하기 시작했다. 재질이 소나무보다는 못하지만 건조하고 척박한 땅에도 잘 자라주어 우리 숲의 회복에 크게 기여했다.

한 다발에 솔잎이 3개씩 나는 리기다소나무는 미국에서 들어와 우리나라에 많이 자라고 있다. 한 다발에 잎이 3개씩 나는 것으로는 이 밖에 백송白松, 테다소나무, 대왕송大王松 등이 있다.

리기다소나무는 힘이 강해서 땅이 척박한 산에서도 비교적 좋은 자람을 보인다. 습한 땅도 견디고 건조한 땅도 곧잘 견딘다. 줄기가 곧게 크는데, 10년에서 15년생 이내의 것이면 줄기에 움돋는 힘이 강해서 해害를 입었을 때도 다시 살아나는 성질이 있다. 하지만 나무 속에 송진이 많고 목재의 질은 소나무나 해송만 못하다.

근래 우리나라의 소나무는 솔잎혹파리로 인해 큰 피해를 겪고 있다. 솔잎혹파리의 애벌레가 솔잎의 밑동을 파먹어서 소나무가 빨갛게 죽어간다. 이러한 피해는 일본에서도 문제가 되고 있다. 그러나 리기다소나무는 솔잎혹파리의 피해를 거의 겪지 않는다. 오히려 리기다소나무는 솔잎혹파리를 죽이는 역할을 한다.

조림에 성공한 대표적 나무

해방 이후 우리나라는 많은 나무를 심었지만 그중 조림에 성공한 대표적인 나무가 바로 리기다소나무이다. 그런데 리기다소나무가 볼품이 없다고 무시하는 사람들이 있다. 주는 것 없이 밉다는 말이 있는데, 이러한 사람들은 리기다소나무를 그렇게 이유 없이 싫어하는 것 같다. 나무에 대한 지식이 얕은 사람들이다.

"벼가 좋습니까, 밀이 좋습니까, 땅콩이 좋습니까?"

농사짓는 사람들에게 이러한 질문은 성립되지 않는다.

"돼지가 좋습니까, 닭이 좋습니까?"

이러한 질문은 가축을 기르는 사람들이 들으면 이상하게 생각한다.

"낙엽송이 좋습니까, 리기다소나무가 좋습니까?"

우리는 이러한 질문을 흔히 들을 수 있으며, 그에 대한 답변을 하는 사람도 있다.

리기다소나무에는 솔방울이 많이 달린다. 종자 생산이 풍부한 까닭에 묘목을 기르는 데 어려움이 거의 없다. 싹 트는 힘도 강하고 모밭에 병충해도 적은 편이다. 산에 내다 심어도 잘 산다. 가지는 쳐서 땔나무로 쓰는데 불 힘이 강하다. 줄기가 곧아서 농가의 창고, 가축의 집, 말뚝 등에 이용된다. 목재는 제재製材도 될 수 있고, 가공을 하면 용도가 더 다양해진다. 미국에서도 비교적 많이 조림되고 있는 나무이다.

우리가 리기다소나무에 관해서 할 일은 더욱 좋은 나무를 골라내는 것이다. 지구상에 수십억의 사람들이 살고 있지만 한 사람 한 사람의 유전적 소질은 서로 다르듯이, 산에 있는 리기다소나무도 한 나무 한 나무의 소질이 모두 다르다. 이 가운데 좋은 리기다소나무를 가려내자는 것이다.

좋은 것이라면 어떠한 것을 말하는가? 먼저 목재의 질이 좋아야 한다. 결이 곱고 고르며, 톱질이나 끌질, 대패질하기 편하고, 니스 같은 도료를 칠했을 때 아름다워지는 등의 특징을 생각할 수 있다. 다음으로는 줄기가 곧게 크고, 가지가 가늘며, 자람이 빠른 것을 들 수 있다. 산에서 이와 같은 나무를 찾아볼 수 있다. 리기다소나무 목재의 질이 소나무만 못한 것은 사실이지만, 그것을 리

| 리기다소나무 숲

기다소나무의 운명으로 생각하지 말고 개량하도록 노력하는 것이 더 중요하다.

리기다소나무를 산에 심을 때에는 1ha당 1만 그루 정도 심어야 좋다. 처음에 빽빽하게 심고, 가지가 뻗어서 어울리게 되면 나무를 솎아낸다. 솎아내는 일을 자주 되풀이해준다. 20~30년이 지나면 잘라 쓸 수 있고, 큰 줄기를 얻고자 할 때는 더 기다린다.

다른 나라에서 나무를 심지 않고 관심이 적을 땐 우리도 그래야 한다고 말하지 않는다. 마찬가지로, 다른 나라에서 하고 있으니 우리도 꼭 그렇게 해야 한다는 생각은 나무에 있어서 위험한 것이다. 정신 바짝 차리고 분수에 맞게 일하고, 땀을 흘리고, 기다리면 되는 것이다.

소나무 꽃 수정의 비밀

리기다소나무는 5월 초에 꽃이 핀다. 소나무의 암꽃은 솔방울이다. 5월이 되면 녹두알만 하던 솔방울이 작은 콩만 해지는데, 이때 꽃이 핀다. 리기다소나무의 꽃에는 꽃잎이 없다. 꽃잎이 없는데도 꽃이 피는 것이다.

어떻게 피는 것일까? 난자를 둘러싼 파란 색깔이던 조직이 갑자기 분홍색으로 변한다. 콩만 한 솔방울이 붉어진다. 피는 꽃은 모두 아름다운데, 리기다소나무의 꽃도 역시 아름답다. 아름다움은 눈을 위한 것이 아닐까? 높은 나무 위에 피는 꽃 또한 아름다운데 그곳에는 어떠한 눈들이 있을까? 산에 사는 벌들의 눈이 있어서 아름답게 피는 것인지, 새들의 눈을 위해서 아름답게 피는 것인지, 우주의 생리는 신비스럽기만 하다. 하늘을 보고 스스로를 자랑하는 것일까?

꽃이 필 때 암꽃의 구멍에는 물이 고여 있는데, 이 구멍을 지나서 꽃가루가 들어간다. 그 안쪽에 난자가 있다. 동물이나 나무나 비슷하다. 이 물을 주액珠液(구슬의 물) 혹은 수분액pollination drop이라 한다. 꽃가루花粉라는 수꽃이 들어가는 길을 주공珠孔(구슬의 구멍)이라 하는데, 이곳에 주액(수분액)이 가득 찬다. 다른 침엽수도 마찬가지이지만 리기다소나무도 이 물이 있어야 꽃가루가 더 빨리 안쪽으로 빨려들어갈 수 있다.

주피 언저리에 도달하면 꽃가루는 싹이 터서 화분관을 만들고 조직의 속을 파고들어간다. 난자를 만나보기 위해서다. 5월 초순부터 암컷 생식기의 조직을 파기 시작한다. 리기다소나무에게 이는 성행위에 해당한다. 수컷의 성행위는 무려 열세 달이 걸린다. 이듬해 초 여름쯤이 되어서야 난자에 도달한다. 무려 8,600시간이 넘는 기간 동안 계속되는 것이다.

꽃가루의 화분관이 난자에 접촉하게 되면 끝이 터진다. 이때 화분관 속에 들어 있던 정자가 난자를 만나는데, 이것이 곧 수정 현상이다. 수정 현상이 많은 나무일수록 우리 인간의 입장에서는 별로 쓸모가 없다. 수정 현상이 많다는 것은 못된 소나무 솔방울만 많다는 것이다.

좋은 조림수종 시비

몇 해 전에 어떤 사람이 산에 낙엽송을 심어놓고 그 성과가 비교적 좋았다고 생각했는지, 몇 번인가 나에게 전화를 걸어 자기 산을 구경하고 산의 관리와 조림에 대해서 여러 가지 기술적인 조언을 해달라고 했다. 산에 가기로 한 날에는 부슬부슬 비가 내리고 있었다. 산에 가는 도중, 그분은 신념에 찬 목소리로 우리나라 산에 있는 나무는 모조리 베어버리고 낙엽송만 심어야 한다고 가는 길 내내 주장하였다. 낙엽송 이외 다른 나무를 심는다는 것은 큰 착오를 범하는 것이라고 했다. 나는 그의 이야기를 흥미롭게 들었다.

한편 어느 해엔가 어느 지방 군수가 해준 산림사업에 대한 설명인즉, 낙엽송을 산에 심는 사람은 혼이 나간 사람들이라고 했다. 제발 대학교수나 농학박사는 낙엽송을 산에 심지 못하도록 다른 사람들에게 이해시켜 달라고 신신부탁했다. 나는 이 말도 흥미있게 들었다.

또한 몇 해 전 신사 한 분이 나의 연구실을 찾아왔다. 오랫동안 산에 나무를 심었다고 하는 그분의 주장인즉, 현재 우리나라에는 조림할 만한 나무의 종류가 하나도 없다고 했다. 그래서 이때까지 보도 듣도 못하던 신기한 놀라운 나무를 가져다가 심어야 한다는 것이었다. 대학교수 등 전문가들이 이러한 일을 하루빨리 해야 한다고 누누이 강조하였다. 나는 이분의 말도 재미있게 들었다.

| 줄기에 바로 잎이 돋아 있는 리기다소나무

지나간 이야기이지만, 어느 더운 여름날 청년 한 명이 나의 연구실을 찾아왔다. 들어서자마자 웃옷을 벗고 바짝 다가서서는 자기가 입고 있는 조끼를 손으로 만져보라고 했다. 그리고 "이것이 무슨 섬유로 된 것인지 아시겠습니까?" 하고 물었다. 내가 모르겠다고 했더니, 아카시아 줄기 속껍질로 만든 조끼라고 했다. 말인즉, 우리나라 산에 아카시아를 많이 심어서 땔감 문제도 해소하고, 꿀도 얻고, 모든 국민의 의복 문제도 이 나무를 가지고 해결하자는 것이었다. 이제부터 섬유 문제는 걱정이 없다고 했다. 정열이 넘치는 청년이었다.

나는 위에 든 몇 분 이외에도 비슷한 사람을 많이 만났고, 비슷한 이야기도 흔히 들었다. 이러한 사람들의 생각은 경험을 바탕으로 국가 발전에 도움을 주겠다는 의도에서 비롯된 것으로 모두 고마운 의견이긴 하지만, 때로는 위험한 생각이기도 하다. 나쁜 고무신이 있어야 좋은 고무신이 팔릴 수 있다는 말처럼, 숲에 좋은 나무만 있어야 한다는 것은 그릇된 생각이며 가지각색의 나무가 고루 있어야 좋은 것이다. 그래야 산이 건강해진다.

일본에서는 전국에 있는 산의 약 60%는 사람의 힘으로 쓸모 있는 나무를 심어서 목재를 생산하지만, 나머지 40%는 자연상태 그대로 둔다고 한다. 이렇게 해야 사람이 심은 60%의 산이 잘 될 수 있다는 것이다. 옳은 이야기이다.

어느 나무든 그 나무만 편협하게 좋아하는 것은 바람직하지 않다. 쌀밥도 먹고, 국수도 먹고, 보리밥도 먹고, 고기도 먹고, 이와 같이 두루두루 좋아하는 것이 건강하고 자연스러운 것이다.

마로니에
(가시칠엽수)

칠엽수과, *Aesculus hippocastanum*

(西洋七葉樹, Marronnier, Common horse chestnut)

마로니에는 열매에 가시가 나 있다고 하여
우리말로는 가시칠엽수이며, 유럽의 가로수로 널리 심는 나무이다.
우리나라에서는 일본 원산의 칠엽수를 더 흔히 만날 수 있다.

감미로운 이름 '마로니에'

마로니에는 칠엽수과Hippocastanaceae의 칠엽수속, 즉 에스쿨루스*Aesculus*속에 속하는데 그 안에는 13개의 수종이 있다고 한다. 모두 북반구에 자라며 손바닥처럼 갈라지는 큰 잎을 가지고 있어 쉽게 구별된다. 대개 7개의 소엽小葉으로 되어 있어 흔히 '칠엽수'라 부르고 있다.

여기서는 나무명을 칠엽수七葉樹가 아닌 '마로니에'로 부르기로 하는데, 이는 다른 의도가 있어서가 아니라 마로니에라는 단어에 감미롭고 발성학적發聲學的으로 음향音響의 맛이 있기 때문이다. 많은 사람의 심금에 한결같이 동심원처럼 퍼져나가는, 잔잔한 물결과 같은 높고 낮은 파장의 흐름이 있다. 마로니에가 출현하는 옛 유행가의 한 구절이 떠오른다.

> 지금도 마로니에는 피고 있겠지
> 눈물 속에 봄비가 흘러내리고
> 임자 없는 술잔에 어리는 그 얼굴
> 루루루루 루루루루
> 지금도 마로니에는 피고 있겠지

마지막 구절 '지금도 마로니에는 피고 있겠지' 하는 대목은 지난날 사연이 있었던 그곳의 마로니에 꽃이 주는 황홀을 회상하고 있다는 것으로 감동을 느끼게 한다.

형태 및 특성

마로니에는 웅장한 수형과 싱싱한 잎과 밤처럼 생긴 열매의 귀여움도 있지만, 역시 나무를 온통 덮어버리는 화려한 꽃 덕분에 돋보이고 명성도 얻은 것이 아닌가 싶다.

꽃은 초여름에 큰 원추화서圓錐花序 로 달리고, 화량花量이 많으며 아름답다. 꽃색은 흰 것도 있고, 분홍색이나 붉은

원추화서(圓錐花序)
전체적인 외형이 원추형인 꽃차례. 꽃차례 축이 몇 차례 분지하여 최종 분지가 총상꽃차례가 되고, 전체 모양이 원뿔 모양이 된다.

| 마로니에 꽃과 가시 있는 열매, 종자(왼쪽부터)

것도 있다. 해머턴P. G. Hammerton은 "5월의 마로니에는 신과 인간을 위해서 창조된 미술품이다"라고 마로니에의 꽃을 극찬했다.

둥근 마로니에 열매는 익으면 세 갈래로 갈라져 그 안에 있던 진한 갈색의 종자를 드러낸다. 우리가 흔히 볼 수 있는 굵은 밤알을 연상시키는 모습이다. 하지만 독이 있어 그냥 먹을 수는 없으며, 식량으로 사용하려면 물에 우려야 한다. 도토리로 묵을 만드는 과정과 비슷하다.

일본 사람들은 일본에 나는 칠엽수를 '도치노키'라 부르고, 한자로는 '橡' 또는 '栃'자를 쓰는데, 앞 글자는 '상수리나무 상'으로 읽고 뒤의 글자는 '상수리나무 회'로 읽는다. 일본에서도 칠엽수가 많은 곳에서는 가을에 많은 열매를 채집할 수 있어 향토식품의 원료로 잘 이용해왔다. 그들은 이것으로 떡을 만드는데, 이 떡의 이름을 '도치모치'라 해서 고향의 음식으로 자랑하고 있다. 이제는 식량에 여유가 생겨서 예전처럼 도치모치를 잘 만들지는 않지만 그 전통은 이어질 것으로 믿는다.

우리 인간들은 고향의 맛을 추억하고 그리워하는 정서를 가지고 있다. 하지만 마로니에 열매에는 정신을 못 차리게 만드는 성분이 있어 함부로 먹어서는 안 된다.

유럽의 마로니에

'마로니에Marronnier'는 프랑스어로 '밤나무'를 뜻하는데, 유럽 원산의 학명 에스쿨루스 히포카스타눔*Aesculus hippocastanum* 을 통상 마로니에로 부르고 있다. 영어명은 Common horse chestnut인데, 번역한다면 '말밤나무'쯤 될 것이다.

이 나무가 말밤나무라는 이름을 얻게 된 이유에 대해서는 몇 가지 이론異論이 있다. 하나는 이 열매가 말의 숨찬 증세를 치유하는 효과가 있어서라는 것이고, 또 하나는 이 나무의 줄기 마디 부분을 자르면 그 모양이 흡사 말발 모양과 같다는 것이며, 다른 하나는 잎이 떨어지고 난 뒤의 흔적(엽흔)에 남는 유관속維管束의 자리가 역시 말발 모양이어서라는 것이다.

이 수종은 발칸반도가 원산지로서 유럽종이다. 열매 표면에는 돌기가 있고, 소엽小葉은 5~7매로 되어 있으며, 소엽에는 잎자루가 없다. 몸집이 거대한 아름다운 녹음수로서, 또 가로수나 공원수 또는 정원수로서 귀중한 존재이다.

영국은 물론 유럽 일대에 널리 분포해 그곳 사람들은 유럽 일대가 마로니에의 고향이라고까지 생각하고 있다. 런던 템스강 가의 마로니에, 프랑스 베르사유 궁전의 마로니에 숲, 파리 샹젤리제 거리의 마로니에 가로수 등은 여러

| 마로니에 가로수(러시아 상트페테르부르크)

| 반 고흐의 「꽃이 핀 마로니에 나무」(Horse Chestnut Tree in Blossom, 1887)

사람들에게 깊은 인상을 남기고 있다.

마로니에는 대체로 성장이 매우 빠르다. 파리의 샹젤리제 거리는 폭이 200m에 이르고 좌우에 3열씩 총 6열의 가로수가 있는데, 안쪽의 한 줄은 플라타너스이고, 나머지 두 줄은 마로니에이다. 이들 나무가 꽃을 달 때 샹젤리제 거리는 황홀한 꿈의 거리로 탈바꿈한다. 이보다 더 장관을 이루는 마로니에 행렬은 없다고 해도 좋다.

나는 프랑스 베르사유 궁전의 정원을 살필 때 마로니에 숲이 만들어내는 일종의 매스 게임에 경악했던 적이 있다. 프랑스의 정원 양식이 원래 기하학적 도식형이란 말은 들은 적이 있지만, 마로니에 노거수가 형태적으로 행동을 통일시키고 있는 데에는 놀랄 따름이었다.

줄지어 서 있는 마로니에 줄기의 굵기로나, 밑가지 높이의 길이로나, 아랫가지의 굵기와 그 뻗어나간 각도의 통일성 등, 사람으로서도 해내기 어려운 그들의 매스 게임을 보고 도대체 어떻게 이러한 일이 있을 수 있을까 하고 놀랐다. 이쯤 되면 다듬어진 아름다움이 가슴 깊은 곳으로 파고들게 된다. 특히 나 같은 외국인에게 프랑스 마로니에의 예술은 그 무언가 가슴 두근거리게 하는 파동의 역학을 던져주었다.

유럽산 마로니에가 미국으로 들어간 시기는 1741년이라 한다. 이 나무는 세계 각지에 식재되고 있는데, 그동안 많은 원예품종이 만들어졌다. 꽃색이 흰 것으로 재배품종 알바Alba가 있고, 핑크색인 것으로는 로제아Rosea가 있으며, 붉은 것에는 루브리쿤다Rubricunda가 있다. 또한 흰색 겹꽃이 피는 바우마니Baumannii가 있는데, 겹꽃이기 때문에 종자가 형성되지 않는다. 그 밖에 난쟁이형 나무, 가지가 위로 서는 것, 잎 색깔이 변이한 것 등 각종 품종이 알려져 있다.

칠엽수

우리나라에서 흔히 심고 있는 것으로 일본산 칠엽수七葉樹가 있다. 높이가 15~20m에 달하는 교목으로, 일본에는 가슴높이 줄기 지름이 4m에 이르는 것도 있다고 한다. 1년생 가지가 굵고 껍질눈皮目이 많이 발달해 있다. 엽흔葉痕이 심장형이고, 겨울눈은 여러 개의 인편鱗片에 싸여 있으며, 수지樹脂가 표면을 덮어 광택이 있고 끈적끈적하다. 새들이 칠엽수 겨울눈에 잠시 앉게 되면 부드러운 깃털이 뽑혀서 날아간 뒤에도 겨울눈에 그대로 붙어 있는 것을 볼 수 있다. 이것 또한 칠엽수가 보여주는 아름다움 중 하나이다.

서양산의 것을 '마로니에'라 하고 일본산의 것을 '칠엽수'라고 부르는 것은 서로를 구별하는 편의도 있어서 타당한 표현으로 생각된다. 중국에도 몇 종이 자라고 있는데 그들도 칠엽수라 부르고 있다. 천사율天師栗이라고도 한다.

칠엽수와 마로니에의 차이점
칠엽수는 잎 뒤에 흰 털이 있고 흰 꽃에 분홍색 반점이 있으며 겨울눈에 끈적이는 진이 있고 열매에 가시가 없는 반면, 마로니에는 꽃 색이 짙은 분홍색으로 겨울눈에 끈적이는 진이 없으며 열매에 가시가 있다.

일본산 칠엽수가 마로니에와 다른 것은 잎 뒷면에 적갈색의 부드러운 털이 나 있는 점이다. 마로니에 잎 뒤에는 털이 거의 없다. 한편 일본산 칠엽수의 과피果皮는 두텁고 표면에 돌기가 있으나 가시는 없는 반면, 마로니에의 과피에는 돌기가 가시처럼 발달해 있다.

칠엽수속에 속하는 수종들은 교잡交雜이 잘 된다. 이는 우리나라 참나무속 수종의 교잡 용이성容易性을 생각나게 한다. 칠엽수속 수종의 수는 많지 않은 반면, 교잡종은 많기로 유명하다.

발칸 지방 원산인 마로니에가 프랑스와 영국으로 들어간 것이 17세기 전반이고, 미국으로 들어간 것은 18세기이다. 그리고 미국의 칠엽수인 옥탄드라 *A. octandra*가 영국으로 건너간 것은 1764년이다. 미국에서는 칠엽수를 '벅아이 buckeye'라 부르는데, 그 뜻은 '사슴의 눈'쯤 된다. 이는 열매 모양이 귀여운 사슴의 눈과 닮아서일까?

이처럼 칠엽수가 이리저리 퍼져 재배되는 동안 각종 교잡종이 만들어진 것으로 보인다. 그중 유럽 원산 마로니에와 미국산 칠엽수 파비아*A. pavia*의 교잡종 카르네아*A. carnea*가 유명하다. 1820년에 선발된 잡종으로 알려져 있다.

칠엽수는 어릴 때엔 음수여서 햇볕이 부족한 곳에서도 빠른 성장을 보인다. 칠엽수는 습기 있는 비옥하고 깊은 땅을 선호하기 때문에 서울시 일반 조경수로서는 적당하지 못하고, 국소적인 적지를 골라서 군식群植할 수 있을 것으로 생각된다. 그리고 건조와 대기 오염에 약한 편이어서 가을바람이 불어오면 먼저 잎이 떨어진다. 깨끗한 산골에서 자라는 나무가 공기 오염이 심한 도시에서는 견디어내기 어렵다.

칠엽수는 또한 좋은 밀원식물이기도 해서 양봉가들이 관심을 보이기도 하지만, 그 자원이 적은 것이 문제이다. 일본 같은 곳에서는 밀원식물로서 높은 가치가 인정되고 있다.

칠엽수는 고층건물 또는 공간이 넓은 곳에 어울리는 관상수라 할 수 있다.

| 덕수궁 석조전 옆의 마로니에(가시칠엽수)

매화나무
(매실나무)

장미과, *Prunus mume*

(梅·梅花, Chinese plum, Japanese apricot)

호문목好文木이라는 다른 이름이 있을 만큼, 옛 선비와 화가들이 무척 아끼고 사랑했던 꽃나무이다. 수많은 시가와 그림이 전해지며, 수백 년 된 나무도 곳곳에 있다.

매화나무? 매실나무?

같은 나무를 두고 '매화나무'라 하면 꽃을 생각하는 것 같고, 열매를 생각하면 '매실나무'라는 이름이 더 어울린다. 매화나무는 아름다운 모습에 대한 이름이고, 매실나무는 식욕을 돋우는 이름으로 그 뜻이나 맛이 서로 다른 느낌이다. 여기서는 꽃을 감상하는 데 비중을 두고 고찰하고자 하므로 매화나무란 표현을 쓰기로 한다.

| 만첩홍매

매화나무는 키가 낮은 나무로, 어린 가지는 녹색이고 꽃받침 조각은 둥글며 꽃자루가 거의 없다. 매화나무는 중국에서 건너온 것으로 알려져 있는데, 20세기 초 도쿄대학의 나카이 박사는 제주도에 야생종이 있다고 보고하고 있으나 그렇지 않다는 의견도 있다. 매화는 따뜻한 곳을 좋아하는 수종이므로 우리나라 남쪽에 더 알맞고, 개성보다 더 북쪽으로 가면 재식이 어렵다고 한다.

나는 1985년에 창덕궁 안에서 노지에 자라고 있는 매화나무를 본 적이 있는데, 그 나무는 건강한 편이었다. 나무 옆 안내판에는 "이 나무는 조선왕조 제14대 선조(1567~1608) 때 중국 명나라에서 우리나라에 보내온 것이라고 전해지며, 나무의 나이는 약 400년으로 추정되고 있다"라고 쓰여 있었다. 이 나무는 담장 모퉁이에 있어 겨울의 찬 바람은 피하고 따뜻한 햇볕은 받을 수 있어 추위는 큰 문제가 되지 않았으리라고 짐작했다. 당시에 나무 심는 장소를 잘 선택한 것으로 생각된다.

우리나라 옛 그림에는 매화를 소재로 한 것이 많다. 김명국金明國의 「탐매도探梅圖」는 17세기 중엽에 비단에 채색한 것으로, 대지팡이를 든 은사隱士가 매화꽃을 시자侍者와 함께 완상하는 한적한 분위기를 표현했다. 조속趙涑의 「매작도梅鵲圖」는 17세기 전반에 족자 종이에 수묵으로 그린 것으로, 늙은 매화나무 가지에 한 마리의 까치가 꼬리를 내린 채 앉아 있다. 강인한 매화나무의 늙은 줄기에 가시처럼 난 작은 가지 위에 매화가 아름다움을 자랑하고 있는 명품이다. 조희룡趙熙龍의 「매화서옥梅花書屋」에 나타난 매화나무는 키가 크고 줄기가 굵으며 흰 꽃이 만발해 있다. 그래도 못 다해서 서재 꽃병에는 일지매一枝梅

| 명나라에서 가져왔다는 창덕궁 성정각의 고매

가 꽂혀 있다. 또 그는 대련對聯으로 「홍매도」를 그렸는데, 힘찬 줄기에 홍매가 만발하고 있어 화사한 느낌을 준다. 큰 괴석怪石에 뿌리내린 노매老梅를 그린 김수철金秀哲의 「석매도石梅圖」 또한 볼만하다. 최북崔北의 「매화쌍치도梅花雙雉圖」도 좋다.

'매화 옛 등걸'이라 하듯이 매화나무의 줄기는 오래된 것일수록 좋다. 동양화에 나오는 매화 그림을 보면 그 줄기가 수십 년, 아니 수백 년은 된 것으로 나온다. 늙은 나무 역시 노숙한 인간으로부터 조용히 감상받기를 원할 것이다.

매화는 중국의 국화로 되어 있다. 1929년에 법령으로서 모란牡丹에서 매화로 국화가 지정되었다고 한다. 문일평의 「화하만필花下漫筆」에도 이 사실이 기록되어 있다. 중국이나 대만이나 매화를 국화로 한 것에는 차이가 없다. 대만에서 낸 책자를 보면 매화가 삼타연지三朶連枝인 것은 삼민주의三民主義를, 꽃잎 다섯 장은 오권분립五權分立을 상징한다고 했다.

현재 중국에는 국가에서 공식적으로 지정한 국화가 없다.

중국 양쯔강 하류 지역은 매화나무 재배지로 알려져 있고, 베이징 지역에서는 노지 재배를 할 수 없다고 한다. 중국의 기록에 보면 "귤나무는 회강淮江(양쯔강과 황하 중간에 있는 큰 강)을 넘어서 북쪽으로 가면 탱자나무가 된다. 강 남쪽에서는 매화나무이지만 북쪽에서는 살구나무가 된다"고 했다. 물론 이는 사실이 아니지만 자랄 수 있는 영역을 표현한 것으로 보아야 한다.

매화와 살구는 서로 많이 닮았다. 이시진의 『본초강목』에 따르면, 梅(매화 매)의 옛 글자는 呆(매화나무 매)였다. 이것은 나무열매(또는 꽃)가 나무 위에 있는 형상을 나타낸 것이다. 매화나무는 살구나무를 닮았으나 구별이 되어야 하므로 '杏(살구나무 행)'자를 거꾸로 해서 '呆'로 한 것이다.

일본에서도 매화나무는 동양적인 미가 있어서 인기 있는 꽃나무로, 역시 중국에서 건너간 것으로 알려져 있다. 일본 사람들은 매화를 '무메' 또는 '우메'로 부른다. 매실이 익을 때 장맛비가 내리는데 이것을 일본 사람들은 '쓰유梅雨'라고 한다.

매화나무와 식물학적으로 인연이 가까운 것은 살구나무, 오얏나무, 복숭아나무, 벚나무 등이다. 살구나무와 오얏나무의 어린 가지는 갈자색 또는 암자색이라서 푸른색인 매화 가지와 구별이 된다. 매화 열매는 한쪽에 얕은 홈줄이 있고, 표면에 털이 있으며, 핵은 과육과 밀착하고, 핵 표면에 잔구멍이 많다. 살구꽃의 악편萼片은 밖으로 굽는 것反曲이 매화와 다르고, 열매가 익으면 핵과와 과육이 서로 잘 분리된다. 오얏꽃은 꽃자루가 길어서 식별이 되고 열매 표면에 털이 없는 것이 매실이나 살구와 다른 점이다.

매화는 모든 꽃에 앞서서 피는 까닭에 '백화괴百花魁', '화괴花魁' 또는 '화형花兄'이라는 이름을 얻고 있다. 먼저 피는 것이 형이 된다는 해석이다. '괴魁'는 '먼저' 또는 '우두머리'라는 뜻이다. 동지 전에 피는 것은 '조매早梅'라 하고, 가지가 구부러지고 푸른 이끼가 끼며 비늘 같은 껍질이 생겨 파리하게 보이는 것을 '고매古梅'라 해서 귀중하게 여긴다. 열매가 일찍 맺는 것을 '조매'라 부른다는 설명도 있다.

매화나무에는 많은 종류가 있는 것으로 알려져 있는데, 강변에 나는 매화

를 '강매江梅'라 한다 했으나, 책에 따라서는 매화 열매가 떨어져 들에 나서 단 한 번도 옮겨 심거나 접붙이를 하지 않은 야생의 것을 강매라고 한다는 설명도 있다. 옛책에는 매화의 종류로서 쌍매雙梅, 수지매垂枝梅, 녹악매綠萼梅, 자매紫梅, 동심매同心梅, 추지매麤枝梅, 홍매紅梅, 주매朱梅, 백매白梅, 야매野梅, 춘고초春告草 등 여러 종류가 나와 있다.

나무의 성품

매화나무는 아름다운 꽃을 달고 그윽한 향기를 내기에 옛적부터 많은 사람들의 주목을 받아왔다. 매화는 한겨울의 꽃이기에 흔히 새해의 희망을 기원하는 연하장의 그림에도 등장하고 있다.

우리나라 원예학의 효시가 되는 책인 조선 후기 유박柳璞의 『화암수록花菴隨錄』을 보면, 꽃과 나무를 9등급으로 나누었다는 화목구등품제花木九等品第에서 높은 풍치와 뛰어난 운치를 취한 것으로 매화, 국화, 연꽃, 그리고 대나무를 뽑고 있으며, 봄에 피는 매화를 '고우古友'라 하고 섣달에 피는 매화를 '기우奇友'라 한다고 했다. 소동파는 매화를 '얼음같이 맑은 혼魂'과 '구슬처럼 깨끗한 골격'이라고 표현했다. 대나무와 매화를 '이아二雅'라 하고, 매화와 국화를 '이우二友'라 하며, 매화·대나무·돌石을 '삼청三淸' 또는 '삼익우三益友', 송죽매松竹梅를 '삼우三友' 또는 '세한삼우歲寒三友'로, 매란국죽梅蘭菊竹을 '사군자四君子'로, 매화·소나무·난초·대나무를 '사우四友'로, 사우에 연꽃을 더해서 '오우五友'로 한 것 등을 보면 얼마나 매화가 조상들의 숭배를 받았는지 알 수 있다.

나는 매화를 가까이에 두고 살아온 적이 없다. 그만큼 삶의 질이 높았다고는 할 수 없다. 옛 조상들은 대나무가 생활 주변에 있어야 사람답게 된다 했지만, 자라면서부터는 대나무도 내 주변에 없었다. 그래서 내가 나도 모르는 사이 무척 속된 삶을 살아오지 않았나 생각해본다. 이렇듯 매화를 상대한 적은 없지만, 머릿속에 떠오르는 매화를 그려내 그 성품을 찾아볼 수 있다. 나는 어릴 때

한학漢學을 하신 아버지의 영향을 많이 받았고, 아버지의 매화나무 시는 지금도 소중한 유산으로 간직하고 있다. 이런 것이 바탕이 되어 나는 매화의 생태와 생리, 그리고 그 미성美性을 짐작할 수 있다.

매화는 돈 많은 사람이나 높은 벼슬자리에 올라 권력을 휘두르는 사람에게는 어울리지 않고, 가난하고 올바른 길을 걸어온 이름 없는 선비에게 어울리는 꽃이다. 벽돌과 유리로 번쩍이는 고층집이나 고층 아파트에 사는 사람보다는 시골의 목조주택과 조화를 이루는 나무이다. 매화는 분재로 기르는 경우가 많다. 이러한 분재는 휘황찬란한 형광등의 거실보다는 촛불이나 달빛 아래가 더 잘 어울린다. 유리창가보다는 창호지를 바른 나무창살 문짝 옆이 더 어울린다. 복잡한 도시 속 높은 건물 옆에 매화나무를 심는 사람도 별로 없지만, 심었다 하더라도 그것은 매화나무의 변절을 바라는 행위가 아닐까 생각한다. 매화는 청빈淸貧의 한사寒士로부터 사랑받는 것이 옳다. 매화는 특히 돈에 욕심 많은 사람을 싫어한다. 그래서 매화를 옆에 두고 사랑하는 사람이 있다면, 그 사람이 무척 부럽게 느껴진다. 이러한 사람이 지금 우리 시대에 얼마나 될까?

옛사람들은 매화의 네 가지 귀한 점四貴을 관상의 기준으로 삼았다고 한다. 그 기준은 첫째, 꽃이 번성하지 않고 드물게 피어남(稀), 둘째, 어리지 않고 늙은 자태(老), 셋째, 파리한 생김새(瘦), 넷째, 활짝 피지 않고 방긋 피어나는 모습(雷)이다. 여기서도 충분히 매화의 생리와 생태를 짐작할 수 있다.

떠들썩한 분위기, 화려한 것보다는 약간은 고적한 분위기가 좋다. 매화나무는 늙을수록 그 운치가 돋보인다. 수백 년을 자라서 용틀임하고, 공동空洞이 생겨 있으며, 가느다란 껍질 조각으로 목숨을 이어가고 있는 모습이 어울린다. 그런 매화의 꽃과 줄기가 선보이는 자태를 완상하게 된다. 어린 매화나무는 품격의 자리에 오를 수 없다. 피골이 상접한 몰골이 조화를 이루지, 피부에 기름이 번지르르 흐르는 것은 어울리지 않는다. 매화는 피기 전 꽃봉오리의 아름다움이 피어난 꽃을 능가한다. 우리는 그 모습을 더 완상하는 것이다.

매화와 시가詩歌

매화를 '호문목好文木'으로 부르는 것은 매화가 시객들의 친구로서 잘 지내왔기 때문이 아닐까 한다. 매화나무는 많은 시가의 소재로 등장하고 있다. 몇 개를 들어 감상해본다.

終日尋春不見春	종일토록 봄을 찾았건만 봄을 보지 못하고
杖藜踏破幾重雲	구름 깊은 곳 청려장 짚고 가서
歸來試把梅梢看	돌아와 매화나무 가지 끝 보니
春在枝頭已十分	봄은 이미 이곳에 와 있더라

남송시대 대익戴益의 작품으로, 그는 이 시 한수만을 남겼다. 청려靑藜 지팡이로 깊은 산속으로 들어갔다는 것은 은사隱士의 기상을 느끼게 한다. 청려는 '명아주'로 불리는 1년생 초본으로 중국에서 우리나라로 들어왔다고 하며, 줄기가 곧게 자라서 가을이 되면 가벼운 지팡이 하나가 얻어진다. 이 지팡이를 가난한 선비나 도를 닦는 선인들이 즐겨 사용했다고 한다. 명아주의 잎은 먹기도 한다.

매화가 눈 속에서 피고 일찍이 봄을 알린다는 내용의 시는 많이 볼 수 있다. 중국 당나라 말기의 시인 정곡鄭谷은 많은 승려들과 어울렸는데, 어느 날 시승詩僧으로 유명한 제기齊己가 시집을 들고 찾아와서 자신의 「조매早梅」란 시를 소개하기를 "마을 깊은 눈 속에 어젯밤 몇 가지 피었노라" 했더니, 정곡이 대꾸하기를 "몇 가지면 이미 철이 늦다. 몇 가지로 하지 말고 한 가지로 하는 것이 좋겠다"라고 했다. 이 말에 탄복한 제기는 무릎을 꿇고 절을 하면서, "그대는 내 한 글자의 스승이오"라고 했다고 한다. 매화는 한 송이 꽃으로도 봄을 알리고 그 아름다움을 나타내는 데 충분하다는 것이다.

여러 송이가 피었다면 그것은 진하게 익어가는 봄일 것이다. 음력 정월에 대문에 써 붙이는 글을 '춘련春聯'이라 하는데, 다음은 춘련 글귀의 하나이다.

爆竹二三聲人間改歲　폭죽 소리에 사람의 나이는 하나 더해가고
梅花四五點天下皆春　매화 사오 점에 온 세상은 바야흐로 봄이라

이처럼 매화는 봄을 알리는 신호탄이었고 아름답게 펼쳐질 계절의 상징이었다.

다음은 나의 가친이 지은 것으로 내가 보통학교(지금의 초등학교) 때의 작품이다. 눈이 많이 왔던 시골 마을을 생각하니, 가친의 걸음걸이마저 생생하게 떠오른다.

凍雲乍合黑風寒　찬 구름 갑자기 모여 검은 바람이 찬데
密密斜斜極目看　빽빽이 가로로 가로로 나부끼는 눈송이가 장관이라
踏破低鳴時士屐　눈을 밟으니 눈은 시인의 나막신 아래서 울고
歸來重壓野人冠　집으로 향하는 야인의 관에 눈이 쌓여 무겁구나
飄如倦蝶盤旋久　눈송이는 지친 나비처럼 느리게 느리게 팔랑거리며 떨어져
巧着香梅認識難　매화나무에 앉으니 꽃과 눈을 분간하기 어렵더라
虛窓白月空山夜　빈 창에 달은 밝고 산마저 비어 있는 고요한 이 밤에
伏枕破吒睡未安　베개에 엎디어 시 지음에詩作에 사로잡혀
　잠을 이루지 못하노라

또한 남송 때의 시인 촌거村居가 쓴 시가 있다. 이 시에서는 매화나무가 서 있을 만한 격에 맞는 풍경이 연출되고 있다. 현대적이고 요란한 깡통 음료수는 매화와 어울리지 않고, 얼근한 몇 잔의 술이 등장한다.

數舍茅茨簇水涯　새로 지붕을 덮은 몇몇 집 시냇가에 서 있고
傍簷一樹早梅花　처마 끝 매화나무 빨리도 꽃을 달았다
年豊便覺村居好　세월 좋아 문득 생각하길 시골에 살아 마음 편하고
竹裏新添賣酒家　새로운 술집에는 대나무 숲이 있구나

매화와 관련된 한시에는 버드나무가 흔히 등장한다. 겨울에 또는 초봄에 피어나는 매화는 신록으로서 가장 먼저 봄을 전하는 버드나무와 생리적 동시성이 있다. 버드나무는 활엽수종 중에서 가장 먼저 잎을 피우고, 또 늦가을 가장 나중에 낙엽이 진다. 매화와 버드나무가 갖는 늦겨울부터의 예민한 온도 반응이 시에 함께 잘 나타나 생물기후生物氣候의 배경을 이룬 듯한 느낌이다.

"구름과 노을이 바다에서 오르니 새벽이 오고 있고雲霞出海曙, 매화나무와 버드나무가 강을 건너 봄을 알리고 있다梅柳度江春"라는 두보의 조부 두심언杜審言의 시구는, 웅혼雄渾에 차고 광막廣漠한 자연의 아름다움을 나타내고 있다. 또한 백거이白居易의 "매화나무의 흰 꽃잎은 산골짜기 물에 떠서 흐르고白片落梅浮澗水, 버드나무는 성벽을 넘어 노란 새 가지를 보인다黃梢新柳出城墻"라는 시구에도 매화와 버드나무가 같이 나오고 있다. 매화는 기후적으로 그 생리가 버드나무보다 앞서고 있음을 이 시에서 알 수 있다.

한편 두보는 매화나무와 대나무를 대조시켜 시로 읊고 있다.

綠垂風折筍　　푸르게 드리운 것은 바람에 꺾인 죽순이요
紅綻雨肥梅　　붉게 터지고 있는 것은 비가 매화를 살찌게 한 탓이다

녹색과 붉은색, 드리우고 터지고, 바람에 비, 꺾이고 살찌고, 죽순과 매화, 그 대조가 하나하나 모두 너무나도 뛰어나다.

매화를 소재로 한 시는 이 밖에도 무척 많다. 마지막으로 당나라 왕인王仁이 섣달그믐 밤에 지은 시를 소개한다.

今歲今宵盡　　올해는 오늘밤으로 다하고
明年明日催　　내일이 내년을 재촉하는데
寒隨一夜去　　추위는 하룻밤으로 가고
春逐五更來　　봄은 새벽을 쫓아오고 있다
氣色空中改　　기운과 색깔은 변해가고 있는데

容顔暗裏回　　나의 용모는 어두워지고 있다
風光人不覺　　사람이 풍광을 깨닫지 못하는 사이에
已著後園梅　　이미 뒤뜰의 매화는 꽃을 달았구나

한 해가 가고 새해가 오고 있는 찰나에 세월의 빠름에 놀란 한 인간이 스스로의 초라함과 오히려 새로워지고 있는 우주의 전환을 대조해보고 있다. 이제 몇 시간이 지나면 새해가 되는 시간의 언저리에서, 그래도 매화의 자연을 내다보면서 한 줄기 희망 같은 것이 아직 남아 있음을 엿본다. 모르는 사이에 어느덧 자연은 은밀하게 그의 곁에 다가오고 있는 것이다.

『지봉유설』 속 매화나무

1614년에 간행된 이수광李睟光의 『지봉유설芝峯類說』에는 정몽주의 시가 남아 있다. 정몽주는 고려의 사신으로 일본에 가서 그곳 각처에 매화나무가 있는 것을 보고 다음과 같은 시를 남겼다.

梅窓春色早　　창문 옆에 핀 매화꽃은 봄 빠름을 알리고
板屋雨聲多　　판잣집에 내리는 빗소리가 요란하다

일본 사람들은 집을 판자 쪽으로 잘 지으며 지붕과 벽의 두께가 얇은데, 이는 지진에 대처한 건축양식이라고 한다. 이러한 집 구조는 빗줄기를 받으면 더 큰 소리를 내곤 한다. 때로는 빗소리가 황홀한 음악보다 더 아름다울 수 있다. 일본인들의 집 구조는 비가 잦은 기후조건에 어울려 장단이 맞아들어가는 맛을 느끼게 한다. 우리나라에서는 낙숫물 소리를 차분한 음악 소리로 듣는 빗소리 문화를 만들기도 했다. 민족에 따라 약간의 차이가 있으나 빗소리를 감상하는 취미는 비슷한 것 같다. 일본의 『고사기古事記』라는 책에는 매화가 나오지 않는 것을 보면 뒤에 중국에서 들어온 것으로 보인다. 정몽주의 이 시로 당시 이미 일본에 매화가 많았음을 알 수 있다.

백제의 왕인王仁은 일본으로 건너가 『논어』 열 권, 『천자문』 한 권을 전달하였는데, 매화나무를 '차화此花'로 칭했다. 이는 대나무를 '차군此君'으로 부른 것과 대를 이룬다. 또한 『지봉유설』에서는 항간의 소설에 나오는 어느 여승의 시라 하며 다음과 같은 시를 소개하고 있다. 도는 먼 곳에 있지 않고 가까운 곳에 있음을 뜻하는 시이다.

盡日尋春不見春	하루 종일 봄을 찾았으나 봄을 보지 못하고
芒鞋踏遍壟頭雲	짚신 발로 농산의 구름을 고루 밟고 다녔는데
歸來笑撚梅花嗅	돌아와 웃으며 매화 가지를 휘잡아 냄새를 맡으니
春在枝頭已十分	봄은 이미 가지 끝에 완연히 와 있더라

이처럼 매화는 초봄보다 더 일찍 봄을 알리는 꽃이다. "뜰에 매화나무를 옮겨 심어놓았더니 봄을 빨리 얻을 수 있더라庭院移梅早得春"라고 한 것도 좋다. 그러나 떨어져가는 매화는 세월의 무상 같은 것을 담기도 한다. "새 대나무는 시골 아주머니 같아서 시절을 만나면 엷은 분칠을 해보고新竹似村姑 遇節畧施薄粉, 떨어지는 매화는 늙은 기생 같아서 나뭇가지를 내려오면서도 남은 향기를 띠고 있다落梅如老妓 下梢猶作帶餘香"라는 시구가 있다. 자라나는 대나무 줄기의 표면에는 한때 분가루가 묻어 있는 법인데 이것을 시골 여자의 화장에 비유하고, 매화꽃 향기는 꽃이 떨어질 때까지 간직하고 있음을 시구에 담아 문채文彩를 얻고자 한 것이다.

우리나라의 매화

나는 매화나무를 따로 연구한 것도 아니고, 또 이 나무에 특별한 관심을 가지고 답사한 적은 없지만, 그간 보아온 매화나무 몇 그루에 대해 이야기하고자 한다.

1981년 8월 호주 시드니에서 국제식물학회가 열려 논문 발표차 참석하게 되었다. 나는 회의장 건물 한 모퉁이에서 겹으로 된 홍매를 보고는, 8월인데 이

| 구례 화엄사 홍매화

곳 매화는 철도 없이 피어나는가 했다. 아름다운 한 그루의 매화였다. 호주는 우리나라와 계절이 반대라는 것을 상기해볼 필요가 있다.

1987년 3월 초 나는 전북 정읍 내장사를 찾은 일이 있다. 내장사 대웅전 앞 넓은 뜰 한 모퉁이에서 만발한 홍매 몇 그루를 보았다. 뿌리목 줄기둘레도 작지 않고 줄기가 갈라져서 아담한 수형을 만들면서 지천으로 꽃을 피우고 있었다. 절간의 분위기와 어울렸다. 이 매화나무 옆에 키 작은 굴거리나무 한 그루가 자라고 있었다. 매화나 굴거리나무나, 찾는 사람이 많아지면서 땅이 굳어지고 사람 몸살을 앓고 있는 것 같았다. 매화는 한적한 곳에서 고고한 품격을 보여야 하는데 이곳 매화는 이미 복잡한 세상에 나와 있는 느낌이었다.

절간의 매화나무로는 전남 순천 선암사 것이 최고다. 선암사 구내 돌담을 따라 늙은 매화나무가 여러 그루 줄지어 서 있다. 1987년 3월에 나는 선암사를 찾았다. 내가 선암사를 찾을 수 있었던 인연은 여러 번 있었다. 그곳에는 고로쇠나무 숲이 있고 수액을 초봄에 채집하기 때문에, 채집하는 것을 보러 가면 그곳의 매화나무는 꽃을 달고 있다. 봄에 눈이 내리고 그 눈이 매화의 흰 꽃과

| 강원도 강릉 오죽헌의 율곡매(栗谷梅)(천연기념물 제484호)

함께해서 화백花白인지 설백雪白인지 분간할 수 없었다. 밤이 오면 월백月白마저 함께해서 삼백三白의 조화가 고아高雅한 운치의 극을 연출해낼 것으로 보였다.

어느 해엔가 한번 선암사 절방에서 하룻밤을 지낸 일이 있었는데, 그때는 매화 시기가 아니어서 삼백의 묘경을 볼 수 없었다. 매화에 눈이 내려앉은 상황은 그 풍경을 표현하려는 시도 자체가 잘못된 것일지도 모른다. 공기도 싸늘하고 돌담도 싸늘하고 나무줄기도 싸늘한, 그 온도의 분위기가 매화의 운치를 살리고 있었다. 시절이 시절이라 매화꽃을 찾는 이가 거의 없는 상황도 나의 매화 완상을 값지게 해주고 있었다. 선암사 주변의 우거진 숲 아래에는 많은 차나무가 한겨울에도 푸르고 눈을 덮어쓰고 있어서 서로 좋은 이웃들이라

| 전남 장성 백양사의 고불매(古拂梅)(천연기념물 제486호)

고 생각되었다. 선암사의 매화나무는 우리나라 매화의 대표격이라고 할 수 있다. 이 매화나무는 현재 천연기념물 제488호로 지정되어 있다. 역시 매화는 따뜻한 곳을 즐기고, 따뜻한 곳에서 가치를 발휘한다.

격언 중에 "벚나무 끊어주는 바보, 매화나무 끊어주지 않는 바보"라는 말이 있다. 벚나무는 가지에 손이 닿아서는 안 되며, 매화나무는 가지를 잘라서 모양을 다듬어줄수록 좋다는 말이다. 매화는 강한 전정剪定으로 원줄기가 굽고 다시 굽어 용틀임하는 천년의 고목을 상징하고, 그 등걸에서 힘찬 가지가 나와 꽃을 다는 것이 볼만하다고들 한다.

아름다운 홍매는 강릉 오죽헌에서 볼 수 있다. 수형이 아담한 데다 수천 수

만의 꽃을 단 황홀한 자태가 홍매의 일품이라고 볼 수 있다. 진한 붉음은 아니고 오히려 분홍이라고 하는 것이 옳다. 봄날 오죽헌에서 율곡 선생의 인생관을 찾아보면서 이 홍매도 한번 볼만하다. 이 매화나무는 천연기념물 제484호로 지정되어 있다.

호남 5매

호남 지역의 토종 매화 다섯 곳을 골라 '호남 5매(梅)'라고 부르고 있다. 장성 백양사의 고불매(古佛梅), 선암사의 선암매(仙巖梅), 담양 지실마을의 계당매(溪堂梅), 전남대의 대명매(大明梅), 고흥 소록도의 수양매(垂楊梅)가 그것이다. 이 가운데 고불매와 선암매는 각각 천연기념물 제486호와 제488호로 지정되어 있다.

한때 충남 부여군 규암면에서 자랐던 동매冬梅는 조선 인조 14년(1636) 병자호란 때 이백강李白江이 청나라 심양에 볼모로 잡혀갔다가 인조 23년에 귀환할 때 가져다 이곳에 심었다고 한다. 이 동매는 오엽단화五葉單花(꽃잎이 다섯인 홑꽃)로 엄동설한에 고고히 꽃이 피며, 암영소향暗影素香의 선비정신과 충의忠義와 절개를 상징하는 군자의 기품을 뜻하기도 한다. 이때 '암영소향'이란 "암향부동월황혼暗香浮動月黃昏", 즉 "그윽한 향기는 달빛 서린 황혼에 떠돈다"는 지난날의 시구를 떠오르게 한다.

정약용도 매화를 평한 바 있는데, 겹꽃은 홑꽃만 못하고 홍매紅梅는 백매白梅만 못하다고 했다. 그래서 꽃잎이 큰 홑꽃 백매가 상품이라고 평했다. 이것은 현대인의 눈에도 그대로 맞아떨어진다. 가장 단순한 것이 가장 아름답다는 원칙은 언제 어디에서나 변함이 없는 것 같다.

메타세쿼이아

측백나무과, *Metasequoia glyptostroboides*

(水杉, Metasequoia, Dawn redwood)

멸종된 화석 나무로 알았으나 1940년대에
중국 양쯔강 상류에서 처음 살아 있는 나무를 찾아냈다.
원뿔 같은 모양새가 아름다워 공원이나 가로수로 흔히 심는다.

메타세쿼이아는 미국 원산의 낙우송落羽松과 매우 닮았으나, 낙우송은 잎이 어긋나지만 이 나무는 잎이 마주나기 때문에 구별이 된다. 가을이 되면 약간 단풍이 지는데, 작은 가지를 붙인 채로 떨어진다. 남이섬과 전남 담양의 메타세쿼이아 길이 유명하다.

은행나무와 소철 같은 것이 살아 있는 화석으로 유명한데, 메타세쿼이아도 살아 있는 화석으로 등장하였다. 메타세쿼이아 화석은 만주 지방에서 나는 호박琥珀 가운데에서 발견되기도 하고, 미국 서쪽 해안의 제3기층에서도 적지 않게 발견되고 있다. 공룡과 함께 살아온 나무, 마지막으로 남아 있는 나무, 그 중 하나가 바로 메타세쿼이아다.

캘리포니아대학 스테빈스G. L. Stebbins 교수는 메타세쿼이아의 특성에 대해 "몸세포 안에는 22개의 염색체가 있는데, 이는 측백나무과와 편백과 나무들과 동일하다. 미국에 있는 세쿼이아Sequoia라는 나무는 염색체가 66개로 메타세쿼이아와 근본적으로 다르다"고 하였다. 『식물의 진화와 변이』(1950)라는 책으로 유명한 스테빈스 교수는 성격이 온유하고 신사의 기품이 돋보이는 분이었다. 나와 만난 자리에서 그는 메타세쿼이아 연구에 대해서도 이야기했지만, 며느리가 한국 여성이라는 것을 더 자랑했다. 명랑하고 건실한 가정을 위해서 한국인 며느리를 맞이하였다고 이야기해주었다.

빙하시대를 살아남은 나무

1941년 메타세쿼이아에 처음으로 이름을 붙인 일본인 미키 교수는 과거 일본 등 동양에도 있었던 이 나무가 절멸하게 된 이유에 대해 다음과 같이 설명하고 있다.

메타세쿼이아가 나타난 지질시대를 보면 오래된 곳은 백악기 때부터이고, 일본에서는 제3기층에서 나타나고 있다. 메타세쿼이아가 절멸한 시기는 북반구 기준으로 서로 다르며 오랜 시대에 걸쳐서 분포하고 있다. 면적뿐만 아니라 시간적으로도 넓으며 길고 긴 분포인 것이다. 일본에서 메타세쿼이아가 없어지게 된 이유는 병충해 같은 생물적 원인에 의한 것이 아니라고 생각된다. 메타세쿼이아가 살고 있던 때에 함께 살았던 나무의 종류를 생각해보면 그때의 기후는 지금보다 약간 더 따뜻했다고 추정된다.

메타세쿼이아가 없어진 뒤에 빙기氷期가 왔는데, 이때 살았던 나무로 가문비나무, 잣나무, 솔송나무, 전나무 등이 있다. 이러한 나무는 여름에 성장을 계속하면서 그동안 겨울이 올 것을 대비해 겨울눈冬芽을 만든다. 겨울에는 성장을 중지하고 겨울눈의 상태로 견딘다. 봄이 오면 다시 겨울눈이 성장을 시작한다. 이것은 틀림없이 빙기 시대에 얻은 습성일 것이다. 그런데 현재 메타세쿼이아를 잣나무가 자랄 수 있는 곳에 심어도 추위를 이겨낸다는 사실을 생각하면, 추위가 반드시 메타세쿼이아를 절멸시킨 원인이 되었다고는 볼 수 없는 것이다.

미키 교수는 일본에서 메타세쿼이아가 절멸된 이유를 오히려 바닷물에서 찾았다. 일본은 약 200m 깊이의 얕은 바다로 대륙에 연결되어 있는, 말하자면 대륙도大陸島 같은 곳이다. 큰 강 가운데 충적지대冲積地帶의 모래섬洲과 비슷하다. 그래서 바닷물이 밀려오면 작은 섬이 되고, 바닷물이 물러나면 대륙 사이에 작은 도랑만 남겨놓은 상태가 된다. 다시 말해서 대륙과 거의 연결된 것으로 볼 수 있다. 메타세쿼이아는 바닷물이 후퇴하였을 때 넓게 분포하고 있었지만, 그 뒤 바닷물의 침범으로 절멸하였을 것이라는 추정이다. 그들이 낮은 곳에 살고 있었기 때문이다. 당시 평지에 자라던 메타세쿼이아, 리퀴담바*Liquidambar*, 그리고 낙우송*Taxodium* 같은 것은 절멸하였는데, 경사지에 나는 금송金松과 삼나무는 살아남았다는 점이 이 주장을 뒷받침해주고 있다.

메타meta는 뒤後라는 뜻이고, 세쿼이아sequoia는 아메리칸 인디언의 추장인 세쿼야Sequoyah를 기념하기 위해서 이름 붙인 것으로, 즉 메타세쿼이아는 '뒤의 세쿼이아'라는 뜻이다. 메타세쿼이아는 그 전에도 세쿼이아속과 잘 혼동되었기 때문에 이러한 이름이 지어진 것으로 생각된다.

화석 식물의 재등장

1945년 중국 중경重慶(충칭)의 임업공무원이었던 왕전王戰은 사천성四川省 마도계磨刀溪 사당 부근에 있는 신목神木의 표본을 난징대학南京大學의 정鄭萬鈞 교수에

| 전남 담양의 메타세쿼이아 가로수 길

게 보냈다. 1946년에는 다시 베이징의 생물연구소 호胡 소장에게 그 표본이 보내졌는데, 이것이 1946년 『중국지질학회잡지』 제26권 105~107쪽에 살아 있는 메타세쿼이아로 보고되었다. 이는 생물학계에 큰 충격을 가져왔다. 이제까지 지구상에 생존하는 것이 아니라고 생각했던 나무가 살아 있는 원생종原生種으로 알려진 것이다. 마도계에 있었던 나무는 줄기의 직경이 2.3m, 높이가 35m로 매우 컸으며, 중국에서는 이 나무가 습기 많은 계곡에 있어 수삼水杉이라고 이름을 지었다. 캘리포니아대학의 채니Chaney 교수는 미국에 있는 세쿼이아보다 더 오래된 특성이 있다고 해서 돈레드우드Dawn redwood라고 이름 지었다. 그 뒤 이 나무에 대한 조사가 계속되었고, 그 결과 마도계와 그 남쪽의 수삼패水杉覇에 분포하며 약 천 주株가 있는 것으로 알려졌다.

메타세쿼이아가 나는 곳은 겨울에는 눈도 오고 얼음도 약간 얼 정도이지만 상록의 활엽수도 자라고 있는 지대이다. 내가 처음 본 메타세쿼이아는 1957년 미국 미네소타대학 구내에 있던, 생장이 빈약한 높이 2m가량의 나무였다. 미국에서 이 나무를 일본으로 보냈고, 일본에서는 메타세쿼이아 보존회가 만들어져 그 보급에 힘을 기울였다. 이제는 삽목揷木으로 많은 묘목이 양성되었고 우리나라에서도 흔한 나무가 되었다.

침엽수는 종자의 떡잎子葉이 많은 것이 특징인데, 메타세쿼이아는 2개의 떡잎으로 되어 있어 특이한 편이다. 봄에 전년생 가지를 10cm 정도 길이로 끊어서 삽목을 하는데, 이때 끝에 겨울눈을 붙인다. 꽂기 전에 흙물에 아랫부분을 담가서 생기를 주며, 겨울눈을 소중히 남기고 8~9cm가량 땅속에 꽂는다. 해가림을 하고 물을 주는 등 관리에 유의해야 한다.

메타세쿼이아를 산에 심어 목재를 생산할 수 있도록 하는 연구도 진행되었으나, 현재로서는 풍치수로서의 가치가 더 인정되고 있다.

메타세쿼이아가 중국 좁은 지역에 국한되어 남아 있었다는 것은 이 나무의 운명의 불꽃이 깜박이고 있다는 뜻이다. 숨져가는 슬픈 역사의 끄트머리에서 신음하는 것 같았는데, 다행히도 지혜로운 인간에 의해 그 자손이 퍼질 수 있었던 것이다. 메타세쿼이아는 늙은 잔존종殘存種, relic이다.

이와 같은 잔존종의 예는 또 있다. 오모리카가문비나무는 매우 아름다운 나무로 유고슬라비아의 일부 지방에만 있었는데, 이제는 번식되고 다른 곳에서도 잘 자라고 있다. 나는 독일 함부르크 부근 임목육종연구소 정원에서, 그리고 핀란드 헬싱키 부근 임목육종연구소 시험림에서 이 나무를 본 적이 있다. 침엽수로서는 오모리카가문비나무가 가장 아름다운 나무일 것이다.

미국의 몬트레이소나무Monterey pine도 유명한 잔존종이다. 캘리포니아에서도 국한된 좁은 지역에 있는 나무인데, 이 나무가 미국에서는 가볍게 여겨지지만 뉴질랜드나 오스트레일리아에서는 매우 주요한 조림수종이다. 캘리포니아 카멜Carmel 지방에서 종자를 얻어다가 남반구에 심은 것으로, 생장이 빠르고 높게 큰다. 이 나무는 라디아타소나무Radiata pine로 알려져 있는데, 우리나라에도 들어왔으며, 산불에 대해서는 불사조로 불리고 있다. 솔방울이 불 속에 들어가도 그 안에 있는 종자는 해를 받지 않고 건강한 까닭이다. 우리나라 한라산 꼭대기에 있는 구상나무 같은 것도 잔존종의 한 예라고 생각된다.

분류상의 문제

메타세쿼이아가 2억만 년 전의 영화를 어느 정도 회복할 것인지 두고 볼만하다. 메타세쿼이아나 소나무, 삼나무처럼 구과球果(솔방울 같은 열매)를 가지고 있는 나무는 세계적으로 약 60속, 600종 정도가 있다. 그중 한 종으로서 한 개의 속을 이루는 것이 약 20개이다.

메타세쿼이아가 들어 있는 측백나무과에는 9속이 있고 대개는 1속 1종이며, 예외가 있다고 해도 1속에 2~3종뿐이다. 예전에는 분화分化해서 번영했지만 지금은 쇠퇴하고 있다. 또한 화석으로도 발견되고 있는데, 측백나무과에 속한다고 생각되는 화석은 이미 약 2억 5천만 년 전에 나타났고, 세쿼이아속은 약 2억만 년 전부터 나타났으며, 또 삼나무속은 약 1억만 년 전부터 나타난다. 삼나무는 1속 1종으로 일본과 중국 일부에서 나고 있는데, 이것도 오랜 잔존종으로 생각된다. 전나무속, 가문비나무속, 히말라야시더속 등 소나무과에 속하는 화석은 비교적 근대적인 나무들이다.

메타세쿼이아는 용모와 자태가 단정하고 여성적이며 귀족적인 기품이 풍긴다. 초봄의 신록이 아름다우며, 정원수보다는 공원수로 심는 게 좋다고 알려져 있다. 땅이 깊고 물기가 있으며 바람이 적은 곳이면 심기에 알맞다.

| 겨울날의 메타세쿼이아

찾아보기

ㄱ
가래나무 85
가마채 150
가문비나무 69
가승목 21
가시나무 14
가시칠엽수 284
가죽나무 20
갈잎나무 268
갈탄 109
감귤 92
감나무 27
갓집 176
강화산딱나무 173
개오동 34
개화병 202
거북선 123
거수 149
거제수나무 38
겉씨식물 196
겨우살이 45
겹꽃동백 250
경엽수림 16
계림 161
계백 51
계수나무 49
계피나무 52
고려지 170
고로쇠나무 59
고매(古梅) 295
고불매 305
고욤나무 31
곡저 167
골리수 63
곶감 32
괴목 149
구과(毬果) 69
구상나무 68
구황식품 271
구황청 271
굴밤 269
굴참나무 77
굴피나무 83
규목 150
균근(菌根) 71
귤 90
귤과원 93
금귤 95
기근 114, 161
기생목 46
기형 71
긴잎느티나무 153
김삿갓 205
김유신 203
꾸지나무 164
꾸지뽕나무 98

ㄴ

나라의 불 141
나한백 102
낙우송 108
난티나무 136
남방죽 197, 213
너도밤나무 116
너와지붕 78
네군도단풍 191
노각나무 238
노끈나무 35
노르웨이가문비 226
노르웨이단풍 181, 191
녹나무 120
눈동백나무 242
눈잣나무 128
느릅나무 135
느티나무 146
능소화 35

ㄷ

다라니경 171
다심피류 54
닥나무 163
단감나무 30
단경성 198
단자엽식물 197
단풍 184
닭다리나무 103
담징 168
당단풍나무 181
대구농림학교 111
대나무 195
대나무 열매 211
대조 216
대추나무 215
대추나무 시집보내기 222
도드미 274
도리깨 252
도리깻열 252
도토리 78, 269
도토리묵 270, 273
도토리 빈대떡 271
독일가문비나무 225
동매(冬梅) 306
동백 241
동백기름 249
동청(冬青) 46
두메닥나무 173
드루이드 48
들메나무 251
등(등나무) 260
등피지 170
떡느릅나무 136

ㄹ

라디아타소나무 312
루브라참나무 112
리기다소나무 277

ㅁ

마로니에 284
만나 258
만나당 259
만나들메나무 258
맹종죽 198
메타세쿼이아 307
목각두 36
목간 168
묏대추나무 218
물자작나무 42
물참나무 272
물푸레나무 253
미국느릅나무 137

미국단풍나무 61
미국들메나무 253
미국수삼 109
미세기후 129
민정문서 170

ㅂ
발로타참나무 276
백랍충 255
병풍 176
보은대추나무 220
복자기나무 192
복장나무 182
봉황새 202
북방죽 197, 213
분비나무 75
비술나무 136
뽕나무 겨우살이 47

ㅅ
사관 140
사군자 208, 296
사탕단풍 183
산겨릅나무 182
산다목 240
산다화 248
산닥나무 166, 173
산대추나무 218
산조 218
산조인 218
산죽 199
삼우(三友) 208
삼지닥나무 172
상수리 269
서상식물 205
서양떡느릅나무 145
선암매 303
섬잣나무 129
성인봉 117
세쿼이아 308
세한삼우 296
셈브라잣나무 132
속씨식물 196
솔잎혹파리 278
솜대 199
수대나무 200
수분액 280
수액 채취 42, 63
수정 280
수지도 75
수청목 254
수향목 109
시과(날개열매) 181
십장생 207
싱글 111
쌍자엽식물 196

ㅇ
아교풀 142
암대나무 200
애기동백나무 243
어레미 274
얼룩대 199
연 175
영산홍 248
예장나무 121
오모리카가문비나무 312
「오우가」 207
오죽(烏竹) 199
왕고로쇠 60
왕대 198
왜저 173
외위(外位) 75
용등 263

우주목 256
울릉도 117
유럽느릅나무 145
유럽들메나무 253
유럽물푸레나무 256
유백피 137
유자 92
유주(乳柱) 157
유지 138
유피 137
육계나무 126
율곡매 304
은단풍 183
이년목 92
이대(산죽) 199
이아(二雅) 296
일본복자기나무 194
『일본서기』 170
잎구름 78

ㅈ

잔존종 312
잡초지 165
장뇌 123
장판지 178
『저죽전사실』 171
저화 165
적벽부 57
정자나무 147
정태현 132
『제민요술』 167
조록나무 91
조릿대 199
조매(早梅) 295
조엽수종 16
조지서 165
종이 168
종이독 176
죽간 168, 202
죽도 199
죽림칠현 208
죽마지우 210
죽순 200
죽지(竹紙) 202
중국단풍 191
중국풍나무 61
중국 풍향수 65
중대가리나무 86
중위(中位) 75
지등(紙燈) 178
지방(紙榜) 175
지상경 204
지하경 204
진피 254
진흁청 271

ㅊ

참느릅나무 136
참대 199
참등 261
참죽나무 21
창호지 177
채륜 168
청귤나무 94
초롱불 178
초살 71
총경성 198
추백 241
춘백 241
칠엽수 289
칡 247

ㅋ

캔들 트리 233

코르크 78
코르크참나무 79
크룸홀츠 71
크리스마스 트리 72

ㅌ

타닌 274
탱자나무 95
털고로쇠 60
통초지 168
통탈목 168

ㅍ

풍나무 185
프락신 258
피오르 228, 229
필드단풍나무 192

ㅎ

한죽(寒竹) 199
한지(漢紙) 168
한지(韓紙) 164, 170
현고수 156
호남 5매 305
홀 152
홍시 31
홍조(紅棗) 218
활뽕나무 99
황감시 90
황감제 91
흰꽃동백나무 246

[영문]

A

Abies koreana 68
Acer palmatum 180
Acer pictum subsp. *mono* 59
acorn 15, 270
aerial root 161
Aesculus hippocastanum 284
Ailanthus altissima 20
Asian bamboo 195

B

Bald cypress 108
Bamboo 197
Bamboo-leaf oak 14
Betula costata 38
Broussonetia kazinoki 163
buckeye 290

C

Camellia japonica 236
camphor 123
Camphor tree 120
candle tree 233
Catalpa 35
Catalpa ovata 34
Cercidiphyllum japonicum 49
Chinese beech 116
Chinese catalpa 34
Chinese date 215
Chinese plum 292
Cinnamomum camphora 120
Citrus unshiu 90
Common horse chestnut 284
Common jujube 215, 217
Cone-fruit platycarya 83

Cudrania tricuspidata 98

D

Dawn redwood 307, 311
Diospyros kaki 27
Dwarf pine 129
Dwarf Siberian pine 128

E

Elm tree 139

F

Fagus engleriana 116
Fraxinus mandshurica 251

H

Hiba arborvitae 102

J

Japanese apricot 292
Japanese camellia 236
Japanese elm 135
Japanese maple 180
Japanese paper mulberry 163
Japanese wisteria 260

K

Kaki 27
Katsura tree 49
Korean birch 38
Korean mistletoe 45
Korean fir 68
Korean oak 267
Krummholz 71

L

Liquidambar 61
London Bridge 145

M

Manchurian ash 251
maple syrup 183
Marronnier 284
Metasequoia 307
Metasequoia glyptostroboides 307
Mono maple 59
Monterey pine 312

N

Norway spruce 225

O

Oriental cork oak 77

P

Persimmon 27
Phyllostachys bambusoides 195
Picea abies 225
Pinus pumila 128
Pinus rigida 277
Pitch pine 277
Platycarya strobilacea 83
pollination drop 280
Prunus mume 292

Q

Quercus dentata 267
Quercus myrsinaefolia 14
Quercus variabilis 77

R

Radiata pine 312
relic 312
Rialto Bridge 145

rice paper 168

S

Sawleaf zelkova 146

Sequoia 308

shingle 111

Silkworm thorn 98

Sweet acorn 276

Sweet gum 61

T

Taxodium distichum 108

Thujopsis dolabrata 102

Tree of heaven 20

U

Ulmus davidiana var. *japonica* 135

Unshiu orange 90

V

Viscum album var. *coloratum* 45

W

Waterloo Bridge 145

White elm 137

Wisteria floribunda 260

Z

Zizyphus jujuba var. *inermis* 215

저자

임경빈任慶彬

1944년 수원농림전문학교 임학과를 졸업하고, 1958년 미국 미네소타대학교에서 이학 석사, 1964년 서울대학교에서 박사 학위를 받았다. 서울대학교 임학과 교수, 원광대학교 임학과 교수, 한국임학회장, 문화체육부 문화재위원, 한국과학기술한림원 정회원을 역임했으며, 대한민국 과학상(대통령상)을 수상했다. 주요 저서로 『나무백과 1-6권』(1977-2002, 일지사), 『우리 숲의 문화』(1993, 광림공사), 『천연기념물: 식물편』(1993, 대원사), 『소나무』(1995, 대원사), 『세계의 숲과 나무를 찾아』(1998, 광일문화사), 『자연 속의 인간: 푸른 마을을 꿈꾸는 나무(상·하)』(1998, 중앙M&B), 『솟아라 나무야』(2001, 다른세상) 등이 있다.

편자

이경준李景俊

1971년 서울대학교 임학과를 졸업하고, 미국 위스콘신대학교에서 석사, 미국 플로리다대학교에서 박사 학위를 받았다. 서울대학교 산림과학부 교수로 재직했다. 한국임학회장, 문화재청 문화재위원을 역임했다. 주요 저서로 『산에 미래를 심다』(2006, 서울대학교출판부), 『한국의 천연기념물: 노거수편』(2006, 아카데미서적), 『한국의 산림녹화, 어떻게 성공했나?』(2015, 기파랑), 『한국의 산림녹화 70년』(공저, 2015, 한국학중앙연구원), 『수목의학』(2015, 서울대학교출판문화원) 등이 있다.

박상진朴相珍

1963년 서울대학교 임학과를 졸업하고 일본 교토대학에서 농학박사 학위를 받았다. 전남대학교·경북대학교 교수를 지냈고, 현재 경북대학교 명예교수이다. 한국목재공학회 회장, 문화재청 문화재위원 등을 역임했다. 주요 저서로 『역사가 새겨진 나무이야기』(2004, 김영사), 『나무에 새겨진 팔만대장경의 비밀』(2007, 김영사), 『문화와 역사로 만나는 우리나무의 세계 I, II』(2011, 김영사), 『궁궐의 우리나무』(2014, 눌와), 『우리나무 이름 사전』(2019, 눌와), 『청와대의 나무들』(2022, 눌와) 등이 있다.

이야기가 있는

나무백과 1

초판 1쇄 발행 2019년 4월 30일
초판 3쇄 발행 2022년 12월 10일

저 자 임경빈
편 자 이경준·박상진
펴낸이 오세정
펴낸곳 서울대학교출판문화원

출판등록 제15-3호

주소 08826 서울 관악구 관악로 1
대표 전화 02-880-5252 | 팩스 02-889-0785
도서 주문 02-889-4424, 02-880-7995
이메일 snubook@snu.ac.kr
홈페이지 www.snupress.com

ISBN 978-89-521-2898-0 04480
978-89-521-2897-3 (세트)